지구환경학 입문

김해동, 김정배, 김학윤, 배헌균

지구환경학 입문

초판1쇄 인쇄 2014년 8월 4일
초판1쇄 발행 2014년 8월 8일

지 은 이 김해동, 김정배, 김학윤, 배헌균
펴 낸 이 신일희
펴 낸 곳 계명대학교출판부
출판등록 제347-1998-1호(1970. 9. 1.)
주 소 대구광역시 달서구 달구벌대로 1095
대표전화 053-580-6233
팩 스 053-580-6235

ISBN 978-89-7585-676-1 93450 정가 21,000원

• 이 도서의 국립중앙도서관 출판시도서목록(CIP)은 서지정보유통지원시스템 홈페이지(http://seoji.nl.go.kr)와 국가자료공동목록시스템(http://www.nl.go.kr/kolisnet)에서 이용하실 수 있습니다.(CIP제어번호: CIP2014022080)

‹‹ 서문

이 책은 지구환경학에서 다루는 다양한 환경학의 문제를 깊은 수준으로 다루기 이전 단계에 있는 학생들이 지구환경학의 대표적인 주제를 개괄적으로 공부하는 데에 도움이 되도록 기술하고 있다.

이 책은 제 1장에서 지구환경의 구성 체제를 소개하고 있다. 우주 속에서 지구의 위치, 지구환경을 이루는 요소와 그 요소들 간의 상호작용을 통한 변화과정을 다루었다. 이어서 기후변화(2장)와 대기환경(3장)을 다루었다. 기후변화의 단원에서는 기후변화의 원인을 소개하고, 과거 지구역사에서 나타난 기후변화를 다루었다. 이어서 현재와 미래의 기후변화 경향 및 그에 대한 대응대책을 기술하였다. 대기환경에서는 대기오염과 발생원 그리고 대기오염물질의 장거리 수송의 문제와 자연의 조절작용을 소개하였다.

4장에서 다룬 수 환경에서는 자원으로서의 물의 소중함을 소개하고, 수자원을 훼손하는 수질오염의 문제와 대응대책을 기술하였다. 5장에서는 지구규모에서의 온난화와 식물을 다루었다. 이 장에서는 지구온난화가 식물의 분포와 생장에 미치는 효과를 중심으로 다루었다. 마지막으로 6장에서 독성물질과 환경호르몬을 소개하였다. 환경독성학을 소개하고, 환경독성물질의 검출방법론 및 환경독성물질이 인간을 포함한 생태계에 미치는 영향을 기술하였다.

이 도서는 지구환경학을 구성하는 대표적인 환경문제를 개괄적으로 다루고 있기 때문에 환경학을 전공하는 학생들이 개별적 환경문제를 심도 있게 공부하기 이전 단계인 저학년에서 교재로 사용하기 적합하도록 기술하였다. 아울러 환경직 공무원 시험 준비 등 개론서 수준의 환경지식을 가다듬고자 하는 사람들에게도 유용성이 높은 도서가 될 것이다.

이제 지구환경은 인간의 간섭을 크게 받을 수밖에 없는 실정에 놓여 있다. 하지만 지구 환경은 인간만이 아니라 지구상에 살고 있는 모든 생명체에게 최적이 되는 조건이 지켜져야 한다. 인간에게 유리한 환경만을 쫓아서 인위적 개조를 추구하다 보면 지구환경은 생각지도 못했던 악영향에 노출될 수 있음을 지적하고 있다. 자연과 인간의 공생을 토대로 하는 지구환경의 보전이 되어야 한다.

끝으로 저자들은 이 도서가 지구환경학을 공부하고자 하는 학생들에게 유용한 안내서로서의 역할을 다 할 수 있기를 바라며, 학생들이 이를 발판삼아 미래 지구환경보전을 책임질 수 있는 역량과 도덕적 인격을 갖춘 훌륭한 전문인력으로 성장해갈 수 있기를 기원한다.

2014년 7월

저자 일동

‹‹ 차례

contents »

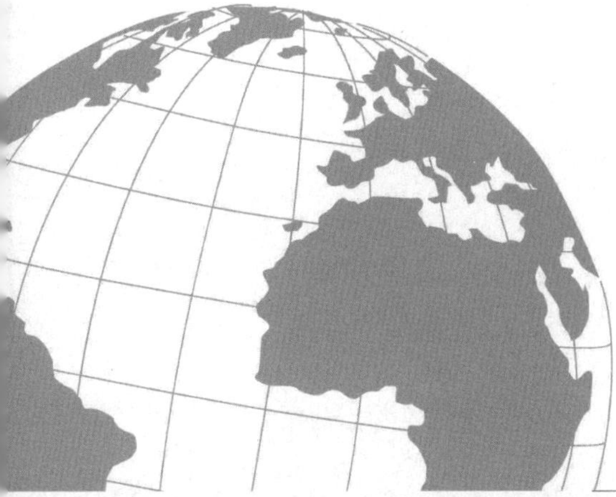

제1장

지구환경

지구환경학 입문

1.1 천체 속의 지구

(1) 지구의 경도와 위도

지구상의 위치는 위도(latitude)와 경도(longitude)를 이용하여 나타낸다. 이를 지구의 위도-경도 좌표계라고 하는데, 그림 1-1에 그 원리를 나타내었다. 적도는 지구자전축에 수직이며, 지구중심을 지나는 평면으로 정의되는 1차원이다. 자전축은 지구표면과 남, 북극에서 만난다. 2차원은 극(pole)을 지나는데, 양 극에서 끝나는 각 반원을 자오선(meridian)이라고 부른다. 기준 반원인 본초 자오선(prime meridian)은 영국 그리니치(greenwitch)를 지나고, 원점(경도 0도)에서 적도와 만난다.

경도는 적도를 따라 본초 자오선으로부터 대상 자오선까지 잰 최소 각거리로 동·서쪽으로 각각 0도에서 180도까지 잰 것이다. 국제 날짜선(international date line)은 실질적으로 경도 180도(E 또는 W)에 위치한다. 위도는 자오선을 따라 적도에서 북극과 남극방향으로 0도(적도)에서 90도(극)까지 잰 각거리이다.

적도와 평행한 평면은 지표와 만나 등위도선(parallels of latitude)을 이룬다. 원은 360도(°)이고, 1도는 60분(')이며, 1분은 60초(")이다. 1도는 3600"이고, 완전한 원은 1,296,000"이다. 적도상에서 지구 둘레가 40, 075km이므로, 적도상에서는 대체로 다음의 관계가 성립한다. 1°는 111km, 1'는 1.9km, 1"는 31m이다. 여기서 경도 1도 사이의 거리는 극쪽으로 갈수록 점차 작아져서 극지방에서는 0이 된다는 사실에 주의해야 한다. 실제로 지구는 원형이 아니라 타원체이므로 위도 1도 사이의 거리는 적도에서 110.6km이고 극지방에서는 117.7km로 증가한다.

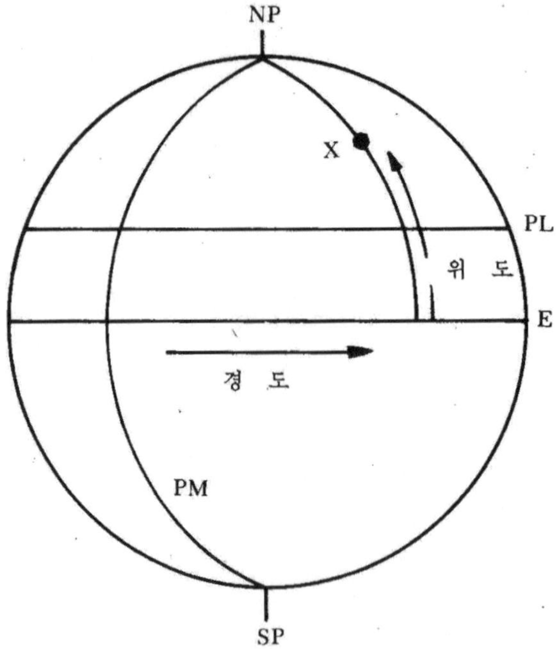

그림 1-1. 지구좌표계
1차원인 적도(E)와 기준 2차원인 본초자오선(PM)을 그려 넣은 지구표면을 나타낸 것이다. 북극(NP)과 남극(SP), 등위도선(PL)도 표시하였다. X지점의 위도와 경도를 읽는 방법을 화살표로 나타내었다.

(2) 천체의 위치표현

○ 지평좌표계

지평좌표계는 관측자를 중심으로 하는 지평면에 동서남북의 방향을 설정하여 천체의 위치를 나타내는 간편한 좌표계이다. 지평좌표계는 그림 1-2와 같이 관측자(O)를 지나는 지평면을 기준면으로 하고, 북점을 기준점으로 하여 별의 위치를 방위각과 고도로 나타낸다. 그래서 지평좌표계를 방위각-고도(azimuth-altitude) 좌표계(system of coordinate)라고도 부른다.

천구 상에 관측자를 중심으로 하는 구면좌표계를 설정해 보자(그림 1-2). 관측자의 머리 위 수직 방향에 있는 지점을 천정(zenith), 그것과 반대 방향의 지점을 천저(nadir)라고 하고, 이 두 점을 이으면 하나의 축이 결정된다. 관측자를 지나 이 축에 수직인 평면은 하늘과 만나 천구지평선을 이루는데, 이것은 어디나 천정과 천저로부터 90도 떨어져 있다. 실제의 지평선이 천구지평선이 되는 경우는 거의 없다. 가장 비슷한 경우는 잔잔한 바다 한 가운데에서 관측을 수행할 때이다. 축과 나란하고 관측자를 지나는 평면은 천구와 만나 수직권(vertical circle)이라는 대원을 이루게 된다.

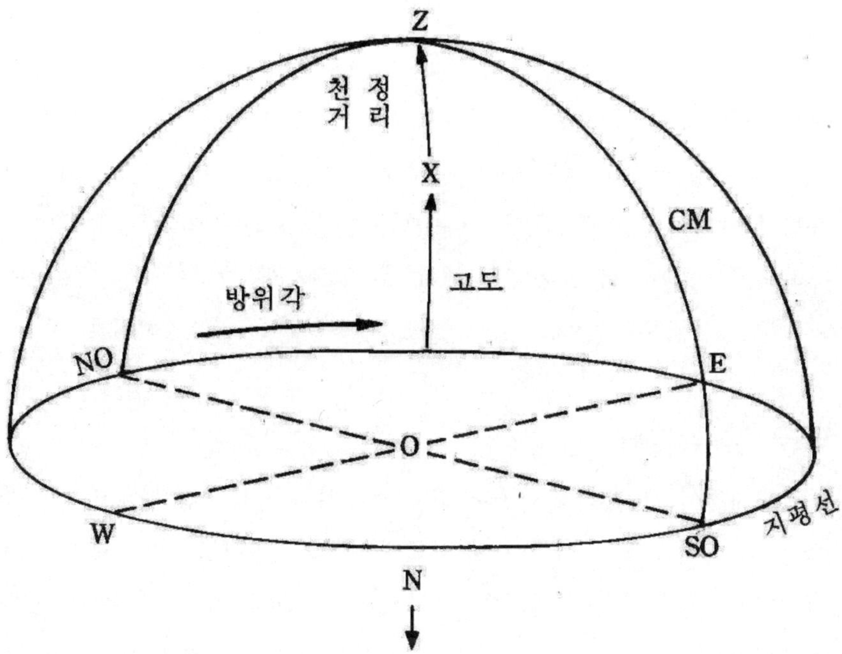

그림 1-2. 지평좌표계
관측자(O)는 바로 머리 위에서 천정(Z)을 볼 수 있으며, 천저(N)는 발 바로 밑에 있다. 천구지평선은 동(E), 서(W), 남(SO), 북(NO) 4개의 주 방위 점(cardinal point)을 포함하고 있다. 관측자의 천구자오선(CM)은 NO, Z, SO를 포함하는 대원이다. X점의 방위각과 고도, 그리고 천정거리는 화살표로 나타내었다.

기준 원(reference circle)은 관측자의 천정과 지평선 상의 남, 북점을 포함하는 수직권인데, 이것을 관측자의 천구자오선(celestial meridian)이라고 한다. 지평선상의 북점이 원점이고, 동점과 서점은 남점과 북점의 중간에 위치한다. 천구 상에서 일어나는 천체현상의 위치는 지평좌표계에서 그 순간의 방위각과 고도로 나타낸다. 방위각은 지평선을 따라 북점으로부터 관측대상 천체를 포함하는 수직권의 발까지 동쪽으로 잰 각거리이다. 방위각은 0~360°까지의 범위에 걸쳐 있다.

고도는 지평선에서 관측 대상의 천체까지 수직권을 따라서 윗 방향으로 잰 최소 각거리이며, 0(지평선)~90°(천정) 사이의 값을 가진다. 천체고도의 여각을 천정거리(zenith distance)라 한다.

어떤 천체가 천구자오선을 서쪽 방향으로 통과할 때를 상자오선 통과(upper transit)라 하고, 동쪽을 향해 통과할 때를 하자오선통과(lower transit)라 한다.

지평좌표계에서 천체의 위치는 방위각과 고도로 간단히 나타낼 수 있어 편리한 점이 있으나, 하룻밤 동안에 관측 천체의 방위각과 고도가 계속해서 변하므로 측정하는 데에 불편한 점도 있다. 또한 같은 시각에 같은 별을 관측한다고 하더라도 관측자가 서 있는 위치에 따라 방위각과 고도의 값이 다르게 나타나기 때문에 항성목록 등을 작성하는 데에는 이용하지 않는다.

○ 천구 적도좌표계

지평좌표계에서 천체의 위치는 관측자의 위치나 관측시간에 따라서 다르게 나타나므로 항성목록 등의 작성에 부적합한 등의 불편이 많다. 그래서 관측시간과 관측 위치가 달라져도 천체의 위치 값이 변하지 않는 좌표계를 필요로 하게 된다. 이러한 조건을 만족하는 좌표계가 천구 적도좌표계이다. 천구 적도좌표계는 그림 1-3과 같이 천구의 적도면을 기준면으로 하고, 적도면 상에 있는 춘분점을 기준점으로 하여 천체의 위치를 적경(α)과 적위(δ)로 나타내는 좌표계이다. 한편, 춘분점이란 천구의 적도와 황도의 두 교점 중에서 태양이 적도의 남쪽에서 북쪽으로 통과할 때의 점을 말한다.

춘분점을 지나는 시간 권에서 천체를 지나는 시간 권 사이의 각을 적경(α)이라 하며, 춘분점으로부터 반시계 방향으로 0~360°까지 재어 각으로 나타내거나 15°에 한 시간씩 환산하여 시간 단위로 0~24h까지 표시하기도 한다. 한편, 천구의 적도면에서 시간 권을 따라 천체까지 잰 각을 적위(δ)라고 한다. 적위는 적도면을 기준으로 북반구는 (+), 남반구는 (-)로 하여 0~±90°까지 나타낸다.

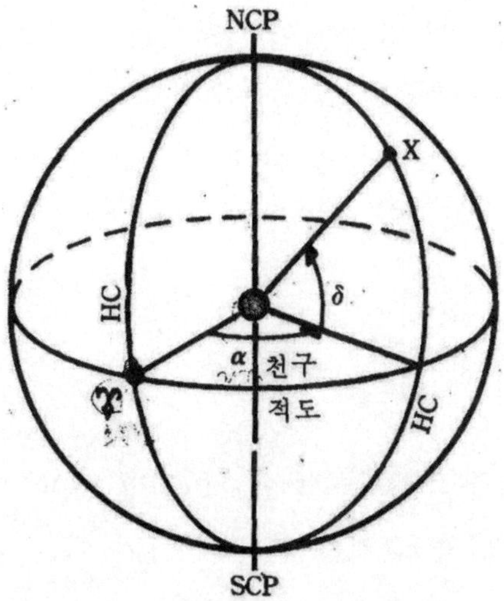

그림 1-3. 천구 적도좌표계
천구 적도좌표계는 춘분점의 방향을 알지 못하면 적경을 측정할 수 없으므로 적도의식 망원경과 같은 장비가 구비되어야 별을 찾을 수가 있다.

천구 적도좌표계는 적경과 적위가 시간과 장소에 따라 변하지 않으므로 천체의 위치를 표시하기에 편리하기 때문에 별의 위치를 나타내는 항성 목록에 이용된다.

태양은 황도상을 동쪽으로 이동해 가기 때문에 춘분점에서는 북쪽으로 움직이면서 천구적도를 지나고, 6개월 후 추분점에서는 남쪽으로 이동하면서 다시 천구 적도를 지난다. 정의에 따라서 춘분점의 적경-적위는 (0h, 0h)이다.

(2) 지구의 에너지원

지구는 태양계 중 하나의 행성에 지나지 않으며, 지구의 운명은 전적으로 태양에 의해 결정된다. 지구상에서 발생하는 여러 현상들도, 그것이 발생하고 유지되는 데에 필요한 에너지는 태양복사에너지에 의존한다. 그래서 우선 태양이란 어떤 성질을 가지고 있는 것인가를, 아주 간단히 나타낸 것이 표 1.1이다.

태양이 방출하고 있는 에너지는 초등 물리학의 기본법칙을 이용하여 추정할 수 있다. 즉, 절대온도가 영도가 아닌 물체는, 그 표면온도의 4승에 비례하는 양의 복사에너지를 방출하고 있다.

이 관계를 스테판·볼쯔만의 법칙이라고 부르며, 다음과 같이 표현할 수 있다.

$$\text{방출에너지} = \sigma T_0^4 \qquad (1)$$

여기서, σ; 스테판-볼쯔만 상수로서 5.67×10^{-8} $W/m^{-2}\cdot K^{-4}$, T_0: 복사체의 표면온도(단위: K)이다. 만약, 물체가 완전복사체가 아닌 경우에는 표면 방출율(ε)을 고려하여, 다음과 같이 기술할 수 있다.

$$\text{방출에너지} = \varepsilon\sigma T_0^4 \qquad (2)$$

여기서, ε=1인 경우를 완전복사체(흑체)라고 한다.

태양이든, 지구든 간에 위에서 기술한 스테판-볼쯔만의 법칙에 따라서 에너지를 방출하고 있다. 태양은 그 내부에서 이루어지고 있는 핵융합에 의해, 그 표면온도가 약 6,000K로 유지되고 있다. 그리고 태양 표면에서 방출된 복사에너지가 지구상에 도달하는데, 지구대기의 상한에서 태양광에 수직인 면에 대해서 도달되는 태양복사에너지의 양은 일정한 것으로 간주된다. 이 값을 태양상수라고 한다. 상수라고는 하지만, 측정기술의 정확도 개선에 따라서 과거 몇 차례 수정되어 왔다. 통상 1.98 혹은 2.0$cal/cm^2 \cdot$ min라는 값으로 알려져 있었는데, 최근에는 1.95$cal/cm^2 \cdot$ min라는 값이 제안되어 있다(Oke, 1978). 일본과 우리나라에서는 WMO(세계기상기구)와 마찬가지로, 1380 $W/m^2 (= 1.98cal/cm^2$min)을 태양상수로 사용하고 있다.

태양에서 지구상으로 입사하는 태양복사광은 지구반경 약 6,400km에 대해서, 태양과의 거리가 1.496×10^8km로 충분히 길기 때문에, 평행광선이라고 간주할 수 있다. 그리고 다른 천체로부터 지구상에 입사하는 복사에너지나 지구의 내부에서 나오는 에너지는, 지구-대기계 내에서의 열 교환 과정에는 무시 가능할 정도로 작기 때문에 태양의 에너지를 지구의 열수지나 온도상태를 결정하고 있는 유일한 에너지원이라고 간주할 수 있다. 다만, 현재는 인류에 의한 화석연료와 핵연료의 사용을 무시할 수 없는데, 이 문제에 대해서는 다음에 기술되므로, 여기서는 고찰하지 않기로 한다.

태양으로부터의 평행광선이 구인 지구에 조사(照射)하므로, 지구의 단면적(πr^2)에서 받은 태양에너지를 표면적($4\pi r^2$)이 서로 나누어 갖게 된다. 그래서 지구표면은 평균하여 태양상수의 1/4 (345 W/m^2)의 에너지를 받고 있는 것이 된다. 이 에너지가 지구상에 있어서 기후현상을 포함한 여러 현상이 영위되는 에너지원이다.

지구는 태양으로부터 복사에너지를 받아 그 일부를 흡수한다. 그리고 이 흡수한 에너지에 상당하는 에너지를 앞에서 기술한 스테판-볼쯔만의 법칙에 따라서 우주공간으로 방출하고 있기에, 전 지구를 평균하면 복사평형이 이루어지고 있다고 생각할 수 있다. 즉, 지구의 복사평형온도를 T_e라고 하면 지구자체의 복사는 전 표면에 걸쳐 우주로 방출하고 있으므로, 다음과 같이 표현할 수 있다.

$$(1\text{-}A)I_0 = 4\sigma T_e^4 \quad (3)$$

여기서 I_0:태양상수, A:지구-대기 계 전체의 평균 알베도이다. 알베도란 입사량에 대한 반사량의 비율을 말하는데, 태양복사량 전부를 반사하는 경우를 1, 반사가 전혀 없는 경우에는 제로이다. 물리학적으로는 반사는 단색광(單色光)에 대해서 정의되며, 그 경우를 반사율이라고 하여 구별하고 있다. 기후학에서는, 특별한 경우를 제외하고는, 에너지의 총량이 중요하므로, 전 파장에 대해서 적산(積算)한 값으로 정의하고 있다. 대기를 포함한 지구를 평균적으로 보면, 알베도는 약 0.30인데, 이 값을 (3)식에 대입하여 지구의 평균온도를 구하면, 약 255K로 되어, 하부 대류권의 평균기온과 대체로 같게 되므로(廣田, 1979), 복사평형이 성립하고 있음을 알 수 있다.

지구대기가 없다고 가정하면, 지구표면의 평균온도는 (3)식으로 결정되어, 위에서 기술한 값이 된다. 그러나 지구는 구이기 때문에, 태양의 입사광은 위도에 따라서 그 기울기가 달라, 국소적인 복사평형온도는 적도와 극에서 현저한 차이가 생긴다. 대기가 없다고 가정하였을 때의 태양복사량은 위도에 따라서 다른데, 그 장소의 위도(Φ)와 일시가 정해지면, 다음과 같이 구할 수 있다.

$$K_0 = (I_0/r^2)\sin\ h \tag{4}$$

$$\sin\ h = \sin\Phi\ \sin\delta + \cos\Phi\ \cos\delta\ \cos H \tag{5}$$

여기서, K_0 ; 대기가 없다고 가정하였을 때의 일사량(대기상단에서의 일사량이라고도 한다), r; 지구와 태양의 평균거리($\bar{a}$)에 대한 그 때의 순간적인 거리(d)와의 비($d/\bar{a}$), h; 태양고도, δ; 태양의 적위, H; 시각(지방 진태양시의 정오를 제로로 취한다)이다. (4)식은 순간치에 대한 값으로, 어느 기간에 대한 값은 그 기간에 대해서 적분하면 된다. 이렇게 구한 대기상한의 일사량의 위도별 분포를 조사해 보면 지구로 입사되는 태양복사에너지의 양이 위도대에 따라서 현저히 다르다는 것을 확인할 수 있다. 태양복사 양의 위도대에 따른 차이가 지구상에 다양한 기후를 만들어 내는 가장 기본적인 요인이다.

표 1.1 태양의 주요 상수

<table>
<tr><td>전 열량</td><td>매분 5.54×10^{24}kcal</td><td>흑점의 온도</td><td>5000K</td></tr>
<tr><td>밝 기</td><td>10만 lux(보름달의 50만 배)</td><td>백반의 온도</td><td>6600K</td></tr>
<tr><td>반 경</td><td>6.96×10^{5}km(지구의 109 배)</td><td>연 령</td><td>50억년</td></tr>
<tr><td>질 량</td><td>1.99×10^{33}g(지구의 33만 배)</td><td>태양과 지구간 거리</td><td rowspan="6">1.496×10^{8}km
(지구를 직경 1m인 구라고 간주하였을 경우, 태양은 12km 떨어져 위치하고 있는 직경 110m의 구라고 상상할 수 있음)</td></tr>
<tr><td>밀 도</td><td>1.42g/cm^{3}(지구의 1/4)</td><td rowspan="5"></td></tr>
<tr><td>표면중력</td><td>2.74×10^{4}cm/sec^{2}(지구의 28배)</td></tr>
<tr><td>표면온도</td><td>약 6000K</td></tr>
<tr><td>중심부 온도</td><td>1500만K</td></tr>
<tr><td>코로나의 온도</td><td>약 100만K</td></tr>
</table>

1.2 지구환경의 구성요소

(1) 지구환경의 구성요소

지구 이외에 생명체가 존재하는 행성은 우주에서 발견되고 있지 않다. 지구는 기권, 수권, 암권, 생물권으로 구성된다. 그리고 이들 각각은 서로 끊임없는 상호작용을 통해 서로 영향을 미치고 있다. 태양계 내에서 지구는 태양으로부터 지속적으로 에너지를 받고 있으며, 지구-대기 시스템은 같은 양의 에너지를 우주 공간으로 방출하고 있다.

(2) 지구환경 구성요소들의 특징

1) 대기권

지구대기의 주요 구성 성분은 질소분자(N_2)와 산소분자(O_2)로, 이들이 전체 질량의 99% 이상을 차지하고 있다. 이 외에도 아르곤, 이산화탄소, 오존 수증기 등의 기체가 있는데 이들은 대기 전체 질량에 비하여 미량의 양에 지나지 않지만 대기 현상에 매우 중요한 역할을 한다. 우리가 살고 있는 지구의 기후는 대기의 물리나 대기화학에 의해 결정된다(Lockwood 1979). 지구대기는 산업에서 배출되는 가스를 모두 흡수할 수 있는 거대한 저장소처럼 보이지만 실제로는 하나의 얇은 막에 지나지 않는다. 사실 지구를 자몽 크기로 축소를 시킨다고 가정해서 비교해보면 대기는 자몽의 껍질보다도 얇을 것이다. 대기 물리나 대기화학이 수세기에 걸쳐 형성되어온 기후에 어떠한 영향을 미치는지에 대한 우리의 이해력은 지난 수십 년 동안 빠르게 증가하였다.

지구 대기는 층으로 구성되어있다. 대기하층, 즉 표층에서 높이 약 11Km까지를 대류권이라고 하는데 대류권에서의 기온은 높이에 따라 감소하게 된다. 이 층은 지구 지름의 1/1200 정도의 두께 밖에 되지 않으나 여기에서 일어나는 물리, 화학작용은 지구상에 존재하는 생명체의 지속적인 생존에 매우 중요하다. 대류권에서는 저밀도 상태인 따뜻한 공기의 상층에 있는 고밀도의 차가운 공기는 불안정하기 때문에 대기의 교란현상이 나타나면서 공기가 잘 섞이게 된다. 이층은 대기질량의 99% 를 포함하고 있다. 대기 높이 15Km에서 50Km까지는 높이에 따라 기온이 증가하면서 공기는 안정한 상태(성층권)를 보인다. 이층에서의 대기질량은 약 1% 정도이다. 50Km 이상의 상층은 중간권과 열권으로 기후에 별로 영향을 미치지 않는다(그림 1-4).

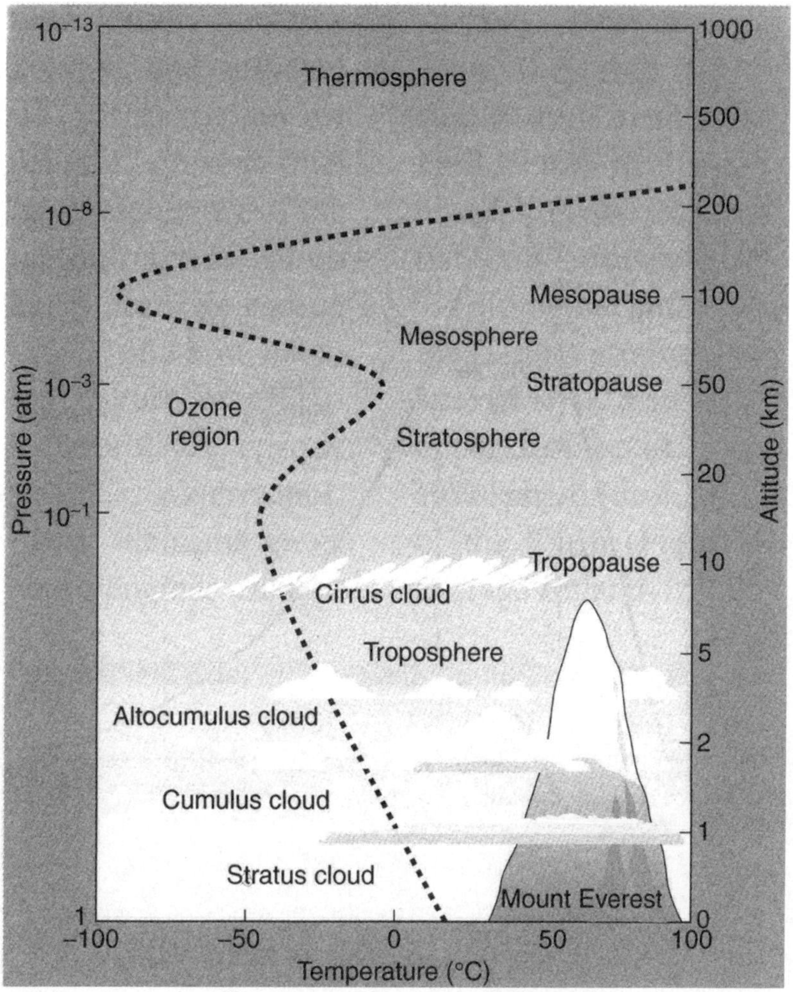

그림 1-4. 지구대기 기온과 기압의 수직구조

인류는 지난 100년 동안 석탄, 기름과 가스 등을 태우고 벌목하면서 얇은 대기층의 화학구조를 변화시켜왔다. 다음 장에서 보다 자세히 기술하겠지만 이러한 과정으로 유발된 대기의 화학조성 성분의 변화는 지구의 기후, 기후에 의해 유지되는 생태계 그리고 우리의 건강과 경제에 지대한 영향을 미친다.

지구에서 가장 가까운 별 즉 태양에서의 원자핵 융합반응은 빛의 속도로 우주를 여행하는 거대한 양의 복사선을 생산한다. 태양광선은 에너지를 내포하고 있으며 이 에너지는 전자기스펙트럼 파장이 짧은 X-선부터 중간 파장의 가시광선, 더 긴 파장의 적외선에 이르기까지 넓은 밴드 영역에 걸쳐있다. 태양에너지 중 가장 많은 양(44%) 에너지는 가시광선 영역(0.4(보라색)-0.7μm(빨강색))에 분포한다(그림 1-5(a)).

입사광선이 대기를 통과할 때 입자나 가스는 태양에너지를 흡수한다. 입자와 가스는 자체의 물리, 화학적 구조에 의해 에너지를 전달하거나 흡수하는 특별한 주파수 범위를 갖고 있다. 예를 들면 오존은 성층권에서 파장이 짧거나 중간 정도인 자외선을 흡수한다. 태양광선의 대부분은 가시영역에서 흡수된다. 대기 수증기, 이산화탄소 그리고 메탄은 가시영역에서는 거의 흡수하지 않으며 가시광선을 지구표면에 도달 할 수 있도록 통과 시킨다.

지표면에서의 흡수된 후 에너지는 파장이 1.5μm 이상인 원적외선 영역으로 변화된다. 대기투명도는 원적외선이 지구에서 우주로 방사되거나 어느 정도의 원적외선이 지구에 머물게 될지를 결정한다. 온실가스의 중요한 역할은 적외선의 일정영역을 흡수하는 것이다. 수증기, 이산화탄소, 메탄, 가시광선을 전달하는 가스들은 원적외선을 강하게 흡수한다(그림 1-5(b)). 따라서 이러한 가스들은 열을 대류권에 잔류하게 하며 우주로 열이 방출되는 것을 막는다. 온실에서 보온에 사용되는 창유리도 열을 흡수하고 전달하는 특성을 가지고 있어서 온실 가스라는 용어가 생겼다.

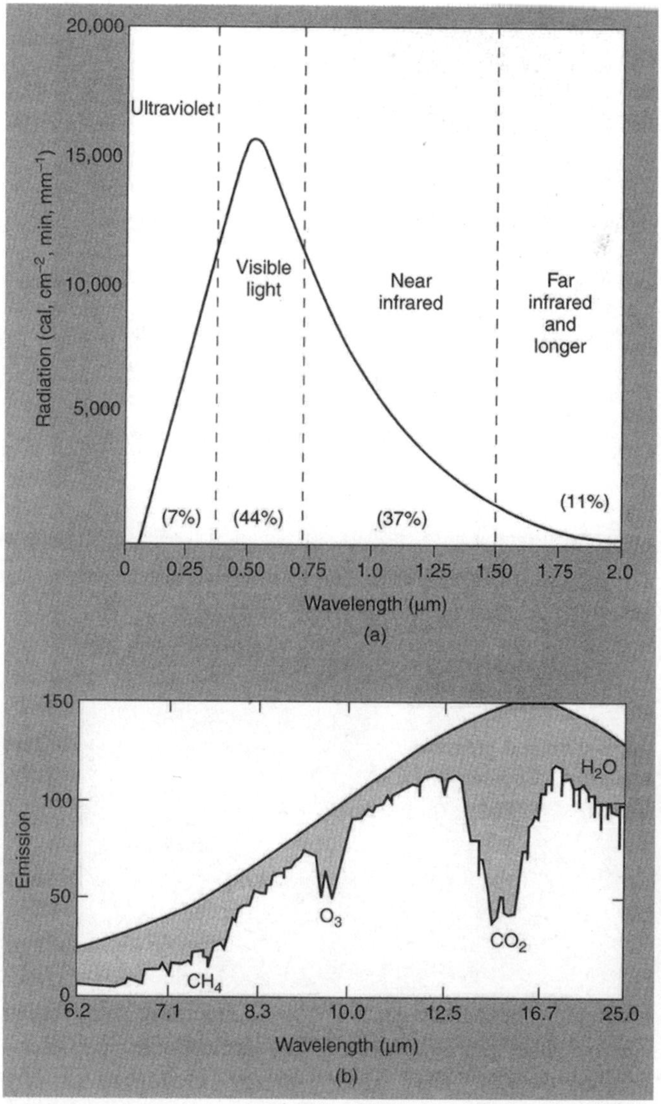

그림 1-5. (a) 입력 태양광의 스펙트럼 분포: 가시광선은 44%이며 최대 값은 청록색 영역인 스펙트럼 파장이 0.49 마이크로미터(㎛)에서 나타난다. (b) 지구에서 방사되는 적외선 스펙트럼 분포: 윗선은 대기가 없는 상태인 따뜻한 지구에서 방출되는 에너지의 분포를 나타낸다. 밝은 영역은 대기상층부로 달아나는 에너지 분포를 나타낸다(위성측정값임). 수증기와 구름에 의한 흡수 그리고 넓은 주파수대에서의 열손실 경감 (밝게 칠한 부분). CO_2는 파장이 12~18μm 영역에서 강하게 흡수하고 메탄은 약 3.5㎛ 영역에서 흡수한다.

대기권에 도달하는 총 태양에너지는 342Wm^{-2}이다. 이중 31%는 구름의 상층, 대기의 먼지나 에어로졸 같은 입자나 지표에서 다시 우주로 반사된다(그림 1-6). 지구가 태양에너지를 반사하는 비율은 지구 전체적으로는 31%이며 이를 지구알베도라고도 한다. 그런데 지구알베도는 지표면의 성질에 따라서 달라진다.

알베도가 40~90% 정도인 구름은 대단히 중요한 입사광의 반사체이다. 눈의 알베도는 75~90%, 숲은 5~15%, 태양의 기울기에 영향을 받는 물은 알베도가 2-99%이다. 반사되지 않고 입사되는 에너지는 대기권과 지표면에 흡수된다(그림 1-6). 물이 증발되려면 많은 에너지가 소요된다. 이 에너지는 잠열의 형태로 수증기에 저장되고 수증기가 응결될 때 대기에 열이 방출된다(그림 1-6).

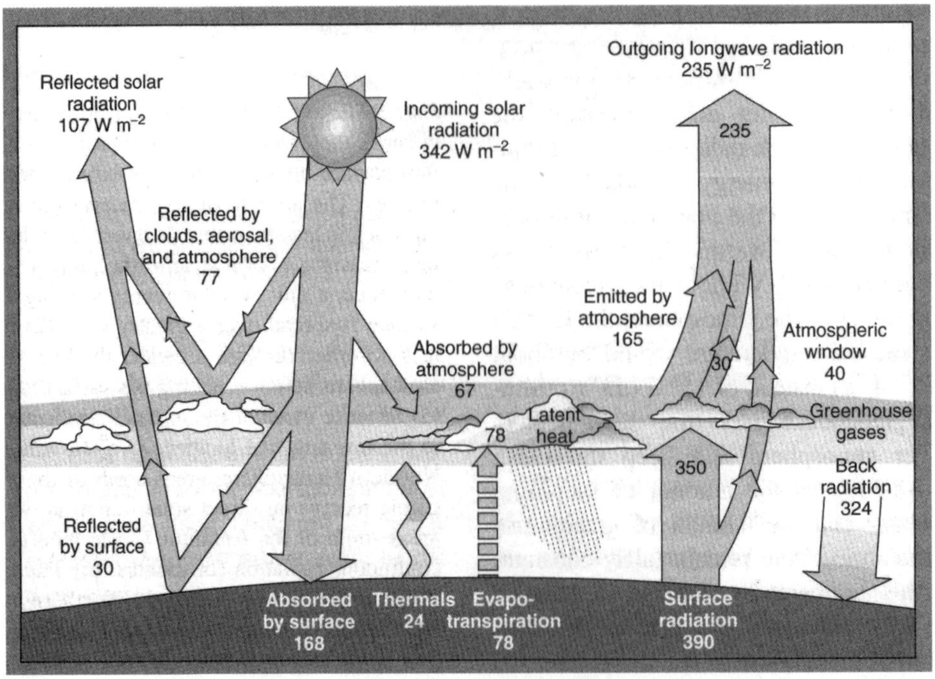

그림 1-6. 지구상에서의 빛과 열 수지평형. 온실 가스는 투명에서 가시영역까지 있으며 태양 근적외선 주파수에 가깝고 원적외선을 흡수하며 지표방향으로 재 복사한다. 실제 입사 태양광은 342Wm^{-2} 이며 부분적으로는 구름, 대기, 지표면에 의해 반사되어 49%만이 지표에서 흡수된다. 이중 일부는 현열과 잠열의 형태로 대기로 돌아간다. 대부분은 열적외선으로 바뀌어 대기로 방출된다. 열적외선은 대기와 지표 사이에서 반복적으로 흡수되고 방출되면서 온실효과를 나타난다.

지구 지표면에서 원적외선은 83%가 재 반사 되며 이는 직접 대기로 방출되지 않는다. 재 방출되는 양은 지표면에서 직접 태양으로부터 흡수되는 총 에너지의 약 두 배 정도가 된다. 이렇게 부차적으로 생산되는 대기 에너지가 지구를 따뜻하게 만들며 현재의 기온을 유지하게 만든다. 이러한 온실효과 없이는 지구 지표면 온도는 현재의 15℃ 가 아니라 약 -20℃가 될 것이다. 온실 가스는 태양열을 대기 하층에 저장하면서 지구를 따뜻하게 하는 역할을 한다. 지구로 입사되는 태양에너지와 대기온실가스가 현재와 같은 수준으로 유지된다면 지구기온 역시 균형을 유지할 것이다. 대기온실가스농도가 많아지면 더욱 많은 장파가 대기하층에 저장될 것이다.

○ 열의 재분배

지구의 기온은 일정하지 않고 시공간적으로 크게 차이가 나며 아울러 끊임없이 변해간다. 기후를 이해하고 향후 수십 년에서 수세기에 걸쳐 기후가 어떻게 변화해 갈지를 예상하기 위해서는 지구에서 열이 어떻게 재분배되는지를 이해하는 것이 매우 중요하다. 열대지역의 기온은 극지역의 기온보다 높다. 왜냐하면 열대지역에서는 태양 입사각이 크게 지표면을 비추면서 지표 단위면적당 태양광을 더 많이 받기 때문이다(그림 1-7).

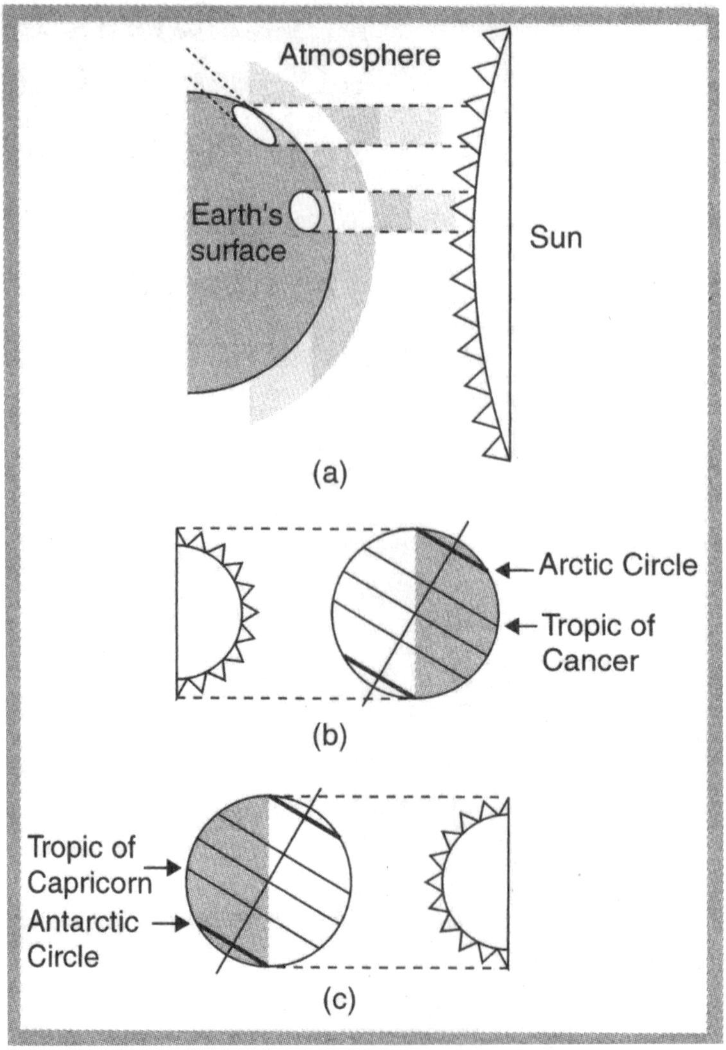

그림 1-7. (a) 저위도대인 열대지역은 고위도대보다 지표 단위 면적당 더 많은 열을 받기 때문에 상대적으로 더 온도가 높다. 고위도 대에서 받는 열의 양이 저위도 대에서 받는 열의 양보다 적은 것은 다음 3가지 이유 때문이다. (1) 입사 기울기의 각이 크기 때문이다. (2) 태양광이 지표면에 닿기 전에 더 두꺼운 대기층에서 흡수되기 때문이다. (3) 입사 기울기의 각이 적기 때문에 더 많은 에너지가 반사된다.
(b) 북반구 겨울 남극지역은 지속적으로 태양광을 받고, 북극지역은 태양광을 받지 못한다.
(c) 북반구 여름에는 이와는 반대 현상이 나타난다.

동일한 양의 에너지가 고위도대로 입사되면 더 넓은 지표면으로 분산된다. 따라서 단위면적당의 지표에 도달하는 태양광은 위도 대에 따라서 달라진다, 저위도(열대지역)에서의 잉여 열은 열역학의 법칙에 따라 차가운 극 지역으로 재분배된다. 이 과정은 공기나 물의 대순환으로 이루어진다. 현저하게 많은 양의 열이 열대지역에서 물이 수증기로 변화될 때 사용되며, 이 잠열은 수증기가 응결될 될 때 다시 열로 방출된다. 지구의 열적인 불균형은 대기대순환의 중요한 원동력이 된다(그림 1-8). 적도 지역에서의 따뜻한 공기는 상승하여 극 지역으로 흐르며 고위도 대에서 열을 방출하면서 점차 냉각된다.

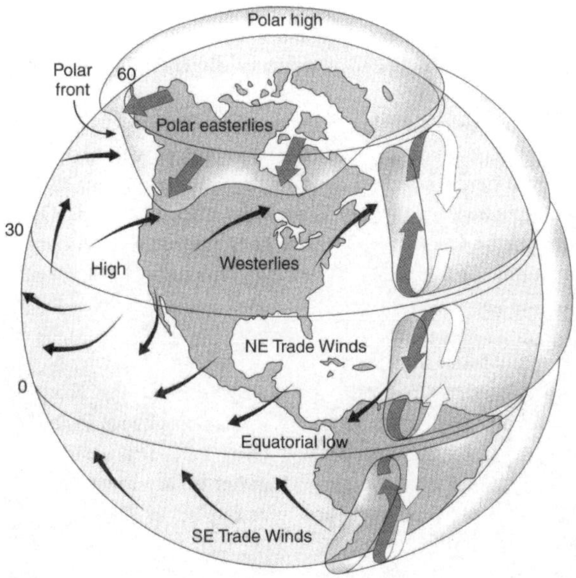

그림 1-8. 대기 대순환. 열대지역의 잉여 열은 대기대순환을 통해 극 지역으로 수송된다.

위도 약 30° 지역에서 이 공기는 높은 곳에서 지표면으로 향하게 되고 고도가 낮은 곳에 도달하게 되면 다시 남쪽으로 흐르게 된다. 이렇게 지표면으로 흐르는 공기를 보충하기 위해 극 지역에서의 공기가 남쪽방향으로 흐르다가 지표면으로 하강하며 지표면에서는 다시 극 지역으로 흐르게 된다. 이러한 대기 순환 패턴은 코리올리 힘에 의해 변하게 되는데 북반구에서는 대기 흐름을 시계방향으로, 남반구에서는 반시계 방향으로 흐르게 한다.

이러한 순환은 대양에 저장되어있는 대규모의 열을 수송한다. 대서양에서는 증발되는 양의 물이 흘러들어오는 물보다 더 많다. 이렇게 밀도가 높아진 물은 북대서양에서 밑으로 가라앉게 되고 심해에서는 남쪽방향으로 흐른다. 지구상에 있는 모든 강의 물을 합한 양의 20배에 달하는 물이 심층에서 태평양으로 향하며 태평양에서 용승한다. 용승한 물은 얕은 층의 해류를 형성하여 대서양으로 다시 흘러들어간다.

해양에서의 바람형태는 밀도 차에 의해 발생하는 주요 순환 해류 즉 북대서양에서의 걸프 해류 북태평양의 쿠로시오 해류 등과 같이 나타난다. 대규모 열의 수송은 해양 컨베이어 벨트라 불리는 대서양과 태평양의 표층 해류에 의해 남쪽에서 북쪽으로 발생한다(그림 1-9). 따라서 주요 해양이나 대기 순환 형태는 지구 열의 균형과 밀접한 관계를 이루고 있다. 그리고 이러한 열 균형의 변화는 지구 기후변화의 원인이 된다.

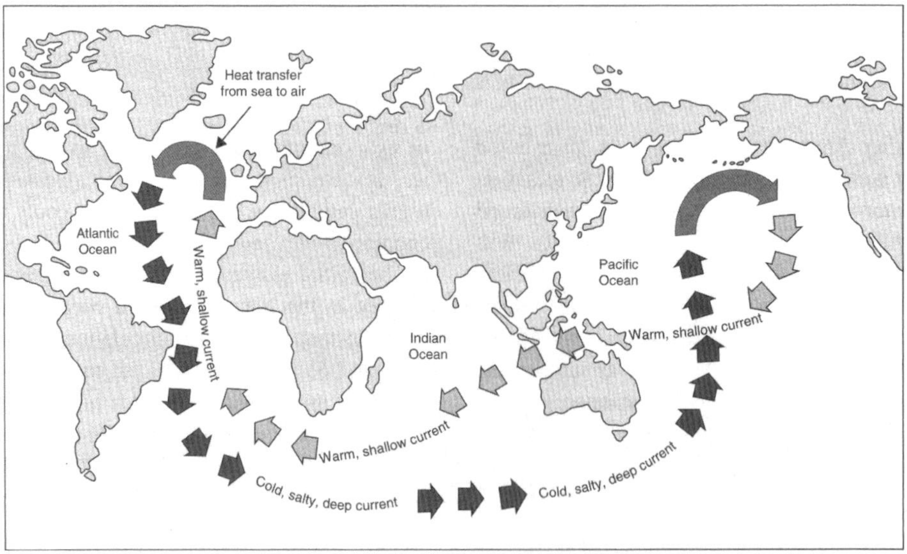

그림 1-9. 해양 컨베이어 벨트.

2) 수권

지구는 태양계의 다른 행성과 달리 물이 많아서 물의 행성(aqua-planet)이라고도 불린다. 지구 전체 표면의 약 70%가 물로 덮여 있는데, 이를 수권이라고 부른다. 수권의 대부분은 바다이고 담수가 차지하는 비율은 약 3%에 불과한데 담수의 대부분은 양 극지역의 빙하로 되어 있다. 그래서 우리가 수자원으로 활용할 수 있는 육지의 물은 극히 적은 양에 지나지 않는다. 물은 생명활동에 필수불가결한 요소이다. 생명체의 물질대사를 주관하며 각종 화학 변화에 관여하며 생명유지에 필요한 에너지를 만드는 일에도 관여한다. 또한 물은 침식작용으로 지형을 변화시키며, 모래나 암편(岩片) 등을 호수나 바다로 운반해 퇴적층을 만드는 방식으로 암석의 순환에도 기여한다.

수권은 대기권과 상호작용으로 비와 눈 등의 강수현상을 유발하며, 이 과정을 통해 지구의 기온을 일정하게 유지하는 역할을 하기도 한다. 특히 해양은 태양에너지를 저장하였다가 필요할 때 방출하는 에너지 저장고의 역할을 함으로써, 기온의 일교차와 연교차를 줄여 생명체가 살아가는 데에 적당한 기후를 만들어 준다. 한편, 막대한 에너지를 흡수 또는 방출할 수 있는 바다는 지구가 위도에 따라서 차등적으로 흡수하는 태양 복사에너지를 공간적으로 고르게 재분배하여 지구 전체의 기온분포를 일정하게 하는 데에 기여한다.

3) 암권

암권은 지구환경에서 가장 큰 부피를 차지하는 부분으로 최외각인 지표에서는 대기권, 수권 및 생물권과 상호작용으로 끊임없이 물리적, 화학적 변화가 발생하고 있다. 암권의 내부는 지표면에 비하여 다소 복잡한 층상구조를 이루고 있으며, 각 층들 사이에서는 아주 역동적인 변화가 발생하고 있다.

암권은 지구환경 구성 요소 중 변화가 가장 느린 대신에 다른 영역에 가장 큰 영향을 미친다. 대륙은 대기의 이동에, 해저지형은 해수의 흐름에 큰 영향을 미친다. 또한 토양 속의 수분은 물의 순환에 큰 역할을 하고 있으며, 지구내부로부터의 화산활동은 대량의 온실가스와 에어로졸을 대기로 분출시켜 기후변화에 중대한 영향을 미친다.

4) 생물권

지구는 지금까지 알려진 한에서는 생명체가 존재하는 유일한 행성이다. 지구의 생명체는 주변 환경을 자신의 생명 활동에 유리하도록 변경시키기도 하고, 반대로 주변 환경에 적응하여 자신을 변화시키기도 하는 등 아주 다양한 방법으로 생명현상을 유지해 가고 있다. 그래서 지구에는 단세포의 박테리아로부터 인간이나 코끼리와 같은 고등 생물에 이르기까지 수많은 생물 종들이 존재한다. 이러한 생명 활동이 이루어지고 있는 지구 공간을 생물권이라고 한다.

지구환경의 입장에서 바라볼 때 생물권은 지구의 대기 조성에 지대한 영향을 미치고 있다. 지구가 탄생된 초기에는 대기 중에 산소가 거의 존재하지 않았지만 조류와 같은 광합성을 하는 식물이 생물권에 나타나면서 대기권에는 산소가 풍부하게 되었다.

1.3 지구환경의 상호작용

(1) 지구환경의 에너지원

지구내부와 지표상에서 발생하는 모든 현상들은 에너지를 필요로 한다. 이러한 에너지는 대부분 태양복사에너지이다(표 1.2). 태양복사에너지는 침식, 바람, 해류, 식물의 성장 등의 모든 지구 외적 과정에 관여한다. 그리고 지구 내부에너지는 조산운동과 화산활동 등의 모든 지구 내적 과정에 관여한다.

표 1.2 대기의 에너지원(Sellers, 1965)

태양상수의 1/4	1
지구내부로부터의 열류	18×10^{-5}
보름달로부터의 열적외복사	3×10^{-5}
보름달에서 반사되어 오는 태양복사	1×10^{-5}
태양의 기조력에 의한 에너지	1×10^{-5}
화석연료의 연소	7×10^{-6}
번갯불로 소비되는 에너지	6×10^{-7}
자기풍의 에너지 소비	2×10^{-7}
밝은 오로라가 내는 복사에너지	14×10^{-8}
우주선의 에너지	9×10^{-8}
유성의 분진이 소비하는 운동에너지	6×10^{-8}
항성에서 오는 전 복사	4×10^{-8}
달의 기조력에 의한 에너지	3×10^{-8}
황도광에서 오는 복사	1×10^{-8}

(2) 물과 에너지의 순환

지구환경의 구성 요소인 대기권, 수권, 암권, 생물권 간에는 물과 에너지가 끊임없이 순환한다. 지구환경에서 물의 순환은 에너지 순환과 깊은 관련이 있다. 해양과 육상에서 태양에너지를 흡수하여 증발한 수증기는 대기 중에서 다시 물(구름)로 변하면서 증발과정에서 흡수한 양의 에너지를 방출하는데, 이 과정을 통해서 지면의 잉여 에너지가 대기 중으로 수송된다. 해양에서는 해류가 순환하면서 저위도의 과잉에너지를 고위도 지역으로 수송하여 지구의 에너지 평형에 관여한다.

(3) 탄소의 순환

지구에서 주요 탄소원은 대기 중의 이산화탄소와 해양 중의 탄산이온(HCO_3^-나 CO_3^{-2})의 형태로 녹아 있는 탄산이다. 또한 암권에도 탄소가 석회암의 형태로 존재한다. 이산화탄소의 수중 용해도는 저온일수록 높기 때문에 해수온도가 낮은 중고위도 부근에서는 대기에서 해양으로 용해가 일어나고, 적도 부근 저위도 해양에서는 수온이 높아서 해양에서 대기로 방출이 발생한다. 이러한 방식으로 대기와 해양 간에는 이산화탄소의 물리적 순환이 형성된다.

한편 육지와 해양에서도 생물을 매개로 한 탄소의 화학적, 생물학적 순환이 이루어지고 있다. 대기나 해양 중의 이산화탄소는 식물에 흡수되고 물과 함께 광합성 반응으로 자신의 몸을 구성하는 생체 유기화합물을 합성한다. 동물은 식물을 섭취하여 식물이 만든 유기물을 자신의 생체유기화합물로 전환시켜 이용한다. 모든 유기물의 근 골격은 주로 탄소로 이루어져 있기 때문에 수분을 제외한 생물의 몸을 구성하는 원소 비율에서 탄소가 가장 많다. 식물과 동물은 호흡작용으로 체내의 유기화합물을 산화 · 분해하여 활동에너지를 얻는다. 이때 유기화합물 중의 탄소는 이산화탄소로 방출되어 대기나 해양으로 돌아간다. 또 수목의 낙엽, 동물의 배설물, 동식물의 사체 등에 포함된 유기물은 미생물에 의해 분해되어 유기물 속에 함유되어 있던 탄소는 대기로 돌아간다.

또 다른 경로로 생물을 통한 탄소순환이 있다. 주로 해양에 녹아있는 이산화탄소는 산호의 골격, 조개껍질의 주성분으로 탄산칼슘의 형태로 고정된다. 이것들은 오랜 기간을 거쳐 석회암으로 퇴적되어 고정되고 마침내 조산 활동으로 육지화되면 빗물에 녹아나와 대기와 해양 중으로 방출되는 방식으로 순환한다.

이와 같은 자연현상을 통해 탄소순환이 일어나며 대기 중의 이산화탄소 농도는 거의 평형을 유지해 왔다. 하지만 산업혁명 이래로 인간 활동에 따른 화석연료 사용의 과다로 대기로의 이산화탄소 방출이 과다하게 이루어지게 되면서 그 평형이 무너질 우려가 높아지고 있다.

(4) 지구환경 구성 요소들 간의 상호작용

지구환경의 구성요소들은 유기적인 관계에 있기 때문에 이들 요소들 중의 어느 하나에서라도 변화가 발생하면 그 변화는 다른 구성 요소들에게 연쇄적인 영향을 미치게 된다. 그 결과는 다시 변화를 가져온 요소에 피드 백(feed-back)되어 더 강한 변화를 유발시키기도 한다. 이러한 변화가 발생할 때에 지구환경요소들 간에 상호작용(interaction)이 발생하였다고 한다. 지구환경 요소들 간에 상호작용이 존재하기 때문에, 지구환경에서 어떤 변화가 유발되면 그것이 미칠 전체적인 영향을 파악하기 위해서는 그와 관련된 제한된 요소만 조사해서는 안 되고 지구환경 전체의 관점에서 조사하고 연구를 하여야 변화를 가져온 원인과 결과를 제대로 파악할 수 있다.

읽을거리

전 지구 탄소 사이클

지구의 탄소는 수많은 저장소에 존재한다. 가장 큰 것은 심층해로서 38,100 GtC를 함유한다. 두 번째로 큰 저장소는 육상 식생과 토양으로서 2,190 GtC를 차지한다. 대기는 약 750 GtC를 포함한다. 탄소는 생명체의 화학적 골격이다. 광합성 과정을 통해 육상 식물은 대기로부터 이산화탄소 가스를 없애고, 해양 식물성 플랑크톤은 바닷물에 용해된 탄소를 흡수한다. 이 두 가지는 살아 있는 임시 탄소 저장소인 유기 탄소로 줄인다. 동물과 대부분의 미생물은 유기 탄소를 분해함으로서 에너지를 얻고, 호흡을 통해 대기 중으로 CO_2를 배출한다. CO_2의 물에 대한 용해도는 온도와 반비례하여 찬 고위도 해양 지역은 대기 CO_2를 흡수하는 반면, 따뜻한 열대 해양은 이를 대기 중으로 다시 방출한다. 대기, 해양, 대지 사이의 이러한 탄소 이동은 자연적인 탄소 순환을 구성한다. 인위적인 방해를 받지 않은 상태에서 이러한 사이클은 수 백 만 년 동안 CO_2를 상대적으로 안정적인 수준으로 유지해왔다.

그런데 지구에는 또 하나의 커다란 탄소 저장소가 있다. 이는 인류가 사용하고 있는 화석연료이다. 과거의 밀림과 늪은 탄소를 저장하여 지구 지각에 퇴적물처럼 보존하여 왔다. 산업화 시대가 열리면서 화석 탄소(석탄, 석유, 가스 등)를 다량으로 연소하여 왔다. 탄소가 연소되면(산화되면) CO_2, 물, 에너지로 변환된다. 따라서 수 백 만 년 동안 영향을 받지 않은 상태로 지구 지각에 유지되어 온 탄소는 지질학적 시대로 볼 때 아주 짧은 기간에 CO_2 형태로 대기로 방출되고 있다. 게다가 나무와 식생에 저장된 탄소는 식생의 연소와 토지 개척에 의해 대기 중으로 이동하고 있다. 화석연료 연소와 산업화 활동에 의해 연간 방출되는 탄소 약 절반은 대지와 해양에 저장되고, 나머지 절반은 대기 중으로 축적된다. 결과적으로 인간 활동에 의해 매년 3.3 GtC의 양이 대기로 방출되면서 대기 중의 CO_2 농도를 증가시킨다.

1.4 지구환경의 변화

(1) 지구의 탄생과 진화

우리 우주는 약 137억 년 전 빅뱅(Big Bang)에 의해서 탄생했다. 대폭발은 상상을 초월하는 고온, 고밀도를 갖는 한 점에서 일어났다. 탄생 후 약 3분이 지났을 때 우주의 온도는 1,000만℃ 정도였다. 이때부터 비로소 시간과 공간이 존재하게 되었으며, 물질과 함께 가벼운 원소인 수소와 헬륨이 형성되었다. 이후 우주는 빛과 물질이 수프처럼 섞여 불투명했으나 수십 만 년이 지난 후에야 이 둘은 분리되고 빛은 자유로이 우주공간을 전파할 수 있게 되었다. 약 100억 년 전에는 물질이 모여서 은하계를 형성하였고, 약 50억 년 전에는 우주에 퍼져있는 물질이 모여 태양이 형성되었으며, 태양계 내의 지구를 포함한 행성들은 성간물질이 응축하고 충돌하여 형성되었다. 원시지구는 생명체의 생존에 필요한 산소를 포함하고 있지 않았으며, 산소는 나중에 식물의 광합성에 의해 형성되었다. 지구의 표면은 점차 수증기가 응결할 수 있을 정도까지 식기 시작하여 비가 내리기 시작하였으며, 육지의 물이 만들어지고 빗물은 암석과 광물을 녹여 약 37억 년 전부터 짠 바닷물을 만들었다. 약 40억 년 전에는 태양계 내에 거대한 운석들이 떨어지기 시작했으며 단세포 동물들이 나타났다. 우리인간은 10만 년 전에 이 지구상에 출현했다. 지구생성 이후 수많은 생물체들이 변화에 적응해야 했으며 적응하지 못한 생물체들은 도태되었다. 인류의 문명도 마찬가지였다. 예를 들어 마야문명은 3,000년 전 경에 발달해서 750-900AD 경에 멸망하였는데 그 원인은 기후변화(장기간 지속된 가뭄)였다고 한다.

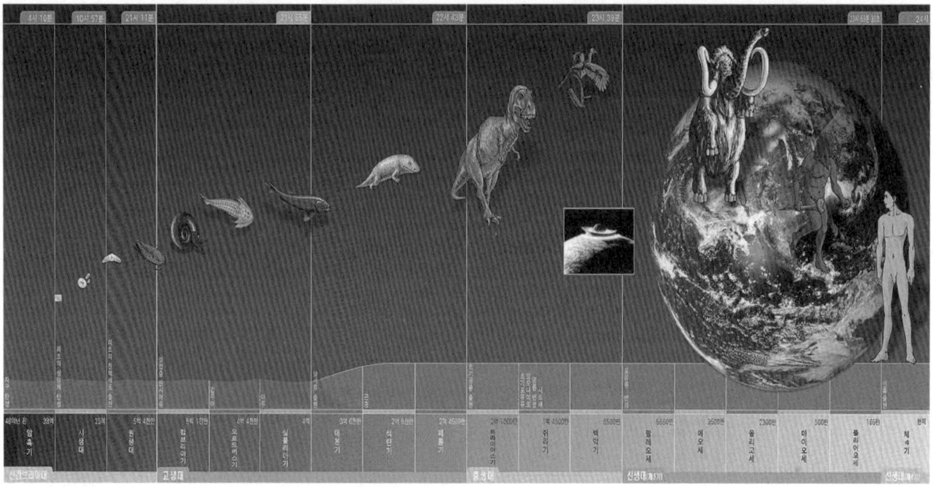

그림 1-10. 지구상에 생명체가 등장한 것은 약 38억 년 전으로 최초의 생명체는 수십 억 년의 진화를 거쳐 오늘날의 인간에 이르렀고, 지구 또한 변화를 거듭하면서 현재의 모양을 갖추게 되었다.

(2) 대기의 탄생과 진화

지구는 약 45억 년 전에 탄생한 것으로 알려져 있다. 지구가 탄생한 지 얼마 지나지 않은 원시지구 주위에는 태양계가 만들어질 때 함께 생긴 수많은 미시 행성체(planetesimal)들이 떠돌아다니고 있었다. 미시 행성체들 중에는 금속으로 이루어진 것들이 많아서 원시 지구를 이루던 마그마 속에는 금속 성분이 많이 포함되어 있었다. 용융 상태의 원시 지구에서 밀도가 큰 철, 니켈 등의 금속 성분들은 지구 중심을 향해 서서히 침강하게 되었고, 반대로 밀도가 상대적으로 작은 규산염 물질(SiO_2)들은 지표면으로 상승하게 되었다. 그 후 오랜 세월이 지나는 동안 지구 표면은 점차 냉각되어 지금과 같은 단단한 고체 지각을 형성하고, 내부는 여전히 유동성을 가진 고체인 맨틀을 형성하였다. 또 지구 중심으로 가라앉은 철과 니켈은 중심부에서 고온 고압상태인 핵에 위치하게 되었다.

지구표면이 냉각되면서 마그마가 굳어 얇은 지각이 만들어지기 시작하였으나, 그 아래쪽은 여전히 고온의 마그마가 끓고 있었다. 이러한 고온의 마그마가 지각의 약한 틈을 뚫고 격렬하게 지표로 분출하기 시작하였다(화산활동). 이러한 화산분출에 수반하여 마그마 속에 있던 기체가 대기로 대량 방출되었다. 이렇게 방출된 원시대기의 성분에는 가장 가벼운 원소인 수소와 헬륨을 포함한 기체가 대부분이었다. 원시대기의 성분은 주로 수증기(H_2O), 수소분자(H_2), 메탄(CH_4), 암모니아(NH_3) 등이었다. 이러한 원시대기를 1차 원시 대기라고도 한다. 하지만 현재의 대기는 대부분 질소와 산소로 구성되어 있어 1차 원시 대기와는 그 조성이 크게 다르다. 그러면 초기의 지구 대기를 구성했던 기체들은 어디로 갔으며, 어떻게 대기 조성이 바뀌게 되었을까?

지구가 탄생한 이후 초기 5억년 동안은 대기의 기체는 쉽게 우주로 소산되었다. 이를 설명하는 가장 유력한 가설로는 다음의 두 가지가 있다. 1차 원시 대기의 주성분은 가벼운 수소와 헬륨이었고, 또한 온도가 높아 평균 이동 속도(mean free path)가 매우 컸을 것이다. 그리고 오랫동안 지구의 중력장은 대기를 잡아 둘만큼 강하지 않아 가벼운 원소가 우주로 날아간 것으로 추정한다. 이 과정을 이해하기 위해서는 다소의 배경지식이 필요하다. 초고층 대기의 밀도는 극히 낮아 대기분자나 원자끼리의 충돌은 매우 드물지만, 일단 충돌하여 대기권 밖으로 향하는 어떤 충분한 속도를 가지면 대기권 밖으로 이탈할 수 있는 속도를 가지게 된다. 이러한 속도를 이탈속도(escape velocity)라 하며, 지구에서는 대략 11.19㎞/s 이다. 행성주변의 기체가 외계로 확산되는 것은 행성의 중력이 기체의 탈출을 막을 만큼 강하지 않기 때문이다. 만일 분자가 이탈속도만큼 충분한 속도를 가지고 운동할 경우, 중력을 극복하고 대기를 탈출할 수 있다. 가벼운 기체들의 속도는 대개 이탈속도만큼 빨라서 1차 원시 대기의 주성분인 수소와 헬륨은 대부분 우주로 탈출하였다고 설명한다.

최근 또 다른 가설이 제기되었다. 이 가설에서는 최초 생성 기간에 존재하였던 기체들은 지구와 다른 천체와의 충돌과정에서 제거된 것으로 여겨지고 있다. 이러한 다른 천체들 중 미시행성(planetesimal)이라 불리는 몇몇은 크기가 화성만큼이나 되었다고 한다. 엄청난 에너지가 미시행성과의 충돌로 발생되었고, 대기를 포함한 많은 양의 행성 물질이 방출되어 현재의 대기를 구성하였다는 것이다. 만일 이러한 가설이 사실이라면, 매우 느린 확산과정으로 원시대기의 기체가 제거되었다고 설명하는 이전의 가설은 설득력이 약해진다.

1차 원시 대기가 거의 사라진 지구에는 2차 원시 대기가 생성되었다. 2차 대기가 형성되는 새로운 시기에는 화산폭발과 같은 지구 내부에서 방출된 기체들이 대기를 구성하였다. 이 과정을 우리는 가스분출이라 부른다. 화산활동에 의해 방출된 기체에는 수증기, 이산화탄소, 적은 양의 이산화황, 질소 그리고 다른 기체 성분들이 다량 함유되어 있었다. 최근 위성 관측에 따르면 물을 포함한 우주 눈 뭉치들이 한꺼번에 지구로 5～30개가 떨어지면서 생기는 일정한 강우가 있다고도 한다. 지구 생성 이후로 이 비율로 계속 떨어졌다면, 그들은 대부분의 수증기 공급원을 차지했을 것이다. 그러나 만일 이 비율이 상승하였다면 2차 원시 대기는 크게 변화했을 것이다. 왜냐하면 수증기와 이산화탄소는 현재 대기 중에 아주 소량만이 존재하기 때문이다.

대기의 냉각현상으로 인해 응결이 일어나고 강수가 발생하여 지표로 떨어지면서 해양을 형성하는 과정을 기반으로 수증기의 제거는 쉽게 설명될 수 있다. 또한 강수는 대기로부터 이산화탄소의 제거와 연관 지을 수 있다. CO_2가 풍부한 대기에서 떨어지는 강수입자는 CO_2를 용해시켜 대기로부터 제거시킨다. CO_2가 용해된 빗방울은 탄소를 대기에서 해양으로 이동시키고, 육지로부터 수송된 물질을 침식시키고, 해저 퇴적물로 가라앉게 한다.

약 35억 년 전, 대기에 산소가 증가하는데 이러한 변화는 원시 혐기성 박테리아 (산소가 없어도 살 수 있는 박테리아)가 주된 원인이다. 이러한 원시 생명체는 대기로부터 이산화탄소를 얻어 산소로 변화시키는 최초의 유기체 조직이었다. 결국 식물과 이후에 나타난 동물의 조직들이 해저로 가라앉아 (현재도 나타나고 있음), 유기 탄소(organic carbon)는 퇴적물 내에 고착되었다. 결국 화산활동에 의해 방출된 탄소의 대부분이 탄산염암 형성과정으로 인해 대기와 해양 모두에서 존재하지 않게 되었다.

이러한 모든 과정들은 이산화탄소를 소비하면서 점진적으로 대기의 산소를 증가시켰다. 하지만 지표에서 생명체의 활동을 가능하게 만든 대기의 또 다른 변화가 나타났다. 상층 대기에 오존층이 존재하지 않으면 지표에 도달하는 태양빛 내 자외선 복사는 매우 치명적일 수 있다. 그러므로 방어막이 될 수 있는 오존층은 해양 바깥에서 생명이 존재하기 이전에 발생하였음을 알 수 있다. 다행히 상층대기에서 자외선 복사가 이원자 산소분자를 분리하여 형성된 산소원자가 산소분자와 재결합하면서 오존층을 형성한다. 현상은 특정 조건에서만 이루어지는 것이 아니라 일반적인 자연 상태에서도 발생한다. 산소 원자는 상층 대류권에서 산소 분자와 결합하여 오존을 형성한다. 이러한 현상이 발생하면 지표에 도달하는 자외선 복사는 식물이 생장할 수 있을 만큼 감소된다. 식물이 늘어나면서 광합성은 가속화 되었고 대기의 이산화탄소는 산소로 바뀌게 되었다.

마지막으로 대기 중에 많은 양의 질소를 설명하는 일이 남았다. 비록 질소는 분출가스에 의해 방출되는 물질에 적은 양이 존재하였지만, 대기 중에서 제거 속도가 매우 느렸다. 이러한 결과로 질소의 농도는 특정 값까지 점진적으로 증가하게 되었고 현재의 대기 상태에까지 도달하게 되었다.

읽을거리

지구온도변화와 온실기체

지구환경은 아주 오랫동안 생명체에 호의적이었다. 지난 40억년 동안 태양빛이 30%정도 강해지는 등 여러 교란 현상이 끊임없이 일어났지만 지구의 기후는 지속적으로 비교적 온화한 편이었다. 같은 기간에 금성은 바닷물이 모두 증발해 버릴 정도로 뜨거웠고, 화성은 온도가 급강하하여 존재했던 모든 물이 얼어버렸으니 말이다.

원래 태양계가 탄생했을 때는 금성, 지구, 화성의 대기조성 성분이 매우 비슷했으며 다만 행성의 크기와 태양으로부터의 거리가 달랐다. 금성과 지구의 규모는 대체로 비슷하고 화성은 확실히 작다. 이렇게 비슷했던 행성이 두 가지 차이점으로 인하여 지금처럼 다르게 변한 과정을 규명하는 작업은 태양이 지속적으로 강해지고 있는 현상의 원인을 규명하는 작업과 더불어 도전해볼 만한 학문 분야이다.

각 행성의 온도는 온실효과의 정도에 비례하므로 결과적으로 온실효과를 유발하는 행성의 대기 조성에 달려 있다. 각각의 행성에서 태양열은 존재하는 대기에 따라 더 강해지거나 약해질 수 있으며, 궁극적으로 대기의 조성이 어떻게 바뀌느냐에 따라 함께 변한다. 그렇다면 어떠한 과정이 이를 통제하는 것일까?

<온실기체의 순환>

우리는 흔히 우리를 둘러싼 공기가 정지되어 있으며 그 성질이나 구조가 바뀌지 않는다고 생각한다. 하지만 실제로 공기는 계속 변한다. 기체는 여러 저장소 사이를 순환하는데, 대기는 이러한 저장소 중의 하나에 불과하다. 이에 대한 예로 수증기의 농도는 물 순환계에 의해 결정된다. 수증기는 증발되어 대기로 나오고 강수의 형태로 대기를 떠난다. 비슷한 방식으로 대기 중 이산화탄소의 농도는 이산화탄소 순환계에 의해 조절된다.

왜 행성들이 점점 강해지는 태양복사에너지에 대해 각기 다르게 반응했는지를 알기 위해서는 물 순환계와 이산화탄소 순환계라는 두 개의 중요한 순환계에 대해 고찰해 보아야 한다. 지구의 대기는 화산이 폭발하면서 분출한 여러 가스로 조성되었는데, 그 중의 하나가 바로 온실기체인 수증기이다. 화산이 점점 더 많은 수증기를 대기로 내보내도 온실효과는 가중되지 않았고 지구의 온도도 더 이상 상승하지 않았다.

이는 대기에 어느 정도 수증기가 포화되면 구름이 형성되기 때문이다. 구름에서 비가 내리면 대기 중의 수증기가 빠져나가 바다를 만들고, 바다는 물 순환계를 서로 연결시켜 대기 중의 수증기 농도를 결정한다. 공기가 수증기로 포화되려면 공기 중에 함유된 수증기의 양이 특정량을 넘어야 하는데, 이때의 압력을 포화수증기압이라고 한다. 포화수증기압의 값은 대체로 온도가 올라감에 따라 증가한다. 그래서 온도가 아주 높이 올라가면 많은 수증기를 공급받아도 포화수증기압에 도달하지 못한다. 온실가스인 수증기가 아주 많아지면 대기의 온도가 높아져서 결국 포화수증기압에 도달하지 못할 수 있다. 이러한 현상이 바로 금성에서 일어났다. 지구보다 태양에 더 가까운 금성에서는 태양빛이 강렬하여 온도가 더 많이 높아지므로 수증기가 포화상태에 이르지 못한다.

그래서 폭주(run away) 온실효과라고 부르는, 멈출 수 없는 온실효과로 발전하여 하나의 악순환을 만든다. 화산은 점점 더 많은 수증기를 방출하고 온실효과는 점점 더 커져서 금성의 온도는 더욱 더 올라간다. 온도가 엄청나게 올라갔기 때문에 물 분자는 더욱 높은 고도로 상승하여 높은 에너지를 가진 자외선과 만나 수소와 산소로 쪼개진다. 가벼운 수소는 우주로 빠져나가고 산소는 광물들과 반응하여 지각으로 돌아갔고, 화산에서 방출된 또 다른 온실가스인 이산화탄소는 대기 중으로 모여들었다. 오늘날 금성에는 물이 더 이상 남아있지 않으며 금성대기를 이루는 구름은 황을 함유하는 작은 알갱이들로 되어 있다.

이러한 운명을 지구가 겪지 않을 수 있었던 것은 역사상 비정상적으로 뜨거워진 적이 없었기 때문이다. 지구는 금성과 달리 충분히 낮은 온도를 지속할 수 있었기에 구름을 형성할 수 있었다. 태양빛이 약해졌을 때에도 적당히 따뜻한 정도를 유지했는데, 이것은 이산화탄소 농도가 높아져 온실효과가 강화되었기 때문이다. 이산화탄소의 농도를 결정하는 이산화탄소 순환계는 대기, 생물, 해양 그리고 땅 사이에서의 교환능력에 기초한다. 비교적 짧은 시간인 계절, 10년 단위의 시간, 100년 단위의 세기 등으로 생각해 보면 대기, 해양, 식생이 중요한 역할을 한다. 하지만 지질학적 시간단위인 100만년을 기준으로 본다면 엄청난 양의 탄소를 포함한 퇴적물과의 교환이 아주 중요한 역할을 한다.

이산화탄소는 화산의 폭발에 의해 대기로 분출된다. 이산화탄소가 풍화작용에 의해 대기로 빠져나가는 데는 수백만 년의 시간이 걸린다. 빗물은 이산화탄소와 반응하여 약산성을 띠고 광석을 침식시킨다. 광석에서 녹아 나온 탄소결합물은 바람과 강물, 해류에 의해 바다 밑바닥으로 운반된다. 생명체의 존재로 이러한 과정은 가속화되는데, 육지에서는 식물체가 분해되면서 발생하는 이산화탄소가 토양에 축적된다. 이렇게 해서 특정 광물들은 더욱 효과적으로 침식될 수 있다. 바다에 서식하는 일부 생물은 탄소결합물을 이용해서 자신을 보호하는 껍데기를 만드는데, 죽으면 바다 밑바닥에 쌓이고 껍데기에 포함된 이산화탄소도 축적된다. 퇴적물에 들어있는 탄소는 대류현상과 같은 매우 복잡한 지구 내부의 지질학적 과정을 거쳐 다시 이산화탄소로 변형되고 이것이 화산폭발에 의해 대기 중으로 빠져나온다. 이렇게 완전히 한 번 순환하는 데는 수백만 년이 소요된다.

<이산화탄소의 지구온도 조절 효과>

아득한 옛날처럼 태양이 지금보다 약하게 비친다고 가정해 보자. 지구상의 기온이 내려갈 것이고 물의 증발량이 적어져 강우량도 줄어들 것이다. 그러면 풍화과정이 느려지고 생물학적인 생산성도 떨어질 것이다. 대기 중에 있는 이산화탄소의 제거가 전체적으로 느려진다. 그럼에도 화산폭발에 의한 방출량은 수백만 년 전부터 축적되었던 이산화탄소이기에 그대로일 것이다. 대기 중 이산화탄소의 양이 증가하면 온실효과도 커져서 기후는 당연히 더워질 것이다. 지구시스템은 교란되더라도 장기적으로 문제를 조절할 수 있는 능력이 있다. 탄소 순환은 지구상의 온도를 적절하게 유지시켜주는 온도조절장치이다. 이러한 과정을 물리학에서는 음의 되먹임 작용(negative feedback)이라고 한다. 금성은 물을 잃어버려 자기조절 능력도 잃어버렸다.

그래서 풍화작용이 멈추었고 이산화탄소는 대기 중에 축적된 채로 있으며, 이것은 다시 엄청난 온실효과를 유발한다. 화성에도 온도조절 기능이 없다. 지구에서는 탄소가 바다 밑 퇴적물에 축적되어 있다가 다시 이산화탄소의 형태로 대기 중으로 방출되지만, 화성에서는 이러한 작용이 불가능하다. 아마도 화성 자체의 질량이 너무 작아서 그 내부에 충분한 열을 가질 수 없기 때문인 것 같다. 따라서 화성에는 지구에는 존재하는 결정적인 과정이 없는데, 그것은 바로 플레이트(지각과 맨틀 상층부의 판상 부분)의 구조변화이다.

지구는 외부에서부터 지각, 맨틀, 외핵, 내핵의 순으로 구성되어 있으며, 지각은 10여개의 플레이트 즉 판상으로 구성되어 움직인다. 2004년 말 남아시아의 지진해일도 유라시아판과 호주-인도판이 충돌하면서 일어난 것으로 알려져 있다. 이러한 판의 움직임에 의해 퇴적물이나 광물이 지구 내부의 깊고도 뜨거운 층에까지 이르게 된다. 이러한 이동의 결과, 일반적으로 탄소는 이산화탄소로 변하여 화산 폭발이 일어나면 대기 중으로 나온다.

수백만 년이라는 긴 시간단위로 보면 지구에는 자기조절 능력이 있는 것처럼 보인다. 하지만 짧은 시간단위로 보면 매우 다르다. 빙하주기가 여기에 해당하는 증거물이다. 지구가 태양의 둘레를 돌기 때문에 생기는 요소뿐 아니라 온실가스의 농도변화도 기후교란을 심화시킨다. 마지막 빙하기에는 이산화탄소의 농도가 매우 낮았다. 이러한 사실은 인간이 기후에 미치는 영향에서 어떤 의미를 갖는 것일까?

우리는 과거를 통해서, 교란 요인에 대한 지구의 반응이 고찰하는 시간규모에 따라 달라진다는 것을 알 수 있다. 수백만 년이라는 시간으로 보면 지구는 자기조절능력을 가지고 있다. 하지만 영원히 스스로를 제어할 수 있을지의 여부는 결론지을 수 없다. 다양한 시간규모로 생각한다면 다양한 과정을 고려해야 한다. 앞으로 수백만 년 동안 인간이 기후에 미치게 될 영향에 대해서 말이다.

예를 들어 아주 서서히 진행되는 풍화작용은 아무런 영향도 미치지 않는다고 간주할 수 있지만, 온실가스의 농도는 우리가 그 배출량을 급격히 줄이지 않는다면 지난 수십 년간 그랬던 것처럼 오는 수십 년 동안 계속 증가하여 지구에 막대한 영향을 미칠 것이다.

제2장

기후변화

지구의 기후는 지구의 탄생 이래로 수천 년에서 수백만 년의 주기로 현저한 변화를 되풀이해 왔다. 이것은 지구기후가 자연적인 장기변동을 되풀이하고 있음을 말한다. 그런데 최근 100~150년간에 발생한 기후변화는 과거의 자연적인 장기변동과는 현저히 다르다고 한다. 이 단원에서는 최근의 기후변화가 과거 지구 역사 동안에 되풀이되었던 자연적인 기후변화와 어떻게 다르며, 그 원인은 무엇인지를 기술하고자 한다. 아울러 오늘날의 기후변화가 장래에는 어떤 모습으로 진화되어 갈 수 있는지를 살펴보고자 한다.

유럽 알프스 지역의 빙하는 1850년 이래로 반 이상이 급속하게 녹아내려 사라지고 있다. 그리스 아테네의 상수원은 1990년대에 거의 십 년 간의 가뭄으로 아주 낮은 수준의 저수량을 보였고, 4백만 명이 물 공급의 위협을 받았다. 전 지구적으로 1860년 이래로 1998년 년 평균 기온이 가장 높았고, 2001년이 두 번째로 높았다. 지난 150년 동안 기록된 가장 따뜻했던 15년 중 1990년대에 10번이 있었다. 사실 20세기 말 10년이 전체 측기 측정에 의한 전 지구 기온에 있어 가장 따뜻했다.

최근에 비정상적인 온난화, 가뭄, 홍수의 기후 극한값 사례가 많이 발생하였다. 이는 기후가 비자연적인 변화를 겪고 있다는 것을 제시한다. 오늘날의 기후변화는 비자연적인 변화로 나타나고 있다는 것이 통계학적으로 입증되고 있다. 즉 오늘날의 기후변화는 자연주기적으로 되풀이 되는 현상 중의 하나가 인간이 배출한 온실가스가 대기 중으로 대량 배출되어 지구 온도를 급속히 상승시키고 있으며, 가뭄, 홍수와 같은 이상기후현상은 온실가스 증가에 따른 지구 온난화가 유발한 것으로 받아들여지고 있다.

2.1 온실효과와 온실가스

지구대기의 99.9%가 질소(78.09%), 산소(20.95%), 아르곤(0.93%) 등 세 종류의 가스로 구성되어있다. 그러나 대기의 온도에 큰 영향을 미치는 것은 희귀 구성 성분인 이산화탄소 (CO_2), 메탄(CH_4), 일산화탄소(CO), 산화질소(NO_x), 염화불화탄소(CFCs) 그리고 오존(O_3) 등이다. 대기 중에 존재하는 양에 시공간적 변화가 큰 수증기(0.5-4%)도 대기온도에 큰 영향을 미친다. 이러한 가스들을 온실가스 또는 복사에 중요한 추적 가스(trace gas)라고 한다. 이러한 가스들이 복사에 중요하다고 하는 것은 이 가스가 지구 복사의 균형이나 지구 열 수지에 큰 영향을 미치기 때문이다.

지구대기 중의 온실가스농도는 시기에 따라 자연적인 변화를 해왔으며 이러한 변화는 기후변화와 긴밀하게 연결되었다. 지구가 따뜻했던 시기는 대기 온실가스 농도가 높았고 지구가 차가웠던 시기는 대기 온실가스 농도가 낮았다. 이러한 변화는 자연적인 주기의 일부분이며 수 백 만년 중에 수 만년 정도 기간으로 발생했다. 최근의 인간에 의한 대기화학의 변화는 수십 년 정도의 기간에 발생했다. 산업화 이후 시대와 관련하여 과학자들은 일반적으로 기후변화협약(UNFCCC)에 의해 정의된 기후변화라는 용어를 사용한다. 따라서 "기후변화"는 전 지구 대기 조성을 바꾸고 이에 의하여 상당한 기간에 걸쳐 관측되는 자연 기후 변동에 직간접적으로 영향을 주는 인간 활동에 기인된 기후의 변화이다.

인간 활동은 기후변화에 기여하는 다양한 온실가스 발생을 야기한다. 지구의 기후에 대한 이러한 가스들의 개별적 또는 복합적 영향성을 결정하기 위해서는, 그들의 전체 양과 대기로 방출되는 자연적·인위적 원인, loss 대 자연적 sinks 비율, 과거 및 예상 증가 비율, 개별적·복합적 열용량 등을 점검해야 한다(표 2.1).

수증기는 대기 중의 열을 잡아두는 역할을 하며 온실가스 효과에 가장 큰 영향을 준다. 대기 상의 수증기 수치는 인간 활동의 직접적인 결과가 아니다. 그러나 따뜻한 공기는 보다 많은 수증기를 포함할 수 있으므로 다른 온실가스에 기인된 지구의 온도의 증가는 “양의 피드백”을 준다. 즉 보다 많은 온난화는 대기상의 보다 많은 수증기를 의미하고, 이는 결과적으로 추가적인 온난화에 기여한다.

표 2.1 주요 온실가스(UNEP 2001)

온실가스	화학식	산업화 이전 농도(ppbv)	1994년 농도(ppbv)	대기 상의 수명(년)[a]	원인 인간 활동	전지구온난화 잠재력 (GWP)[b]
이산화탄소	CO_2	278,000	358,000	가변적임	화석연료 연소 토지이용 변화 시멘트 생산	1
메탄	CH_4	700	1,721	12.2±3	화석연료 논 쓰레기 하치장 가축	21[c]
아산화질소	N_2O	275	311	120	비료 산업화 과정 연소	310
CFC-12	CCl_2F_2	0	0.503	102	액체 냉각제 포말	6,200-7,100[d]
HCFC-22	$CHClF_2$	0	0.105	12.1	액체 냉각제	1,300-1,400[d]
CF_4	CF_4	0	0.070	50,000	알루미늄 생산	6,500
SF_6	CF_4	0	0.032	3,200	절연 유체	23,900

주: ppbv = parts per billion volume; 지구 대기의 CO_2 1 ppbv는 탄소 213만 톤에 해당한다.

[a] 다양한 sink 과정에 의한 다양한 uptake 비율로 인하여 CO_2의 단일 수명을 정의할 수 없다.

[b] 100년의 기간에 대한 전지구온난화잠재력

[c] 대기권 오존 생성과 성층권 수증기 생성에 의한 간접 영향 포함

[d] 순수 GWP(즉 오존 소모에 의한 간접 영향 포함)

이산화탄소는 대기의 자연적인 성분으로서 생물학적으로 매우 활발하게 작용한다. 이산화탄소는 식물의 광합성 작용에 의해 흡수되어 줄어들고, 호흡에 의하여 다시 생성되어 대기 중으로 배출된다. 이산화탄소 발생의 주된 자연적

원인은 동물의 호흡, 죽은 생물체와 토지 탄소의 미생물에 의한 분해, 해양으로부터 대기로의 플럭스 등이다. Sinks에는 식물에 의한 광합성 작용과 대기로부터 해양으로의 플럭스 등이 포함된다. 이러한 자연적 순환은 19계시 중반 산업화 이전의 수 천 년 동안 대기 상의 CO_2 농도를 280±10ppmv(parts per million by volume)로 유지하였다.

지난 150년 동안, 특히 지난 수십 년 동안에 인간은 대기 CO_2를 증가시켰다. 지구 지각 내에 유기 탄소(석탄, 석유, 천연가스 등)가 화석화되어 수 백 만 년 동안 저장된 거대한 탄소 저수지는 개발되어 연료로 연소되었다. 탄소는 탄소 연료가 연소될 때 대기 산소와 결합되어 대기 중에 이산화탄소로 변하게 된다(그림 2-1).

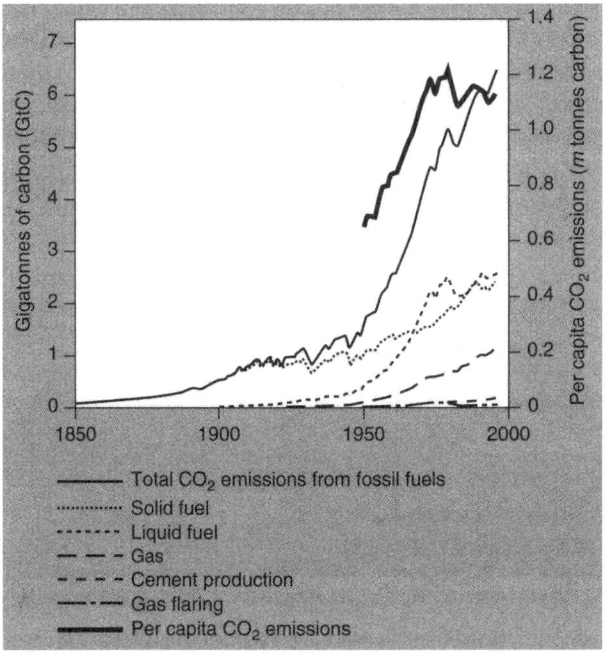

그림 2-1. 화석연료 연소와 시멘트 생산에 의한 전 지구 CO_2 방출 총량과 인 일당 배출량(Marland G, Boden TA, Andres RJ 200, 전 지구 · 지역 · 국가별 화석연료 CO_2 방출, 전 지구 변화에 관한 자료 개요(경향 분석), 미국 에너지국 Oak Ridge 국가 연구실 이산화탄소 정보 분석 센터)

전 세계적으로 인간에 의한 CO_2 방출의 80% 이상이 교통과 산업화 활동에 기인한다. 그 나머지 20%는 주로 산림 파괴와 생물 연소에 의해 발생한다. 산림은 일 에이커 당 약 100 톤의 탄소를 저장하고 있으며, 전 세계 산림의 절반 가량이 지난 20세기 하반기에 파괴되었다. 시멘트 생산에 사용되는 탄산염 광물 또한 CO_2를 대기 중으로 방출한다. 이러한 원인 물질 전체가 매년 대기 중의 65억 톤의 탄소(탄소 기가톤, GtC) 생산에 기여한다. 가장 많은 양의 CO_2를 방출하는 국가는 미국, 중국, 러시아 등이다(그림 2-2). 더군다나 이러한 원인 물질에 의한 증가율은 주요 CO_2 sinks에 의한 감소율을 약 3.3 GtC을 초과한다(그림 2-3). 따라서 CO_2 대기 농도는 계속 증가한다.

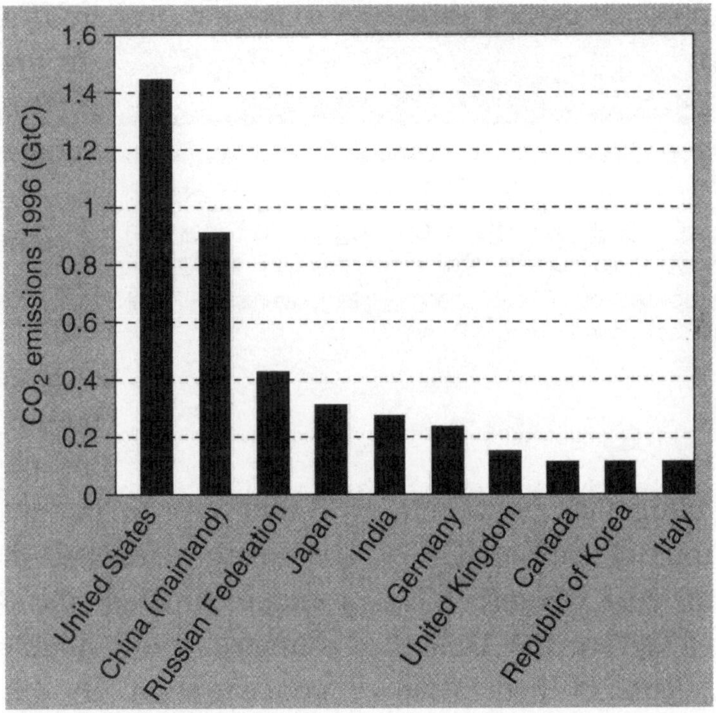

그림 2-2. 화석연료 연소와 시멘트 생산에 의한 전 지구 CO_2 방출 총량과 인 일당 배출량(Marland G, Boden TA, Andres RJ 200, 전 지구·지역·국가별 화석연료 CO_2 방출, 전 지구 변화에 관한 자료 개요(경향 분석), 미국 에너지국 Oak Ridge 국가 연구실 이산화탄소 정보 분석 센터)

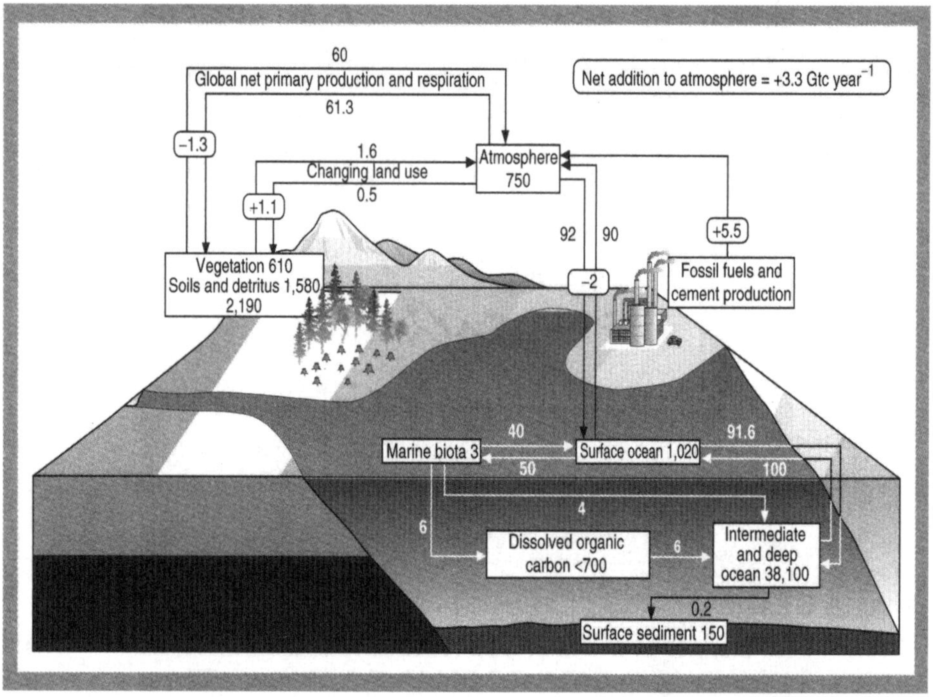

그림 2-3. 전 지구 탄소 사이클. 박스는 저장소의 저장량(단위: GtC)을 화살표는 플럭스(단위: GtC/year)를 나타냄. 인간 활동이 대기 저장량 750 GtC에 년당 6.6 GtC을 증가시킴. 자연적 Sinks에 의하여 대기에 대한 순수 기여는 약 3.3 GtC/year2임(Climate Change 1995: The Science of Climate Change. Intergovernmental Panel on Climate Change. Cambridge: Cambridge University Press).

대기 이산화탄소의 GWP는 새로운 개념이 아니며, 19세기로 거슬러 올라간다. 1896년에 스웨덴 화학자 아레니우스(S. Arrhenius)는 화석연료 연소는 3,000년 후에 대기 CO_2 농도를 두 배로 증가시킬 것이라고 하였다. 그는 정확하게 그 과정을 묘사하였으나 인간이 대기 CO_2 농도를 배가시키는 데 걸리는 기간을 너무나 길게 예측하였다. 1938년까지 일부 과학자들은 인류에 의한 화석연료 연소가 이미 대기 CO_2와 전 지구 평균 온도를 상당히 증가시키고 있다고 결론 내렸다(Callendar 1938).

20세기 말까지 대기 중 CO_2 농도는 367 ppmv 이상까지 상승했으며(산업화 시대 이전보다 31% 증가), 지속적으로 해마다 0.5% 정도로 기하급수적으로 증가하였다(그림 2-4). 현재와 같은 대기 CO_2 농도는 지난 420,000년 또는 심지어 아마도 2천 만 년 전까지도 없었을 것이다(Houghton et al. 2001). CO_2 배출이 줄어들어 1994년의 수치를 유지된다 하더라도 그 대기 농도는 이는 Arrhenius가 상상했던 것보다 훨씬 빠르게 시기인 21세기 말에 500 ppmv에 달할 것이다(산업화 이전의 수치의 거의 두 배). CO_2의 주된 장기간의 저장소는 심해이다. 오늘날 생산되는 이산화탄소는 100년 이상이 걸려야 이 저장소에 흡수될 것이다. 따라서 모든 배출이 오늘 멈춘다고 하더라도 대기 CO_2는 향후 100에서 300년 동안 산업화 이전 수준 이상으로 유지될 것이다.

화석 연료는 재생 가능하지 않으며 공급은 유한하다. 그러나 현재의 공급은 풍부하고 상대적으로 저렴하여 향후 40에서 200년은 지속될 수 있다(표 2.2). 우리가 만약 열대우림, 석유, 가스, 석탄 저장소에 남아 있는 탄소를 계속해서 연소한다면 다음 수 세기 안에 대기 CO_2 농도를 세 배 증가시킬 것이다. 메탄가스(CH_4)는 산호가 없는 상태에서 미생물에 의한 유기 물질의 분해에 의해 생성된다.

자연 습지 토양, 늪, 연안 침전물은 상당한 양의 CH_4를 대기 중으로 방출한다. 대기 중에서 이는 수산기(hydroxyl radicals; OH^-)와 결합되어 일산화탄소(CO)를 형성한다. 이의 대기 중 농도는 1750년 이래로 150% 증가하였으며, 해마다 양 1.1% 씩 급격히 증가하고 있다. 현대의 메탄 배출의 절반가량이 인간활동에 기인한 것이다. 이러한 원인에는 가축 축산(음식물의 완전하지 않은 소화), 습지 벼 재배, 고체 쓰레기의 매립, 석탄, 석유, 가스의 생산 등을 포함한다(그림 2-5). 그러나 전 지구 배출량은 변화무쌍하여 정확하게 수량화하기 어렵다(Houghton et al. 2001).

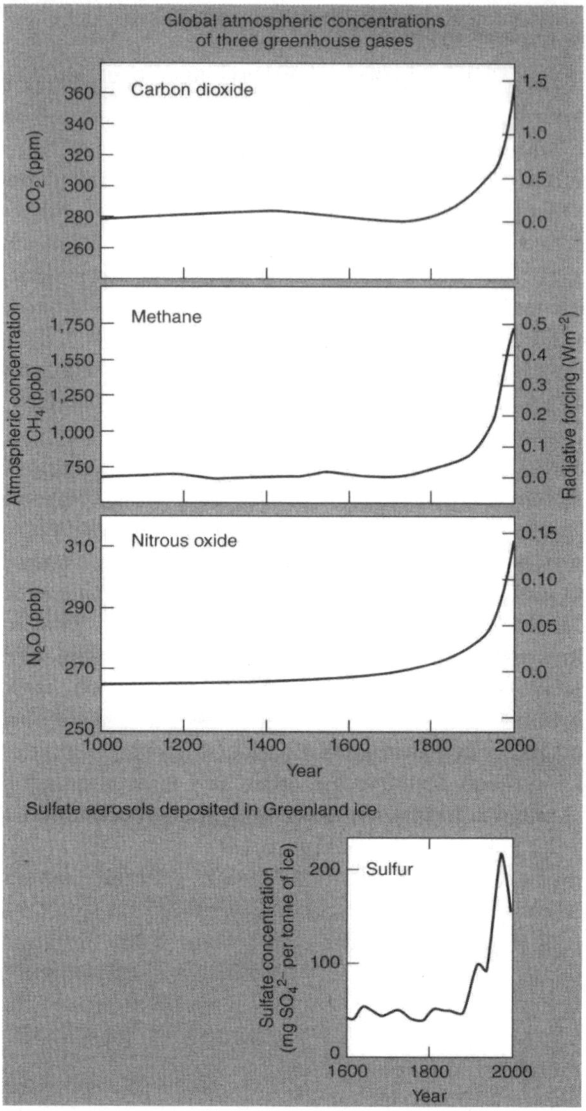

그림 2-4. (a) 과거 1,000년 또는 그 이상, 온실가스 농도는 상대적으로 일정하게 유지되었다. 그러나 19세기에 산업화 시대가 시작된 이래로 인간 활동은 온실가스의 기하급수적인 증가를 초래하였다. (b) 그린란드 아이스 코어에 나타난 인간 활동에 의한 황산염 농도. 황산염은 음의 복사강제력을 가져온다. (a)와 (b)는 극 아이스 코어와 기타 고기후학적 근거를 통하여 생산된 자료이다(IPCC 2000. Summary for Policymakers: The Science of Climate Change).

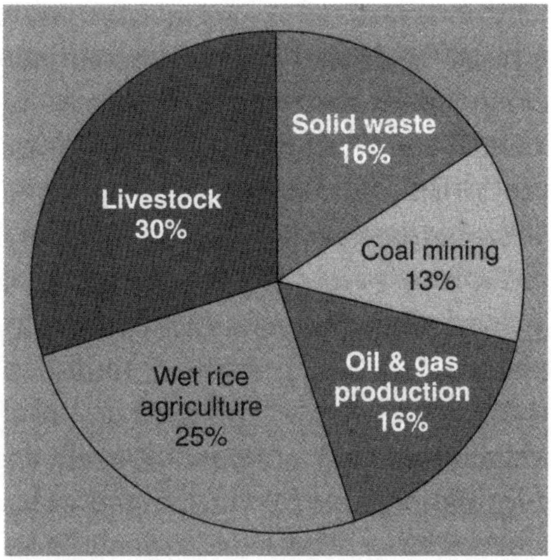

그림 2-5. 메탄의 인간 활동 원인. 매년 총 2억 7천 만 톤(1996-1997 자료 기준) (WRI 2002)

표 2.2 화석 연료의 전 세계 보존량(Dresselhaus MS and Thomas IL 1991. Alternative energy technologies. *Nature* 414: 332-337).

종류	보존량	세계 소비 비율	현 소비 추세[a] 하의 대략적인 수명(년)
석유	1.6×10^{14}L	1.2×10^{10}L/day	37
천연 가스	$1.4\times10^{14}m^3$	$2.4\times10^{12}m^3$/year	58
석탄	9.1×10^{11} 톤	4.5×10^{9}톤/year	202

[a] 새로운 발견이 없음을 가정

아산화질소(N_2O)는 농업용 비료, 화석연료 연소, 식물체 연소의 미생물에 의한 분해로부터 발생된다. 석탄 연소는 대기 중 N_2O의 생성의 주된 기여자이다. N_2O는 긴 대기 중 수명을(170년)을 가지고 있다. 이의 대기 농도는 산업화 시대가 열린 이후로 16% 증가하였고, 매년 0.25% 증가하고 있다. 이는 전체 전 지구 온난화에 지대한 영향으로 미치고 있다.

프레온가스(CFCs)와 수소염화불화탄소(HCFCs)는 탄소, 불소, 염소 원자를 포함하는 산업적으로 재조된 상대적으로 비활성인 화합물이다. 이들은 냉장고와 에어컨의 냉매, 절연재, 에어로솔 스프레이, 산업용 세제 등에 사용된다. 이 화합물들은 대기권 밖으로 나가 유해한 자외선을 막아주는 성층권 오존층을 파괴한다. 이들에 의한 오존 파괴는 프레온가스 사용의 단계적 중단을 위한 최초의 종합적인 국제 환경 협약인 몬트리올 프로토콜에 이르게 하였다. 그러나 CFCs, HCFCs 또한 온실가스이다. CFCs의 대기 농도는 1960년대 이후로 급격하게 증가해 왔다. 이들이 어느 정도의 냉각효과를 가져오는 성층권 오존층 파괴와 관련되어 있지만, 여전히 전반적으로 온실가스 온난화에 있어 양의 기여를 한다. 몬트리올 프로토콜은 현재 이들의 사용을 제한하고 있다. 그러나 이들이 기 중에 오랫동안 머무르고 있기 때문에(60～100년), 심각한 온실가스로 간주되어야 한다. 또한 CFCs의 대체제인 수소염화불화탄소(HCFCs)와 관련 화학물[perfluorocarbon(PFC), sulfur hexafluoride (SF_6)]은 현재 온난화에 미미한 영향을 주지만, 이들의 이용 증가는 21세기 동안 온난화에 수 퍼센트 기여할 수 있을 것이다(IPCC 2000).

대기권 오존(O_3) - 자동차 배기는 이 온실가스의 주된 원인이다. 대기 안정된 따뜻한 날에 자동차 연소의 의한 탄화수소와 산화질소는 광화학 반응을 해서 높은 O_3 농도를 갖는 흐릿한 대기 오염 상태를 일으킨다. 이의 대기 농도는 20세기 동안 대략 20～50% 증가하였고, 연간 약 1%씩 증가하였다(Beardsley 1992). 대기 중에서의 수산기 OH^-와의 화학 반응은 O_3의 감소를 낳는다. 하지만 다른 반응의 결과로 대기 CO_2의 증가는 이러한 제거 과정을 감소시킬 수 있을 것이다. 전 지구적으로 O_3에 기인한 온난화의 정도는 잘 알려지지 않았으나, 전체 온난화의 15% 정도라고 믿어지고 있다. 대류권 오존(나쁜 오존)과 유해한 자외선 복사를 차단하는 자연적인 성층권 오존층(좋은 오존)과 혼돈하면 안 된다.

에어로졸은 화석연료와 식물 연소와 광석 용해에 의하여 발생하는 미세한 입자이다. 이는 주로 연료 성분인 유황에 의하여, 특히 고밀도 유황 석탄과 석유에 의하여 형성된다. 황산염 에어로졸은 대기의 산도를 증가시키며, 산성비를 만든다. 또한 이들은 적외선을 포함한 태양 장파 에너지를 반사시키며, 따라서 대기 중에 음의 복사 강제력(cooling 효과)을 준다. 위에서 논한 온실가스와는 달리 황산염 에어로졸은 대기 중에서 짧은 수명(수일에서 수 주)을 갖는다. 세계적으로 황산염 에어로졸은 인간에 의한 온실 온난화의 20~30% 기여하는 것으로 보인다. 북반구의 일부 산업화 지역에서는 황산염에 의한 cooling은 현대의 온실가스의 온난화 효과를 완전히 상쇄시킬 정도로 크게 나타난다. 화산 폭발과 같은 자연적인 에어로솔 원인은 대기 중에 입자를 내품음으로써, 세계적으로 일시적인 cooling 현상을 낳으며, 수개월에 수년간 지속된다.

읽을거리

성층권 오존

성층권 오존층은 고도 10-30 마일 층에 형성되어 있으며, 유해한 태양의 자외선(UV-b, 280-320nm 파장영역)으로부터 지구상의 생명을 보호한다. 오존은 성층권 내에서 자연적으로 발생하며, 일정한 비율로 생성되고 파괴된다. 그러나 인간이 만든 화학물인 CFCs와 할론(냉매, 거품 제재, 소화기, 용제 등에 사용)은 이러한 "선한" 오존을 점차적으로 파괴하고 있다.

이러한 오존 파괴 물질은 서서히 분해되어 대기권을 뚫고 성층권에 다다를 때까지 오랜 동안 온전하게 유지될 수 있다. 이곳에 이들은 태양의 강한 자외선에 의해 분해되어 "선한" 오존을 파괴하는 염소와 브롬 분자를 내보낸다. 염소나 브롬 분자는 100,000 오존 분자를 파괴할 수 있어, 자연적으로 재생되는 속도보다 빨리 오존이 사라지게 한다.

오존 파괴 화학물이 성층권에 도달하는 데는 수년이 걸리며, 우리가 CFCs 사용을 많이 줄이고 있지만, 수년 전에 배출된 이들 가스가 오존층에 영향을 주기 시작하고 있다. 오늘날 공기 중으로 배출된 물질은 앞으로 오존 파괴에 기여할 것이다. 위성 관측이 전 세계의 오존층이 얇아지고 있다는 것을 나타내 준다. 오존 파괴는 매우 추운 기상 상태에서 가속되기 때문에 양 극 지방에서 오존 손실이 가장 현저하게 발생한다.

성층권 오존층이 파괴됨에 따라 보다 높은 UV-b가 지구 표면에 도달한다. 강화된 UV-b는 보다 많은 피부암, 백내장, 면역 시스템 손상의 발생 가져온다. 콩과 같은 UV-b에 민감한 작물의 피해는 소출량의 감소를 가져온다. 고위도 오존 파괴는 해양에서 자라는 생물인 식물성 플랑크톤의 감소를 야기하는 것으로 추측된다.

식물성 플랑크톤은 해양 먹이 사슬에 매우 중요한 고리이며, 따라서 먹이 밀도는 감소할 수 있다. 식물은 이산화탄소를 들어 쉬고 산소를 뱉어내기 때문에 공기 중의 이산화탄소 레벨 또한 증가할 수 있다. 강화된 UV-b 복사는 보다 많은 지층(대류권)의 "악한" 오존 밀도 형성에 중요할 수 있다.

위에서 소개한 것을 제외한 다른 온실 가스는 전체 순수 온난화의 9% 정도 기여한다. 이러한 것에는 일산화타소(CO), 산화실소(NOx)(둘 다 주로 화석연료와 식물 연소로부터 생긴다.) 등이 있다.

화석연료의 불완전 연소에 의해 생기는 검은 탄소(검댕)는 적어도 지역 규모로 온실 온난화에 상당량 기여하는 것 같다(Chameides and Bergin 2002). 이것은 가스는 아니지만, 검댕을 이루는 검은 입자는 태양 복사를 흡수한다. 이의 대기 중 수명은 대부분의 온실가스에 비하면 짧으며, 이의 온난화 잠재력은 근원과 이들의 대기 중 분포에 의존한다. 최근에 검은 탄소의 지구 온난화에의 기여에 대한 평가 연구가 진행 중이다.

[온난화 잠재력]

산업화 이후의 온실가스의 증가는 전 지구 복사 강제력(온난화)을 1제곱미터 당 2.45와트(W/m^2)의 증가를 가져왔다. 이는 들어오는 순수 태양 복사의 1%에 불과하지만, 매분 약 18억 톤의 석유 분량의 에너지 또는 현재의 전 세계 상업적 에너지 소비량의 100배에 해당하는 것이다(UNFCCC 2002). 각각의 온실가스는 이러한 온난화에 기여한다. 같은 양의 이들 온실가스는 매우 다른 온난화 잠재력을 갖는다. 그리고 대기 중 가스의 수명은 결과적인 농도와 온난화 잠재력에 영향을 준다. 예를 들어 이산화탄소, 아산화질소, CFCs는 100년 내지 그 이상의 평균 수명을 가지고 있는 반면, 메탄은 5-10년, 일산화탄소는 겨우 5개월의 불과하다. 각각의 온실 가스는 서로 다른 온실효과 능력(온난화 잠재력)을 갖는다. 예를 들면 CFC-11 또는 CFC-12의 한 개의 분자는 CO_2 한 개의 분자보다 6-7천 배의 열을, 메탄 한 분자는 CO_2 한 개의 분자보다 21배의 열을 가둘 수 있다. 그러나 CO_2가 훨씬 풍부하기 때문에 약 60%의 현재의 인간에 의한 온실 온난화는 CO_2에 기인한 것이며, 15~20%는 메탄, 그 밖의 20%는 아산화질소, 프레온가스, 대기권 오존에 의한 것이다(그림 2-6).

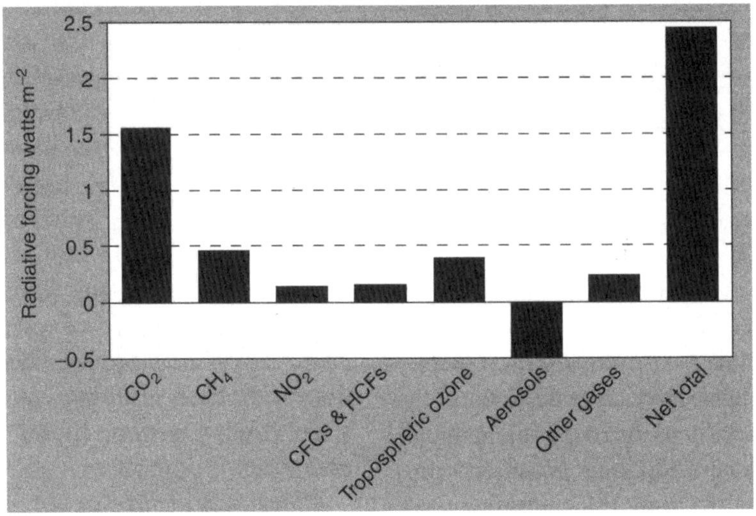

그림 2-6. 대기 온실가스 농도에 있어서의 인류 활동에 의한 전 지구 복사 강제력에 대한 상대적인 기여(IPCC 2000. *Summary for Policymakers: The Science of Climate Change*)

2.2 생물계절에 의한 온난화 영향 검출

(1) 개엽 시기의 변화

식물의 잎은 광합성과 증산을 하는 기관이 있어 생태계에서 매우 중요한 역할을 한다. 따라서 잎이 피는 시기의 변화는 생육기간의 변화와 관련되며 생태계의 생산성에 직접적으로 연계되어 있고, 다른 곤충과 동물과의 먹이망에 있어서 이러한 시기는 매우 중요하다.

국립산림과학원에서는 계방산, 광릉, 남해 금산 등 장기생태연구지에서 신갈나무, 졸참나무, 서어나무 등에 대하여 일정한 날짜를 정해 개엽상황을 모니터링해오고 있다(Lim and Shin 2004; 임종환과 신준환, 2005). 이들 수목의 개

엽일이 조사일까지의 생장도일(GDD, growing degree days)과 비교적 잘 일치한다고 한다. 이렇게 잎이 피는 시기와 잎이 지는 시기의 변화는 생육기간의 변화를 가져오며 산림생태계의 생산성에도 밀접한 관계를 가진다. 아울러 곤충의 애벌레가 발생하는 시기도 기온변화에 민감하게 반응하여 잎이 피는 시기에 맞게 되는 경우가 많은데 항온동물인 조류는 잘 맞추지 못할 수 있어 생물다양성 변화에도 영향을 미칠 수 있다(Visser et al, 1998).

(2) 개화시기의 변화

서울에 위치한 홍릉수목원에서 최근 10년(1999~2008년)간 지속적으로 개화시기를 조사하고 있는데 이를 1966~1975년도 조사 자료와 공통종 193종에 대하여 비교하였을 때 평균 7.1일정도 개화시기가 앞당겨졌다. 총 조사 식물종의 56%는 개화시기가 유의하게 빨라졌고 2종은 늦어졌다(Kim et al 2009). 생물계절 현상은 이렇게 종, 변종이나 품종에 따라 다르게 반응하는 것으로 알려져 있다(Fitter and Fitter, 2002).

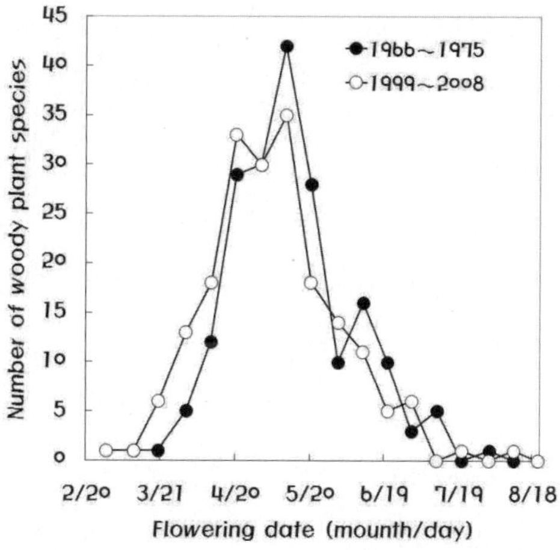

그림 2-7. 서울 홍릉수목원 수종들의 1966~1975년 및 1999~2008년의 평균 개화일

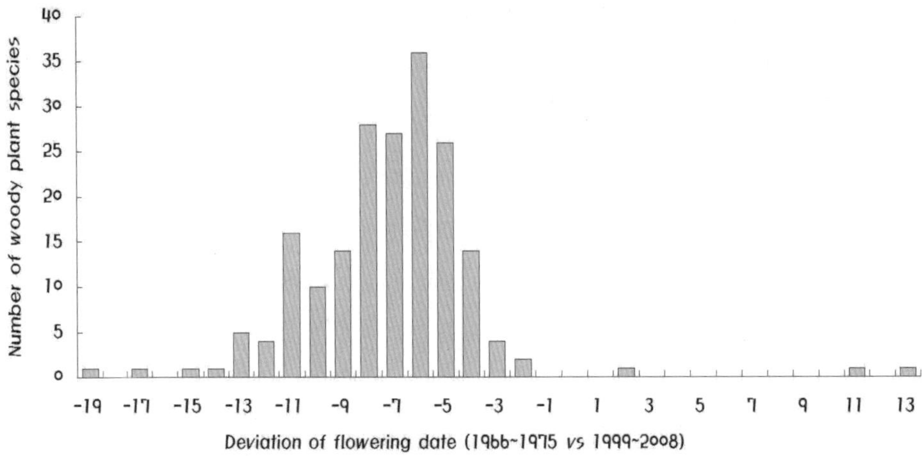

그림 2-8. 1966~1975년 대비 1999-2008년 평균개화일의 차이분포

산괴불나무(Lonicera chrysantha var. crassipes Nakai), 딱총나무(Sambucus williamsii var. coreana (Nakai) Nakai), 자두나무(Prunus salicina Lindl. var. salicina), 말발도리(Deutzia parviflora Bunge) 등 6종의 개화시기는 최근 지속적으로 빠르게 개화하고 있고, 고광나무(Philadelphus schrenkii Rupr. var. schrenkii)는 오히려 지속적으로 늦게 개화하였다(Kim et al, 2009).

땅비싸리(Indigofera kirilowii Maxim. ex Palib.) 등 3종은 개화기간이 길어진 반면 삼색병꽃나무(Weigela florida for. subtricolor Nakai)는 지속적으로 줄어들었으며 화살나무는 개화시기도 지속적으로 앞당겨지면서 동시에 개화기간도 늘어났다(Kim et al, 2009).

미선나무, 자두나무, 이팝나무 등 19수종은 개화 전월의 평균기온과 정의상관관계를 보이는 바 평균기온이 1℃ 상승에 3~4일 앞당겨지는 것으로 분석되었다(Kim et al, 2009).

산괴불나무, 땅비싸리, 참빗살나무 등 5수종의 개화시기는 개화일 10, 20, 30일전까지, 그리고 개화일까지(FDs)의 모든 적산온량지수(year day index: YDI, 임양재 등 1983)와 Nuttonson의 온량지수(Tn, Lieth 1974)와 밀접한 상관관계를 나타냈다. 화살나무속(Euonymus)과 조팝나무속(Spiraea) 수종은 개화일 30일전까지의 Tn>10℃와, 능금속(Malus) 수종은 개화일 20일전까지의 YDI와 Tn과, 인동속(Viburnum) 수종은 개화일 10일전까지의 Tn>10℃와 높은 상관을 나타내, 같은 속 수종의 개화시기는 동일 기온조건에 영향을 받는 것으로 분석되었다(Kim et al, 2009).

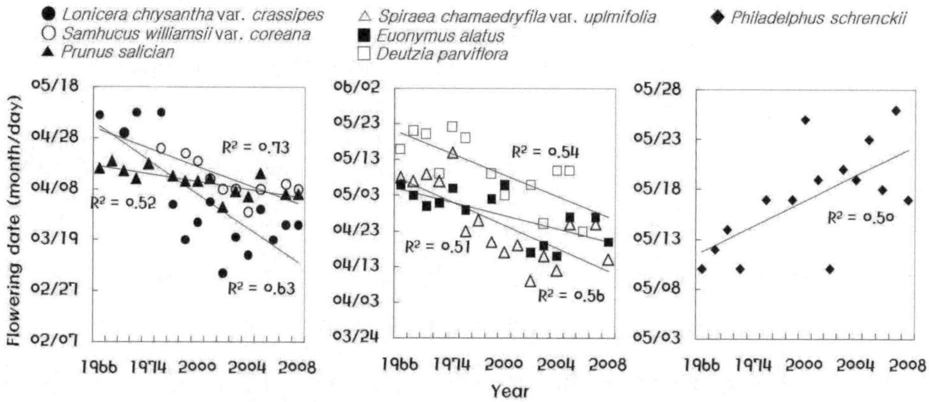

그림 2-9. 지속적 경향을 보이는 몇 수종들의 1966~2008년간 개화일 변화 (All of the slopes were significant at $p<0.05$)

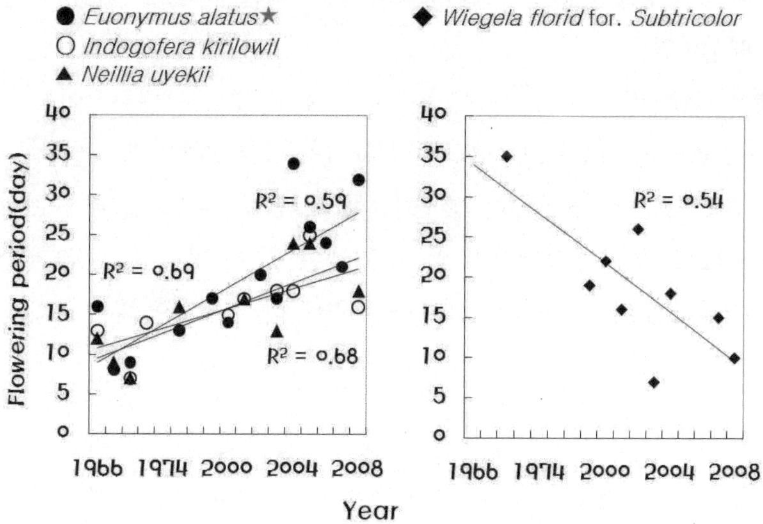

그림 2-10. 지속적 경향을 보이는 몇 수종들의 1966~2008년간 개화기간 변화(All of the slopes were significant at $p<0.05$)

임양재 등(1983)은 기상청에서 관측한 44개소의 자료를 연일지수(YDI (year day insex) = Σ(t>0℃), t: 일평균기온)와의 관계로 분석하였는데 위도에 따라 왕벚나무의 개화에 요구되는 YDI가 달라지는데 위도가 높아질수록 상대적으로 낮은 YDI가 요구된다고 하며 그 관계식은 다음과 같다고 하였다.

log PyYDI = -0.013PyYD + 3.855
(PyYDI : 왕벚나무 개화요구 YDI, PyYD: 왕벚나무 개화일)

Kim et al(2004)은 서울에서 1922년부터 기상청이 관측한 개나리, 벚나무, 진달래 등 5수종의 개화자료를 분석한 결과 개나리는 10년에 2.2일, 진달래는 2.0일, 벚나무는 1.6일, 복숭아나무는 1.7일, 아까시나무는 0.3일이 앞당겨졌다고 한다. 이는 서울이 도시화효과가 포함되어 1990년대의 평균기온이 1922~1949년에 비해 2℃가 상승한 것과 연관성이 높은데, 생장도일과 비교하였을 때 개나리, 진달래, 벚나무 등 이른 봄에 개화하는 수종은 생장도일과 같은 온도요인에 크게 영향을 받는 반면에 늦은 봄에 개화하는 아까시나무는 온도요인보다는 다른 환경요인에 더 크게 영향을 받기 때문에 개화시기가 덜 앞당겨진 것으로 해석하였다.

정재은 등(2005)은 기상청에서 조사한 서울의 벚나무 개화시기를 저온요구량(chilling requirement)과 고온요구량의 관계로 만든 2단계 생물계절 모형을 이용할 경우에 기존의 2월과 3월 평균기온에 의한 벚꽃 개화일 추정모델(Y = a0 + a1X1 + a2X2, Y = 개화예상일, X1 = 당해연도 2월 평균기온, X2 = 당해연도 3월 평균기온, a1, a2 = 계수)보다 훨씬 추정력이 향상되었다고 한다.

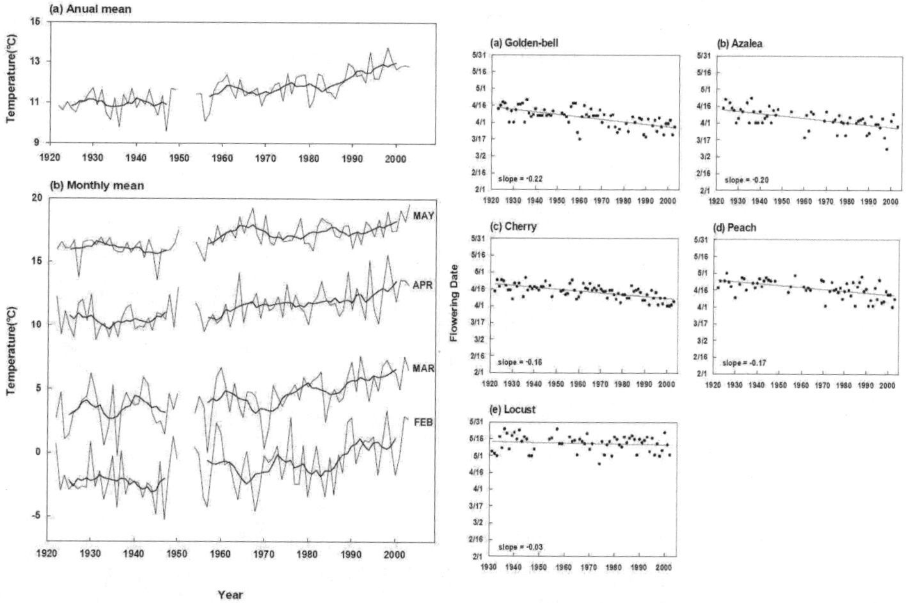

그림 2-11. 서울지역 연 및 2~5월 평균기온 변화(좌)와 수종별 개화시기(우) 변화 (Kim et al. 2004)

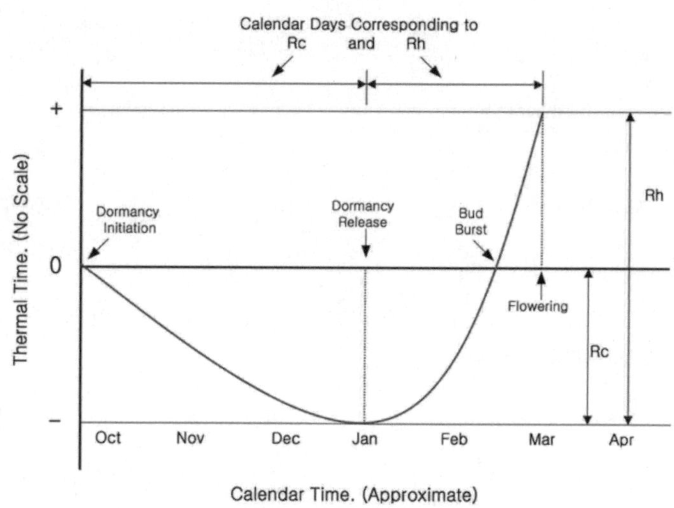

그림 2-12. 온대지역 활엽수종의 개화일 추정을 위한 2단계 생물계절 모형. 꽃눈이 트려면 저온기간(Rc)과 봄철 개화를 위한 고온(Rh)에 필요한 충분한 기간이 요구됨(정재은 등 2005).

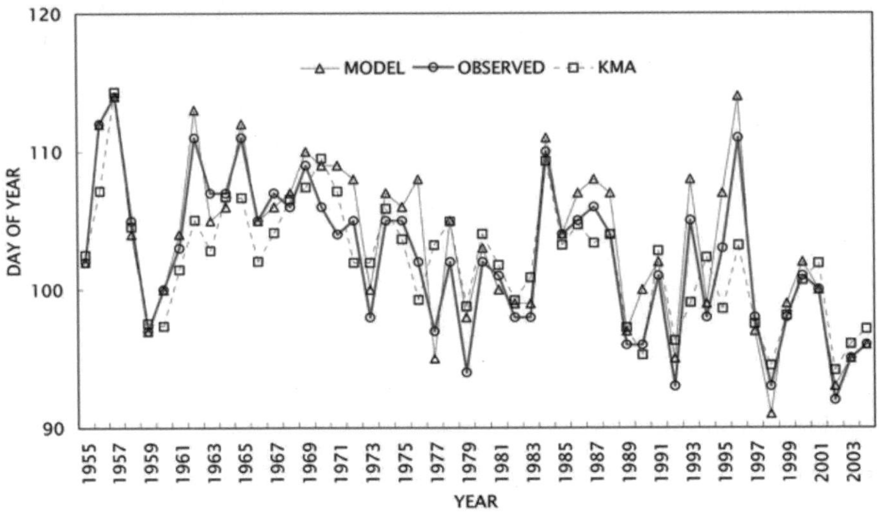

그림 2-13. 서울에서 벚꽃이 핀 시기의 관측자료(Observed)와 기존 온도모형(KMA) 및 2단계 생물계절 모형(MODEL)의 비교(정재은 등 2005). 1921년부터 부산에서의 개나리, 진달래, 벚나무 등 8종에 대한 개화시기 분석결과 코스모스는 10년에 4.9일, 다음으로 벚나무가 1.6일, 진달래 1.4일, 아까시나무 0.8일 등의 순으로 빨라졌다는데(최철만과 문성기, 2009), 서울지역에 비해서 변화폭이 작은 편이고 아까시나무가 다른 수종에 비해 적은 폭으로 개화일이 앞당겨진 것은 유사한 경향이다.

(3) 곤충상의 변화

곤충은 변온동물이어서 기온변화에 민감하게 반응한다. 곤충의 생활사와 관련하여 출현시기나 연간 출현하는 세대수의 변화나 분포범위 이동, 군집변화, 외래종 유입 및 확산도 예상된다. 일부 남방한계선 근처에 분포하는 희귀곤충은 지역적인 멸종위기에 처할 수도 있다.

솔나방의 유충은 솔잎을 먹어 소나무에 피해를 입히는데, 겨울에는 3~4령의 유충으로 수피 틈이나 낙엽 밑에서 월동하고 봄부터 솔잎을 먹고 살다가 6월중하순부터 고치 속에서 번데기로 된 후 10~20일후에 성충으로 탈바꿈하여 솔나방의 성충은 주로 7월 하순부터 8월 중순에 걸쳐 연 1회 발생한다. 그런데 전국 10개 시도에서 유아등을 이용하여 조사한 결과 1990년대에는 하순부터

경기, 충남북, 경북지역에서 솔나방은 5～6월과 8～9월, 연 2회 발생하였다고 한다(Kwon et al., 2002). 기후대가 다양한 일본에서는 솔나방이 남쪽지역에서는 2세대, 북쪽지역에서는 1세대, 중간지역에서는 1세대와 2세대가 혼재하는 등 기온에 따라 세대수가 차이가 난다. 그러나 우리나라에서는 과거에는 모두 1세대였으나, 최근 기온이 상승함에 따라 솔나방은 연간 2세대로 생활주기가 짧아진 것으로 해석하고 있다.

경기도 포천에 위치한 광릉시험림과 앵무봉 지역에서 과거조사자료(1938～1950, 1950～1976, 1977～1996)과 최근 자료(1997～2008, 문헌 및 조사자료)를 토대로 나비류 종풍부도 변화상을 분석하였을 때 2지역 모두 남방계 계통의 나비류는 증가하고 북방계 계통의 나비류는 감소하였으며, 숲의 발달로 인하여 임내에 서식하는 종은 증가한 반면 경작지나 초지에 서식하는 종수는 감소하였다. 이렇게 남방계 계통의 나비류가 증가한 반면 북방계 계통의 나비류가 감소한 것은 기온상승과 밀접한 관계가 있다고 한다(Kwon et al. 2009).

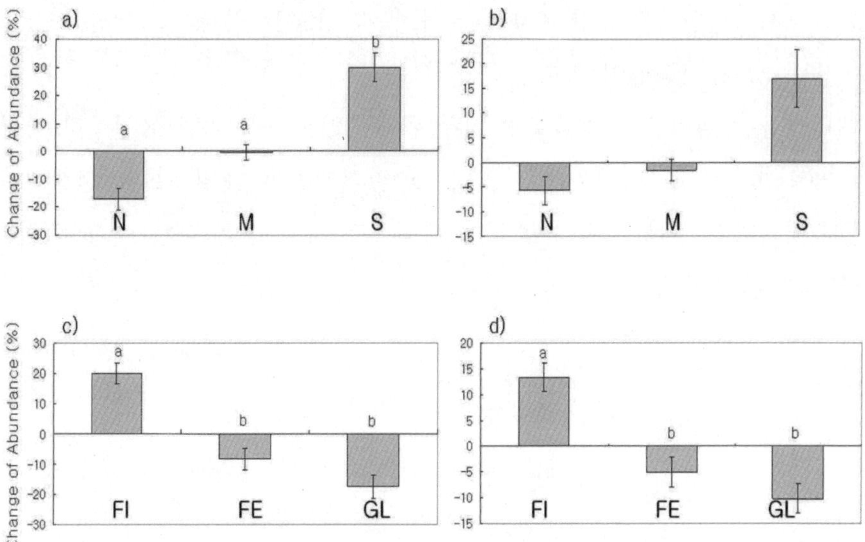

그림 2-14. 경기도 광릉(a, c)과 앵무봉(b, d)에서 나비류 분포형별(N: 북방계, M: 중간, S: 남방계) 및 서식지형별(FI: 산림내부, FE: 임연부, GL: 초지) 종풍부도 변화(Kwon et al. 2009)

(4) 기타 온난화에 연관된 관찰들

허인혜 등(2006)은 과거 19세기까지 우리나라 왕대속 대나무류의 분포를 문헌을 통하여 작성한 분포도(공우석, 2001)를 1900년대 초까지의 분포로 가정하고 현재의 분포를 현장조사를 통하여 비교 분석하였다. 그 결과 60-100km 정도 북상하였고 이는 최한월 평균기온 -3℃선의 변화와 유사하다고 하고 30년 후에는 더욱 북상할 것으로 예측하였다.

최근 창궐하고 있는 꽃매미는 중국이 원산지로서 인도, 베트남, 일본 등에 분포하는 아열대성 해충이다. 1932년도에 국내에서 보고된 기록이 있었으나 발견 기록이 없다가 돌연 2006년 서울과 경기지역에서 발견된 이래 점차 창궐하고 기온이 보다 높은 정읍, 상주 방향으로 확대되면서 포도와 같은 과수와 가중나무 등에 피해를 입히고 있다(최광식 2009). 과거에도 유입하였으나 그간 별로 발견되지 않고 있다가 최근에 창궐하게 되었다는 사실은 아마도 꽃매미가 겨울철에 월동이 가능해진 환경으로 변화한 것도 그 원인으로 판단되며 온난화와 도시열섬현상으로 겨울철 기온이 크게 상승한 것과 직·간접적으로 연관이 되어 있을 가능성이 있다.

대벌레류는 과거에는 찾아보기 힘든 곤충이었으나 1990년대 말부터는 창궐하는 횟수가 증가하고 있는데 아열대 및 열대계통의 대벌레류가 번성한다는 것은 환경변화로 인해 일반 곤충류가 해충으로 바뀔 수 있다는 예가 될 수 있다(박영석 등 2003).

2.3 과거의 기후변화

오랜 지구 역사 동안에 지구의 기후변화는 6차례에 걸쳐서 큰 변화를 겪었던 것으로 알려져 있다(Kutzbach, 1989). 그것을 정리하면 다음과 같다.

- 첫째, 지구가 탄생한 이후에 기후가 처음으로 한랭해진 것은 10억년보다 이전에 광합성을 하는 생명체가 등장하면서 나타났다. 대기 중 이산화탄소의 농도는 상대적으로 높았기 때문에 나타난 온실효과로 인해 지구는 온난한 편이었다. 그러나 광합성을 하는 식물들이 출현하면서 대기 중의 이산화탄소는 점차 줄어들고 유기체 탄소로 저장되었다. 이런 과정에 따라 대기가 열을 가두는 능력은 감소하면서 기후는 한랭해졌다.
- 둘째, 수억 년 전에 지구는 일련의 지각 변동, 대륙표이, 화산폭발 등에 따른 극심한 지각 구조 활동의 기간을 경험하였다. 지각에서 엄청난 양의 이산화탄소가 빠져나가면서 현재보다 기온이 5도 정도 높은 강화된 온실효과를 가져왔다. 생명체들의 다양성이 높았던 시기가 있었으나, 적어도 생물이 대부분 사라지는 5번 정도의 시기가 있었다.
- 셋째, 1억 년 전부터 지구의 지각운동으로 지반이 침하하였다. 이산화탄소가 점차 덜 빠져나가면서 대기의 온실효과는 감소하였고 기후는 다시 추워졌다.
- 넷째, 지난 수 백 만 년 동안 약 1만년 정도를 주기로 한랭기와 온난기가 교차하는 짧은 시기가 있었다. 태양과 지구의 궤도 배열에 자연적인 변화가 생김에 따라 빙하기와 간빙기의 주기가 나타났다. 태양의 주위를 지구가 타원형의 궤도로 돌면서 10만년을 주기로 태양과 지구의 거리가 멀어지거나 가까워진다(그림 2.15(a)). 지구는 지축을 중심으로 자전하면서 태양으로부터 받는 햇빛의 양도 달라진다. 세차운동이라는 과정을 통하여 2만년 주기로 태양에 노출되는 정도는 달라진다(그림 2.15(b)). 지축이 태양에 대하여 기울어진 정도는 4만년을 주기로 변화한다(그림

2.15(c)). 앞에서 말한 세 가지 주기성을 종합하면 특정한 시간에 지구에 도달하는 태양복사량을 알아낼 수 있다. 이에 따른 한랭기와 온난기 또한 빙하의 후퇴와 전진은 이를 처음 제안한 세르비아의 수학자의 이름을 따라 밀란코비치 주기라고 한다. 근래에 있었던 빙하기로 가장 추웠던 시기는 18,000년 전이었고, 6,000년 전까지 추웠으며, 이후에 기후는 평균 5℃ 정도 따뜻해졌다.

- 다섯째, 1천년이나 그 미만의 작은 강도의 주기도 나타나는데, 이는 태양의 활동과 관련된 것으로 보이지만 확실히 밝혀진 것은 아니다. 1천년 동안의 기후변화는 적지만 인류 문명에 미친 영향은 매우 크다. 예를 들어 1천 년 전에 절정에 이르렀던 “중세 온난기”에는 영국 남부에 포도 재배가 성행하였고, 바이킹은 얼음이 없는 바다를 지나 북 아메리카로 진출하였다. 서기 1400에서 1600년은 “소빙기”로 온대지역에 매서운 겨울 추위가 자주 찾아왔다. 유럽 여러 지역에서 여름이 서늘하여 작물 재배에 실패하면서 기근이 발생하였다.
- 마지막 여섯째로, 지난 150년 동안 지구의 평균기온은 0.8℃ 정도 상승하였고, 고위도 지역에서는 이보다 더 많이 상승하였다. 기후변화의 강도는 작지만 과거 지구 역사상 유래를 찾기 힘들 정도로 높은 증가 추세를 보인다. 지구는 주기적으로 기온이 1에서 6℃ 안팎으로 변화했으나, 현재의 지구는 간빙기로 14만 년 전과 비슷한 기후이다.

[과거 기후와 생태계를 결정하는 방법]

기상관측이 이루어진 것은 최근 150년 정도이고, 그 보다 훨씬 이전의 기후 자료는 기록되지 않았다. 그렇다면 과거의 기후를 어떻게 알아낼 수 있을까? 과학자들은 몇 가지 기술을 적용하고 있다. 과거에 살았던 생명체가 화석 형태로 암석 속에 보존되어 있으면 백 만 년 전 지역에 살았던 생물종의 유형을 알 수 있다. 이들 생물종들과 현재 서식하는 열대종과 온대종, 사막종과 열대우림종과의 관계, 대륙표이에 대한 정보 등을 기초로 당시의 기후를 알 수 있다.

산소동위원소 비율은 수만 년 전부터 백만 년 전 사이의 과거 기온, 강수량과 증발산량의 바율 등을 결정하는데 이용된다. 과거 극지방의 얼음 속에 포함되어 있는 산소 기포를 이용하여 과거 기후 상태를 알 수 있다. 산호와 해양 플랑크톤과 같은 살아있는 생명체에 포함되어 있는 탄산칼슘의 샘플은 산호초에 퇴적되며 이를 바탕으로 과거 시대별 바다의 온도를 알 수 있다. 예를 들면 화석화된 산호초로부터 얻은 과거 해저 표면 온도 추정치에 따르면 10,200년 전 열대 남서 태평양 바다의 온도는 오늘날보다 5℃ 정도 낮았다(Beck 등, 1992).

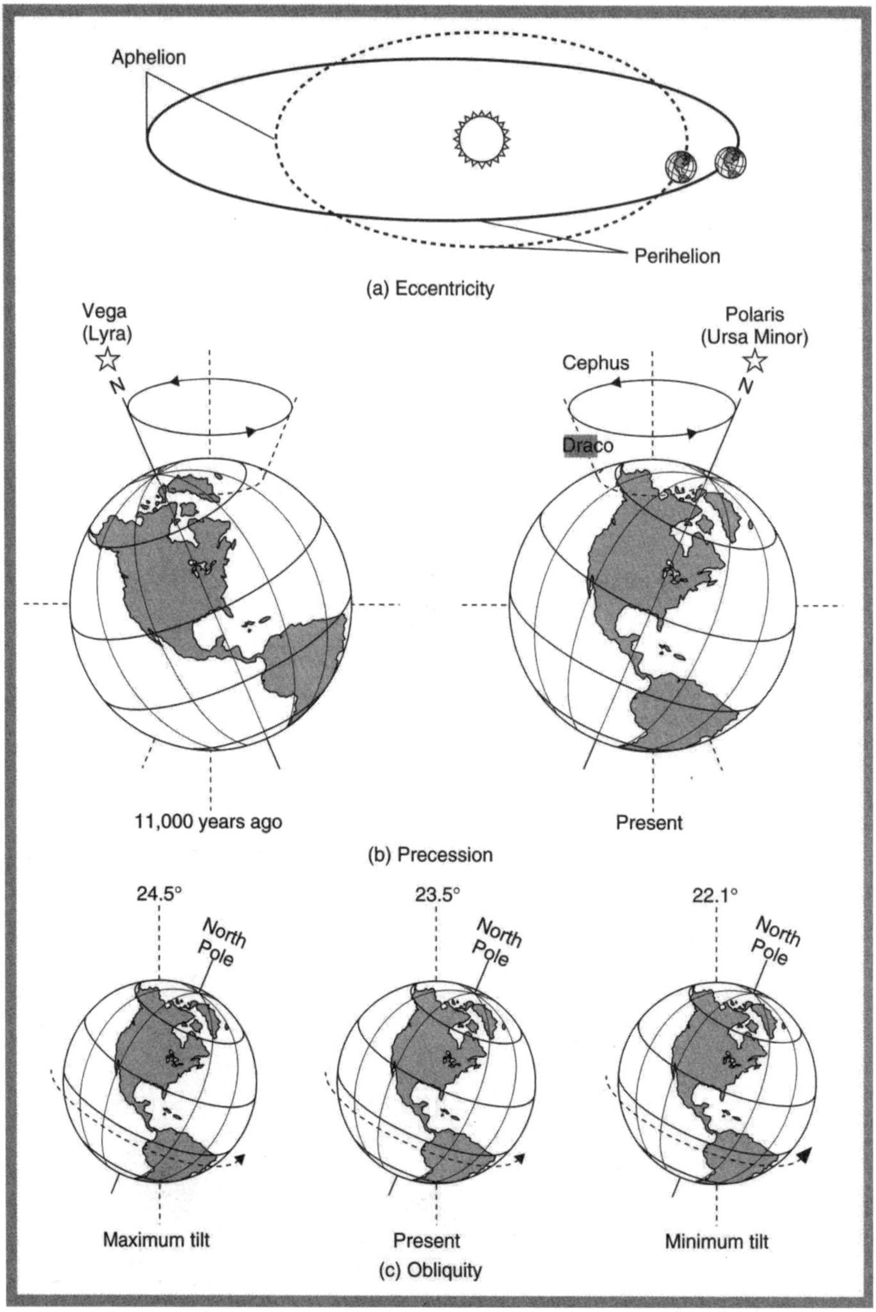

그림 2-15. 밀란코비치 주기를 가져온 궤도 배열 변화(Adapted from Gates DM 1993. *Climate Change and its Biological Consequences*. Sunderland, MA: Sinauer Associates, p. 280).

읽을거리

밀란코비치 주기

1910년대 세르비아의 수학자인 밀루틴 밀란코비치는 최종적으로 지구 기후의 자연적인 변동을 설명할 수 있는 이론을 개발하였다. 그는 지구의 이심률과 세차의 주기적 변이를 예측하는 방정식을 사용하였다. 그 뒤 그는 독일 과학자 루드빅 필그림의 황도 또는 지축의 기울기를 천문학적 계산을 결합하였다. 그는 겨울보다는 여름 기온이 북극의 빙원이 성장하거나 쇠퇴하는데 주된 요인이라고 논하였다. 그는 핵심지역인 북위 55, 60, 65도 지역의 여름 복사량 곡선을 계산하였는데, 이들은 지질학적 기록에 근거한 증거와 잘 일치하였다. 이심률, 세차, 기울기 등 세 가지 주기에 상응하는 지구 궤도 위치는 지구가 받아들이는 태양 에너지의 양을 결정한다. 일사량의 많고 적은 시기는 빙하기와 간빙기와 각각 일치한다(NOAA, 2002).

18,000년 전 이래의 마지막 빙하기와 홀로세 온난기 시작은 밀란코비치 주기와 잘 일치한다. 그러나 이 주기가 온난기와 한랭기와 항상 잘 일치하는 것은 아니다. 예를 들어 135,000년 전 북반구에서의 여름 일사량은 우세했던 빙하기를 마감하고 마지막 온난기를 가져 왔다고 보기에는 너무 낮았다. 일사량 주기는 이전에 생각했던 것보다는 보다 복잡하고 다른 것들과 상호작용하는 것으로 볼 수 있다.

읽을거리

동위원소 온도와 연대 측정

산소 - 세 가지 산소 동위원소(^{16}O, ^{17}O, ^{18}O)가 자연생태에 존재한다. 물은 가벼운 동위원소인 산소 16과 보다 무거운 동위원소인 산소 18을 모두 포함하고 있다. 이와 같은 산소 동위원소는 과거 기온과 수분 증산 유형을 알 수 있게 한다. 물이 증발하면 가벼운 동위원소($H_2{}^{16}O$)는 빠르게 증발한다. 따라서 비, 눈, 얼음 속 ^{18}O와 ^{16}O의 비율은 기온이 상승하고 증발이 증가할수록 감소한다. 물이 응결하고 무거운 $H_2{}^{18}O$가 $H_2{}^{16}O$에 비하여 특별히 많이 응결하면 반대현상이 나타난다. 호수 물의 ^{18}O와 ^{16}O의 비율은 증발과 강수의 균형에 의하여 조절된다.

탄산염 - 유공충은 해양 플랑크톤 군집을 이루는 작은 동물이다. 유공충은 살아있을 때에는 바닷물에서 탄산염을 축적하여 세포벽을 만든다. 유공충이 죽으면 가라앉아 해양 퇴적층을 이룬다. 바다 밑에서 채취한 시추 샘플에서 해양 퇴적층이 깊을수록 오래 전 퇴적물이다. 유공충 탄산염 껍질 속 ^{18}O와 ^{16}O의 비율은 동위원소 조성을 나타내며, 유공충이 살던 당시의 바닷물의 온도를 알 수 있다. 비슷하게 산호초를 만드는 산호도 탄산염 골격을 만듦으로써, 오래된 산호초는 동물이 살던 당시의 바닷물의 온도를 지시한다.

지방족 불포화 모노케톤 -일부 해양 식물성플랑크톤은 alkenone이라고 부르는 지방족 불포화 모노케톤을 만든다. 식물성 플랑크톤이 사는 곳의 온도가 낮을수록 세포막에 지방족 불포화 모노케톤 고리에 이중결합이 많아진다. 플랑크톤이 죽으면 해저에 가라앉으며 지방족 불포화 모노케톤은 퇴적물과 결합하게 된다. 따라서 해양 퇴적물의 각기 다른 지방족 불포화 모노케톤의 비율을 분석하면 과거 바닷물 온도를 알 수 있다.

탄소 - 탄소 14는 대기 중에 매우 적게 존재하는 방사성 동위원소로써 광합성 과정에 풍부하게 존재하고 안정된 탄소인 C12와 함께 식물에 결합되어 있다. 생명체가 죽어 탄소를 더 이상 축적하지 못하면 시간이 지남에 따라 원래의 양이 절반으로 줄어드는데 5,730년이 걸리는 반감기를 거쳐 ^{14}C는 ^{12}C로 바뀐다. 따라서 시간에 따른 ^{14}C와 ^{12}C의 비율을 알면 동물과 식물 유물의 연대를 측정할 수 있다.

극지 빙하에서 채취한 코어는 지난 15만년 동안의 기후에 대한 귀중한 정보를 제공해 준다. 해마다 눈이 내려 표층얼음을 이루고 다음 해에 새로운 얼음 층을 만든다. 따라서 얼음 층은 얕은 층의 가까운 과거부터 깊은 층의 먼 과거까지 층서적 기록을 가지고 있다. 1982년 러시아 과학자들은 유정을 시추할 때 사용하는 것과 비슷한 공법을 이용하여 남극 2,083미터 깊이의 얼음 층에서 얼음 코어를 뽑아냈다. 남극에서 얻은 "보스톡" 코어의 단면은 여러 분석을 위한 재료로 사용되었다(Raynaud 등, 1993). 얼음 속에 포집된 기포의 이산화탄소와 메탄의 백분율은 온실기체의 과거 시기별 대기 중 백분율과 비슷한 변동 곡선을 나타내었다.

얼음 속 산소 동위원소 비율은 과거 기온이 2℃에서 3℃ 정도 변화했음을 나타낸다. 밀란코비치 주기에서 온난기 동안 온실기체는 자연적인 저장고로부터 대기 중으로 서서히 배출되었다. 예를 들어 물 속 이산화탄소 용해도는 기온이 상승하면서 감소하였고, 물의 온도가 높으면 대기 중에 이산화탄소가 많이 남았다. 토양 온도가 높아지면 토양 유기물의 미생물에 의한 분해율은 증가하였고 대기 중으로 이산화탄소와 아산화질소가 많이 배출되었다. 습지 퇴적물과 영구동토층에서 발견되는 메탄 내포 화합물 또는 고형 메탄이 녹으면서 대기 중으로 기체상태의 메탄가스를 방출하였고 온난화를 부추겼다. 이산화탄소, 메탄, 아산화질소 등 온실기체는 지난 빙하기 동안에는 그 양이 감소했으며, 간빙기 동안에는 양이 증가하였다. 기온이 상승이 뒤늦게 나타나는 이런 과정에 따라 대기 중에 온실기체가 가장 많이 축적되는 것은 기온 최고점이 나타난 뒤 약 1,000년 뒤이다. 빙하가 녹은 온난기 동안 지구는 어두워 열을 흡수하는 표면은 드러나고 태양 에너지 반사는 감소한다. 이와 같은 반사율의 감소 또는 감소된 반사율은 간빙기 온난화의 절반 정도를 차지한다.

남극과 그린란드에서는 다른 심층 코어 프로젝트는 지난 수십 만 년 동안 2에서 3℃ 안팎으로 지구 기온이 변화했음을 나타낸다. 일반적으로 과거에 온난한 기간은 이산화탄소와 메탄의 수준이 높았던 기간과 일치한다. 그러나 이런 주기는 복잡하기 때문에 과거 기후를 이산화탄소 하나만으로 설명하는 것은 쉽지 않다(Velzer 등, 2000).

75,000년 미만의 비교적 가까운 지질시대의 기록으로 한 때 살았던 생물의 잔존물은 탄소 동위원소를 이용하여 연대를 측정할 수 있다. 아주 오래 사는 나무의 나이테는 지역의 천년 이상 기후조건을 추정하는 사용될 수 있다. 예를 들어 뉴질랜드 태즈마니아의 살아 자라는 휴온 소나무에서 채취한 코어의 1896년에서 1988년 사이에 형성된 외곽 나이테는 실제로 관측된 온도 기록과 잘 일치한다. 연륜분석에 따르면 지난 1,089년 동안 어느 시기도 1965년 이후처럼 온난한 시기는 없었다(Cook 등, 1991). 미국 캘리포니아 남부 시에라 네바다 산지에서 조사된 2,000년 동안의 나이테 기록에서 얻어진 연평균기온의 추세는 중세 온난기(서기 800년에서 1200년)와 소빙기(서기 1400년에서 1800년)와 잘 일치한다(Scuderi, 1993).

식물 꽃가루도 과거 기후 특징을 설명할 수 있다. 꽃가루는 부패가 잘 되지 않는다. 호수나 늪지 바닥에 떨어진 꽃가루는 퇴적층 속에 쌓인다. 호수의 퇴적층에서 코어를 채취하여 단면을 나누면 오래된 꽃가루층은 아래 깊은 곳에 근래의 것은 위층에 자리한다. 동위원소 연대측정과 함께 각기 다른 식물종의 풍부도를 현미경으로 확인하여 환산하면 수백 년이나 수만 년 동안의 식물이 서식하던 지역의 환경을 복원할 수 있다. 연구 대상 식물들이 현재와 비슷한 환경을 과거에도 좋아했다고 전제하면 시대에 따른 지역의 기후에 대한 많은 추정을 할 수 있다(그림 2-16). 예를 들어 캐나다 온타리오 남부 호수 퇴적물에서 발견된 각기 다른 나무들의 풍부도는 서기 1200년에서 1800년 사이의 "소빙기" 동안 지금보다 2℃ 정도 기온이 낮았던 시기의 삼림 조성을 예측한 것과 일치한다(Campbell and McAndrews, 1993).

역사시대에 사람들이 기록한 내용도 어떤 기후가 우세했는지를 설명해준다. 유용한 문헌 기록은 수백 년에서 수천 년을 거슬러 간다. 예를 들어 1634년부터 1648년 사이 스페인 예수회에서 주고받은 개인적 서신에 대한 연구는 세찬 비가 내리고 추웠다는 기록이 있어 당시가 소빙기 기후에 있었음을 입증한다(Rodrigo 등, 1998). 영국 중부지방 등 일부 지역에서의 강수량과 기온에 대한 1백년 이전의 계기관측은 지난 세기 동안에 비하여 정밀도가 아주 떨어지며, 계기관측의 역사는 수백 년 전으로 거슬러 올라간다. 요약하면 과거 시대별 기후조건을 설명하기 위하여 다양한 방법들이 사용되었다(그림 2-16).

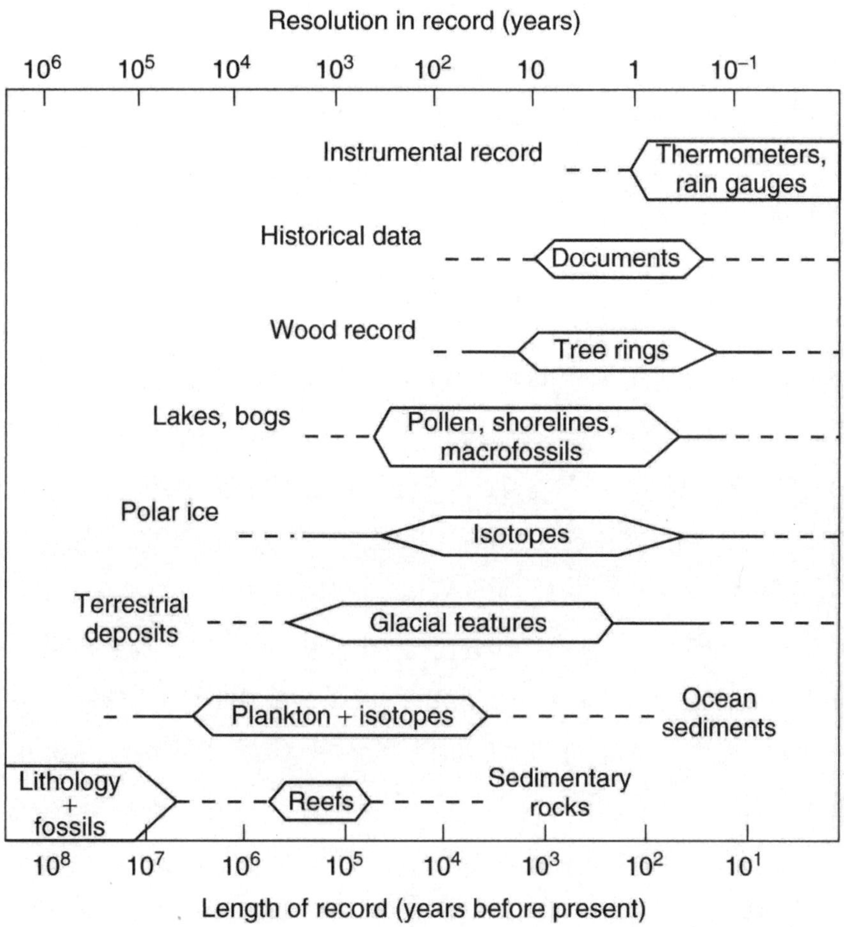

그림 2-16. 지난 1억년 동안 시간대에 대한 고기후 평가를 위한 다양한 방법론(bottom scale). 가장 위에 있는 시간 축척은 사용하는 기법의 대략적인 시간의 정밀도를 나타낸다. (T. Kutzbach J and Street-Perrott FA 1985. 2,000 years of global climate change: palaeoclimatic research plan)

[빠른 기후변화]

고기후학자들은 과거 기온을 지시하는 그린랜드 얼음코어의 산소 동위원소 비율을 이용하여 매우 흥미로운 수수께끼를 찾았다. 최후빙기에 이어 지구의 기후는 온난하였고 극지방의 방하는 후퇴하였다. 14,000년 전에는 갑자기 온난한 시기가 끝났다. 그 뒤 1,500년 동안 기후는 6℃ 정도 한랭해졌고 빙하는 다시 확장하였다. 11,650년 전에는 지구는 예측하지 못했던 온난기를 맞이하였다. 무엇이 그와 같은 갑작스런 기후변화를 가져왔을까? 추가적인 연구 결과 이는 대양 해류 환류순환의 변화에 따른 것으로 밝혀졌다.

최후빙기 이후에 극지의 빙하가 후퇴하자 얼음 녹은 물과 민물이 바닷물의 염도를 낮추었고 북대서양의 염도도 낮아졌다. 대양의 염도가 낮아지면서 밀도가 낮은 북대서양 물이 깊은 바다 속으로 가라앉지 못하였다. 열대 쪽 대서양의 열을 북쪽으로 전달해주던 대양 해류 환류순환은 갑자기 멈추면서, 북아메리카와 유럽은 한랭기가 다시 찾아왔다. 이것이 이 시기에 유럽으로 진출한 한랭한 기후를 좋아하는 식물인 담자리 꽃나무의 학명을 따라 이른바 “영거 드라이아스 사건”이라 한다. 기온이 한랭해지면서 바다로부터 증발량이 줄어들면서 강수량도 줄었고, 아프리카 사헬지역과 멕시코의 건기도 길어졌다. 끝으로 염도가 낮은 바닷물이 섞여 퍼지면서 대양 환류순환가 복원되면서 간빙기의 온난화는 빠르게 다시 나타났다. 실제로 20년 동안 기온은 5에서 10℃ 상승하였고, 강수량이 늘어나면서 그린란드의 적설량은 두 배로 늘었다(Taylor, 1999).

또 다른 빠른 기후적 사건은 8,200년 전에 발생하였다. 일찍이 빙하가 확장하면서 엄청나게 많은 양의 토사와 바위를 밀고 내려와서 자연적인 댐과 같은 규모가 큰 말단 빙퇴석 또는 종퇴석을 만들었다. 지구가 온난해져 빙하가 녹으면서 캐나다 동부에는 거대한 호수가 만들어졌다. 호수에 물이 가득 고여 넘치면서 종퇴석을 무너뜨리면서 엄청나게 많은 양의 물이 북대서양으로 유입되었다. 바닷물의 염도가 낮아져 재차 대양 환류순환이 방해 받으면서 400여 년 동안 온난화 추세는 사라졌다. 이런 사건들은 지구의 기후가 얼마나 빠르게 변화할 수 있는지를 보여준다.

2.4 최근의 기후변화

(1) 전 지구 평균 기온의 장기 변화

IPCC 제 4차 평가보고서(IPCC, 2007)에 의하면 전구평균표면온도는 과거 100년(1906-2005년) 동안 0.74℃±0.18℃ 증가하였고 이는 제 3차 평가 보고서의 해당 추세인 0.6℃±0.2℃(1901-2000년)보다 높았다. 1850년부터 약 1915년까지는 자연 변동성과 관련된 상승과 하강을 제외하면 전반적으로 크게 변하지 않았다. 1910년대부터 1940년대까지 지구 평균 기온은 0.35℃ 상승하였고 그 후부터 2006년 말까지는 급속히 온난화(0.55℃)되었다(그림 2.17). 그 중 가장 기온이 높았던 해는 1998년과 2005년이었고, 최근 12년(1995-2006년)에는 1850년 이후 가장 따뜻했던 해가 1996년을 제외한 11개해가 포함되어 있다.

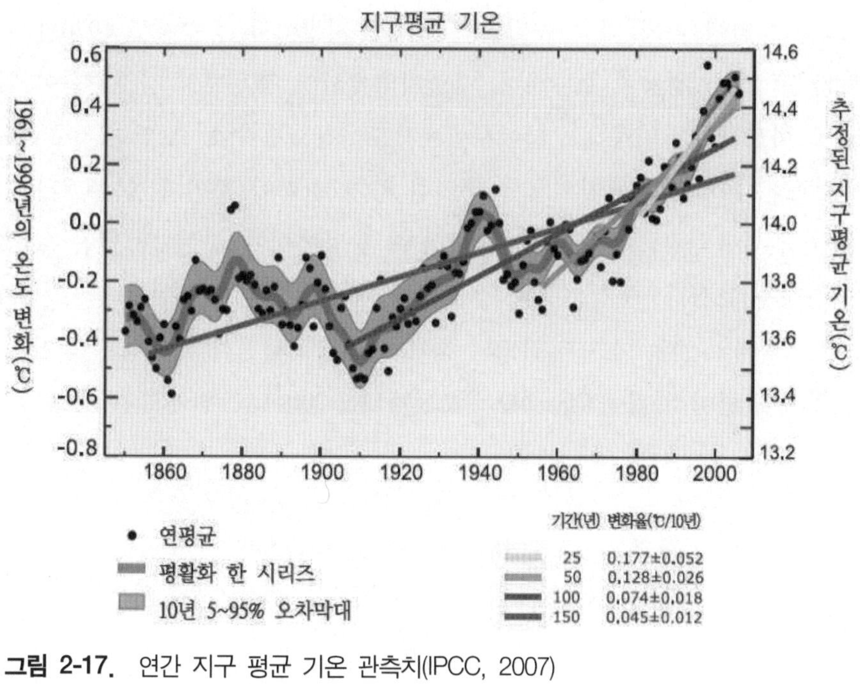

그림 2-17. 연간 지구 평균 기온 관측치(IPCC, 2007)

육지와 해양, 해수면 온도, 야간 해양 기온 모두에서 온난화가 일어났으나, 1979년 이후 전지구에 대해 육지의 지표온도의 증가 경향은 0.27℃/10년으로, 0.13℃/10년의 상승 경향을 보인 해양보다 약 두 배 빠르게 상승하였다. 또한 계절별로는 북반구 겨울철(12-2월)과 봄철(3-5월)에 온난화가 가장 컸다.

(2) 강수량의 장기 변화

기온의 변화는 대기 습도, 강수량, 대기 순환 등 전체 시스템에 영향을 준다. 복사강제력은 가열을 변화시키며 지표면에서는 현열 가열뿐만 아니라 증발에도 직접적으로 영향을 미친다. 게다가 기온이 1℃ 증가할 때 대기의 수증기는 약 7%정도 증가한다(IPCC, 2007). 이러한 효과들이 모여 수문순환을 변화시키며 특히 강수특성과 극값을 변화시킨다(Trenberth et al., 2003).

대부분의 지역에서 기온의 장기 변화경향이 상승하는데 비해 강수량의 장기변화는 지역에 따라 다르게 나타난다. 열대지방에서 강수량은 1970년 이후 열대에서는 감소 경향이 뚜렷하다. 사헬지역에서의 강우량의 감소경향이 가장 크고 남아프리카, 지중해, 남아시아에서도 감소경향이 보인다. 고위도인 30°N~85°N 사이의 많은 지역에서 뚜렷한 증가 경향이 보인다. 북아메리카 중부, 북아메리카 동부, 북유럽, 아시아 북부, 중앙아시아 모두 105년간 6~8%으 증가 경향을 보였다. 총강수량이 감소한 지역에서도 집중호우 현상이 증가한 것으로 관측되었는데, 이는 저위도의 해양이 온난화되면서 대기의 수증기가 증가한 것과 관련이 있다(IPCC, 2007: 오현택 등, 2004).

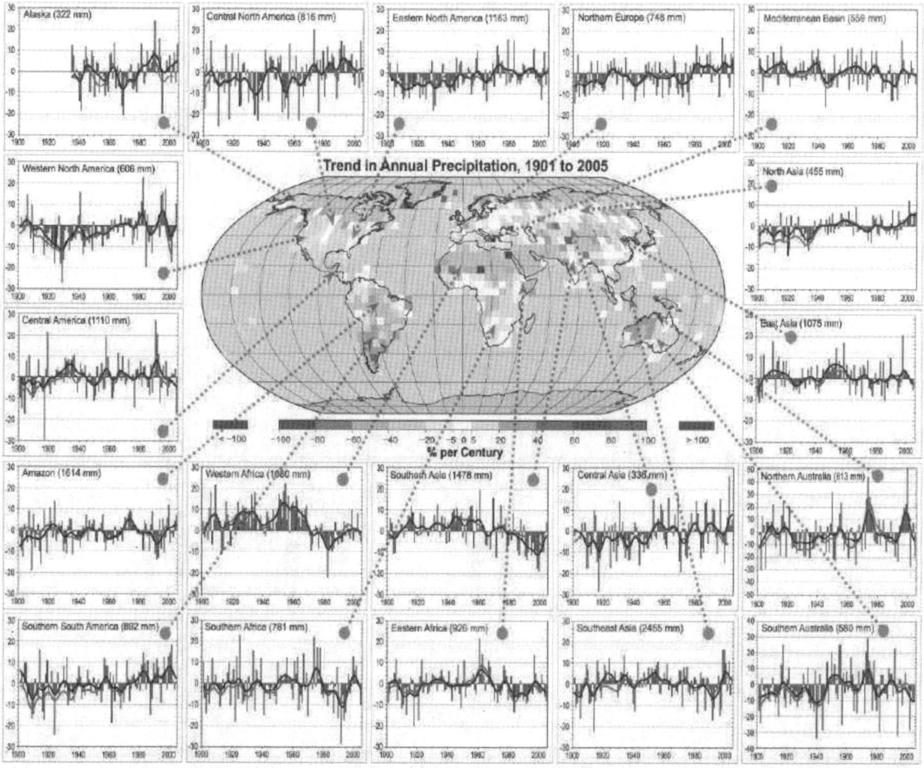

그림 2-18. 1900년대부터 2005년대까지의 강수량. 가운데 지도는 연평균 변화경향(%/100년)을 나타냄. 회색으로 나타낸 지역은 자료가 불충분하여 신뢰성있는 변화경향을 계산할 수 없는 지역임(IPCC, 2007).

(3) 엘니뇨-남방진동

엘니뇨-남방진동(El Nino-Southern Oscillation;ENSO)은 결합된 해양-대기 현상이다. 엘니뇨는 남아메리카 대륙 서쪽 해안으로부터 중앙 태평양에 이르는 동태평양 적도 지역의 넓은 범위에서 해수면 온도가 지속적으로 높아지는 현상으로 적도 태평양을 따라 해수면온도 경도가 약화되고 관련된 해양 순환의 변화가 동반된다. 엘니뇨는 약 3~7년의 주기로 불규칙하게 발생하며, 엘니뇨와 반대의 위상으로 나타나는 현상을 라니냐라고 한다. 남방진동은 엘니뇨와 연관된 대기 성분으로 서태평양 지역과 동태평양 지역의 해면 기압간의 진동을 나타낸다.

엘니뇨 감시 구역(열대태평양 Nino3.4지역: 5°S~5°N, 170°W~120°W)에서 5개월 이동평균한 해수면온도의 편차가 0.4℃이상(-0.4℃이하)인 달이 6개월 이상 지속될 때를 엘니뇨(라니냐)로 보는 기상청의 정의에 의하면, 1950년부터 2008년까지 엘니뇨는 18회 발생하였고 라니냐는 12회 발생하였다.

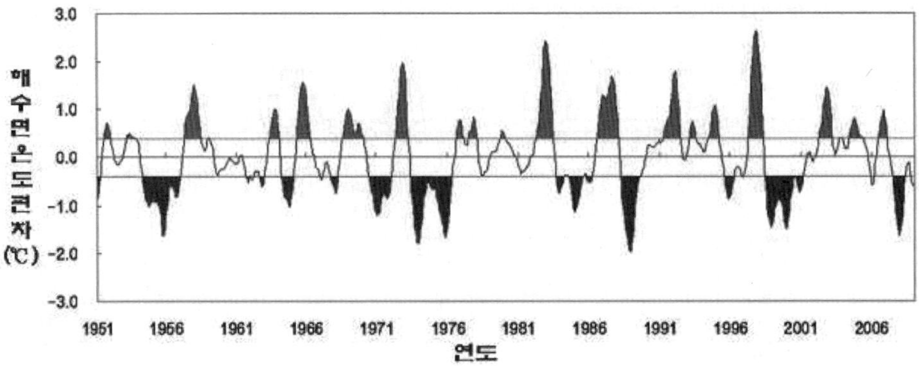

그림 2-19. 엘니뇨/라니냐 발생 연도표(빨강: 엘니뇨, 파랑: 라니냐)

엘니뇨현상이 나타날 때 일반적으로 필리핀, 인도네시아, 호주 동북부 등지에서는 강수량이 평년보다 적으며, 반면에 화남 및 일본 남부 등 아열대 지역과 적도 태평양 중부, 멕시코 북부와 미국 남부, 남미대륙 중부에서는 홍수가 나는 등 예년보다 많은 강수량을 보이는 경향이 있다. 또한 알래스카와 캐나다 서부에 걸려 고온이 나타나는 경향이 있으며, 미국 남동부는 저온이 되기 쉽다. 엘니뇨 현상이 발생하면 태평양상의 에너지 분포가 바뀌고 대기의 흐름을 변화시켜 대류 활동의 강도 및 중심이 변하기 때문이다. 이는 대기에 에너지를 제공하는 열원의 이동 및 공급 에너지의 증감을 의미하고 이것에 의해 지구 전체의 대기 흐름도 변하며 세계의 기상이 영향을 받는다. 해수면온도 관점에서 역사상 가장 큰 엘니뇨로 기록되는 1997~1998년 엘니뇨에 기인하여 1998년 3월의 전구평균 지상기온은 0.17℃ 더 높았고(Trenberth et al, 2002), 1998년은 2005년과 함께 전구평균 지상기온이 가장 높았던 해이다.

엘니뇨의 전개는 1976~1977년 기후변화를 전후로 분명한 변화를 보여준다(Trenberth and Stepaniak, 2001). 일반적으로 적도 동태평양과 중태평양에서 높아지는 해수면온도는 더 지속적이고 강한 엘니뇨를 만드는 경향이 있고 그에 따른 대기해양변화는 적도보다는 북태평양과 북아메리카를 따라 더 뚜렷하게 나타난다(IPCC, 2007).

(4) 몬순의 변화

몬순(monsoon)은 대륙과 인접한 해양간의 비열차에 의해 발생하는 현상으로 일반적으로 적도와 아열대지역에서 지상 바람과 그와 관련된 강수량의 계절적인 반전으로 알려져 있다. 가장 강한 몬순은 남아시아 및 동아시아, 북부 호주의 열대지역에서 나타나고 일부 북부 및 중앙아프리카에서도 나타난다.

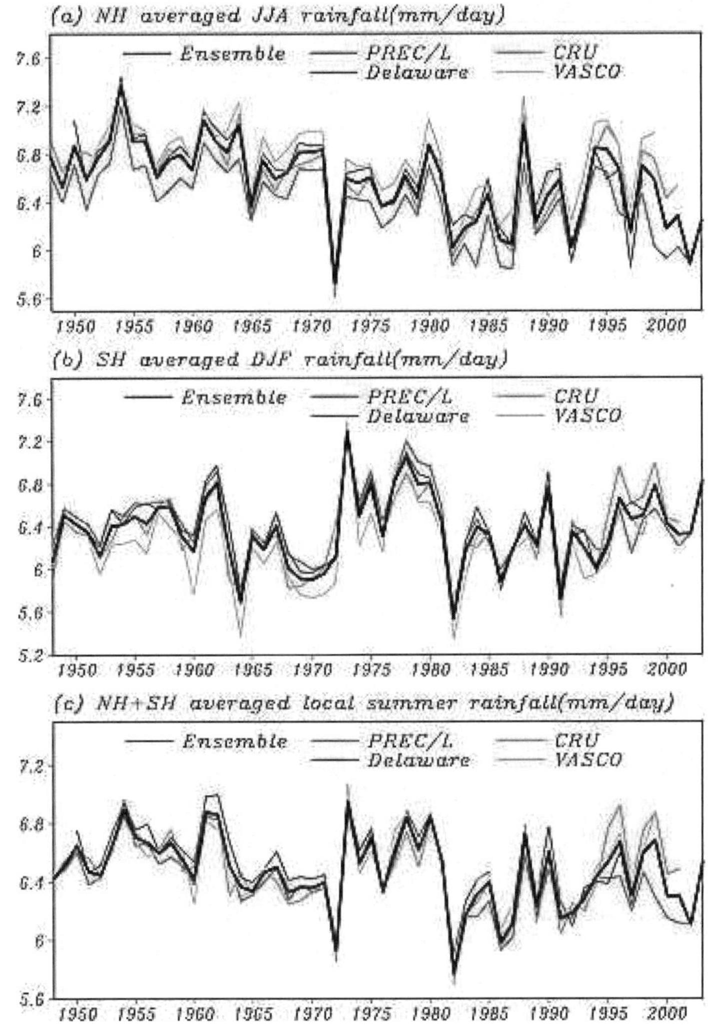

그림 2-20. 6월~8월의 북반구 강수량(a)와 12월~2월의 남반구의 강수량(b), 전구 몬순 지수 시계열(Wang et al, 2006)

강수량은 몬순 변수 중 가장 중요한 변수로, 관련된 잠열 배출은 대기의 순환을 유도할 뿐만 아니라 전구수문순환과 막대한 사회경제적 영향에 있어 매우 중요한 역할을 한다(IPCC, 2007).

몬순변동성은 대기-해양 상호작용과 지면과정과 같은 지역적인 요인에서 원격상관에 의한 영향 등 많은 요소들에 의해 변한다. Wang et al(2006)년에 의하면 1948년부터 2003년까지인 56년 동안의 전구 몬순시스템은 강도는 약화되었고 이는 북반구에서의 여름 몬순의 약화가 원인이다.

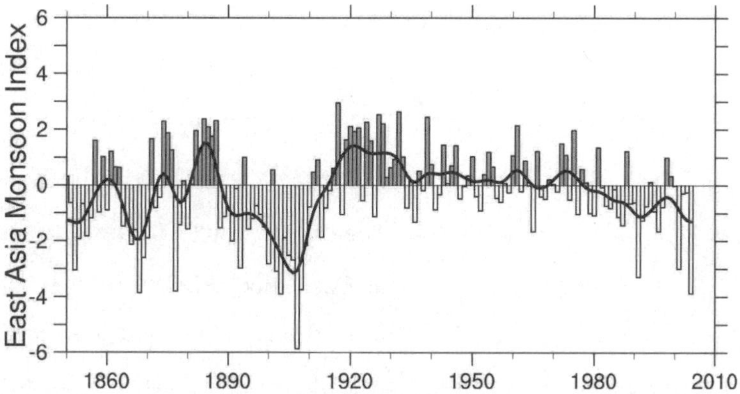

그림 2-21. 동아시아지역에서 대륙과 해양사이의 평균해면기압으로 유도된 동아시아 여름 몬순 지수의 연시계열(IPCC, 2007)

아시아 몬순은 동아시아몬순, 남아시아몬순(인도몬순)시스템으로 나뉜다. 아시아 몬순의 뚜렷한 변화는 ENSO의 변화와 관련이 있고(Huang et al, 2003; Qian et al., 2003) 그에 따라 1976-1977년에 변화가 나타난다(Wang, 2001). Gong and Ho(2002)는 양쯔강 지역의 여름철 강수량의 변호가 남쪽으로의 강수량 이동에 기인한다고 제안하였고, Ho et al(2003)은 특히 한반도 지역에서의 갑작스런 변화를 논의하였다. 적도 중태평양과 적도 동태평양이 십년 정도의 따뜻한 기간에서 여름철 몬순 강수량은 양쯔강 부근에서 더 강화되고 북부 중국에서는 약화된다. 또한 강한 대류권 냉각경향이 동아시아 여름철에서 발견되는데 이는 동아시아지역의 상층 제트류가 남쪽으로 이동하여 동아시아 여름 몬순을 약화시킨다(IPCC, 2007). 인도몬순 강수량은 십년변동성을 가지고 엘니뇨와는 반대의 상관을 가진다(Kripalani and Kulkarni, 1997, Kripalani et al., 2003) 엘니뇨와 몬순사이의 연관성은 1890년~1930년 사이에는 약화되었고, 1930년~1970년 사이에는 강화되었다. 또한 엘니뇨와 인도몬순 강수량의 강한 음의 상관성은 1976년 이전이 더 강하고 이후에는 상당히 약화된 것을 보인다

(Kumar et al., 1999; Krishnamurthy and Goswami, 2000; Sarkar et al., 2004)

호주몬순은 북반구에 위치한 호주 대륙에서 나타나고 강한 경년변동성 및 계절내 변동성을 보인다. IPCC 제 4차 보고서에 따르면 북부 호주의 습한 계절 강수량은 양의 경향을 보이고 1970년대 중반과 2000년대 부근에 상대적으로 습한 기간이 나타나고 증가하는 강수 경향은 대륙의 남부에서의 지상 기온의 변화와 일치한다. 한편, 북아메리카 몬순은 6월에 남서 멕시코에서 빠른 몬순 강우대를 시작으로 7월과 8월에 미국 남서쪽으로 북진하여 9월과 10월에 점차적으로 쇠퇴하는 특징을 갖는다. Higgins and Shi(2000)는 북아메리카몬순은 태평양 수십 년 진동(Pacific Decadal Oscillation, PDO)에 의해서 영향을 받을 수 있다고 하였고 그곳의 겨울철 강수편차는 이후 나타나는 여름철 북미 몬순 조건과 높은 상관성을 갖는다. 또한 아프리카의 대부분 지역에서는 통계적으로 유의하게 몬순순화의 약화가 나타난다.

(5) 열대성저기압

북서태평양에서 발생하는 태풍은 더 강화되어 왔고 강한 태풍인 카테고리 4와 5의 태풍 발생 수가 1975년～1989년에 비해 1990년-2004년 기간 동안에 약 30% 증가하였다(Webster et al, 2005, 2006). 북서 태평양지역에서 열대성저기압 활동에 영향을 미치는 주요인은 지역적인 해수면온도가 아니라 ENSO와 관련한 대기 순환의 변환이다(Liu and Chan, 2003; Chan and Liu, 2004). 엘니뇨 해에 열대성저기압은 더 강화되고 라니냐해보다 더 오래 지속되는 특징을 보이고 서로 다른 위치에서 생성되는 특징을 갖는다.

Webster et al(2005, 2006)에 의하면 북서태평양에서뿐만 아니라 다른 대양에서도 폭풍의 발생 수는 증가하는 것으로 나타난다. 북대서양에서의 열대성저기압도 ENSO의 영향을 받으나 북서태평양과는 반대로 엘니뇨 해 때에는 활동이 감소되고 라니냐 때에는 증가하는 경향이 나타나고 남인도양과 호주에서도 같은 경향이 나타난다. 그러나 남태평양에서는 북서태평양과가 같이 ENSO와 같은 상관을 보인다.

표 2.3 1975~1989년과 1990~2004년의 카테고리 4와 5 폭풍의 수와 비율의 변화 (Webster et al, 2005)

지역	기간			
	1975-1989		1990-2004	
	발생수	비율(%)	발생수	비율(%)
동태평양	36	25	49	35
서태평양	85	25	116	41
북대서양	16	20	25	25
남서태평양	10	12	22	28
북인도	1	8	7	25
남인도	23	18	50	34

(6) 우리나라 기후의 변화

1) 기온의 변화

우리나라에서 100년 이상의 관측 역사를 가진 관측소는 서울과 인천, 강릉, 대구, 목포, 부산이고, 60여 개의 관측 지점에서 장기 기후자료가 축적되기 시작한 것은 1973년부터이다(표 2.4). 지난 100년간(1912년~2008년) 한반도 기온 상승률은 1.7℃로 100년간 전지구 평균기온 상승률의 약 2배에 달한다. 이러한 기온 상승값에는 도시화 효과가 포함되어 있다.

표 2.4 전국 기후분석에 사용된 60개 기상관측 지점

	지점 번호	지점명	위도	경도	해발고도(m)	관측개시
1	90	속초	38.25	128.57	17.79	1968.01.01
2	100	대관령	37.68	128.76	842.52	1971.07.11
3	101	춘천	37.90	127.74	76.82	1966.01.01
4	105	강릉	37.75	128.89	25.91	1911.10.01
5	108	서울	37.57	126.97	46.02	1907.10.01
6	112	인천	37.48	126.63	68.85	1904.04.10
7	114	원주	37.33	127.95	149.81	1971.09.01
8	119	수원	37.27	126.99	33.58	1964.01.01
9	127	충주	36.97	127.95	114.06	1971.01.01
10	129	서산	36.77	126.50	25.93	1968.01.01
11	130	울진	36.99	129.41	49.42	1971.01.01
12	131	청주	36.64	127.44	57.36	1967.01.01
13	133	대전	36.37	127.37	68.28	1969.01.01
14	135	추풍령	36.22	128.00	242.54	1935.09.01
15	138	포항	36.03	129.38	1.88	1943.01.01
16	140	군산	36.00	126.76	25.57	1968.01.01.
17	143	대구	35.88	128.62	57.64	1907.01.07
18	146	전주	35.82	127.16	53.48	1918.05.15
19	152	울산	35.56	129.32	34.69	1931.07.01
20	156	광주	35.17	126.89	70.53	1938.10.01
21	159	부산	35.10	129.03	69.23	1904.04.09
22	162	통영	34.84	128.44	31.70	1967.01.01
23	165	목포	34.81	126.38	37.88	1904.04.01
24	168	여수	34.74	127.74	66.05	1942.04.01
25	170	완도	34.40	126.70	34.87	1971.05.01
26	184	제주	33.51	126.53	19.97	1923.05.01
27	188	성산	33.38	126.88	18.62	1971.01.01
28	189	서귀포	33.25	126.57	50.47	1961.01.01
29	192	진주	35.21	128.12	21.32	1969.03.01
30	201	강화	37.71	126.45	45.65	1971.01.01

	지점 번호	지점명	위도	경도	해발고도(m)	관측개시
31	202	양평	37.49	127.50	47.01	1971.02.01
32	203	이천	37.26	127.48	77.79	1971.01.01
33	211	인제	38.06	128.17	198.60	1971.09.01
34	212	홍천	37.68	127.88	140.59	1971.07.01
35	221	제천	37.16	128.19	263.21	1971.01.01
36	226	보은	36.49	127.74	174.10	1971.06.16
37	232	천안	36.78	127.12	24.89	1971.01.01
38	235	보령	36.32	126.56	15.29	1971.12.10
39	236	부여	36.27	126.92	11.35	1971.01.01
40	238	금산	36.10	127.48	171.26	1971.07.01
41	243	부안	35.73	126.72	10.68	1969.05.11
42	244	임실	35.61	127.29	246.85	1969.05.11
43	245	정읍	35.56	126.87	44.11	1969.05.11
44	247	남원	35.40	127.33	89.70	1971.01.01
45	256	순천	35.08	127.24	74.38	1971.06.01
46	260	장흥	34.69	126.92	45.22	1971.01.01
47	261	해남	34.55	126.57	13.74	1971.02.01
48	262	고흥	34.62	127.28	53.27	1971.01.01
49	272	영주	36.87	128.52	210.21	1971.01.01
50	273	문경	36.62	128.15	170.36	1971.01.01
51	277	영덕	36.53	129.41	41.23	1971.01.01
52	278	의성	36.35	128.69	81.09	1971.01.01
53	279	구미	36.13	128.32	47.86	1971.01.01
54	281	영천	35.97	128.95	94.10	1971.01.01
55	284	거창	35.67	127.91	220.88	1971.01.01
56	285	합천	35.56	128.17	32.66	1971.01.01
57	288	밀양	35.49	128.75	12.60	1971.01.01
58	289	산청	35.41	127.88	138.57	1971.01.01
59	294	거제	34.88	128.61	45.27	1971.01.01
60	295	남해	34.81	127.93	44.41	1971.01.01

100년 이상의 장기 관측 자료를 보유한 우리나라 6개 지역에서는 1960년대 후반 이후 산업화와 도시화가 빠르게 진행되었다. 따라서 1960년대 후반 이후 우리나라의 도시화 효과를 추정한 연구에 따르면 기온 상승률의 약 30-40%를 차지하며 국지적인 도시화는 연 평균 기온뿐만 아니라 연 평균 최고 및 최저 기온의 변화율도 증폭시켰다(Choi et al, 2003; 구교숙 외, 2007).

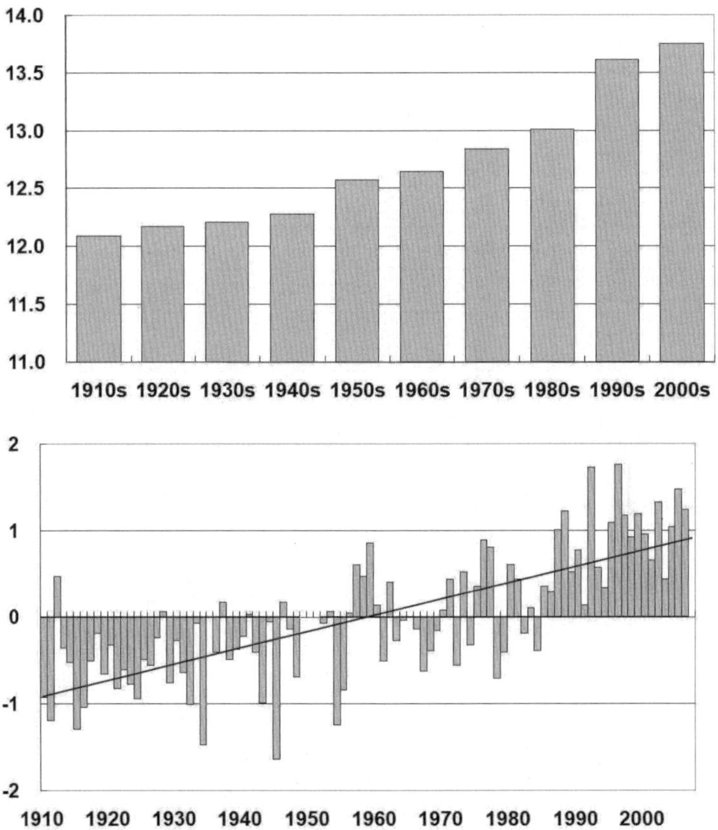

그림 2-22. 우리나라의 100년 이상 장기 관측된 6개 지점을 평균한 10년 평균기온(위)과 연평균기온 편차(아래) (기상연구소, 2009).

연평균 기온의 변화 경향을 보면, 한국 전쟁 이후 최근 50년(1954~현재)의 상승폭이 20세기 전체 100년의 상승률에 비하여 약 1.5배 이상 증가하였고,

1980년대 중반 이후에 기온 상승이 두드러져 최근 20년의 기온상승률은 0.23℃/10년으로 높게 나타나고 있다(Jung et al., 2002). 따라서 우리나라의 기온 변화 경향은 일차 추세가 아닌 20세기 후반에 상승률이 증가하는 하키스틱 모양의 곡선 형태를 나타낸다(기상연구소, 2009).

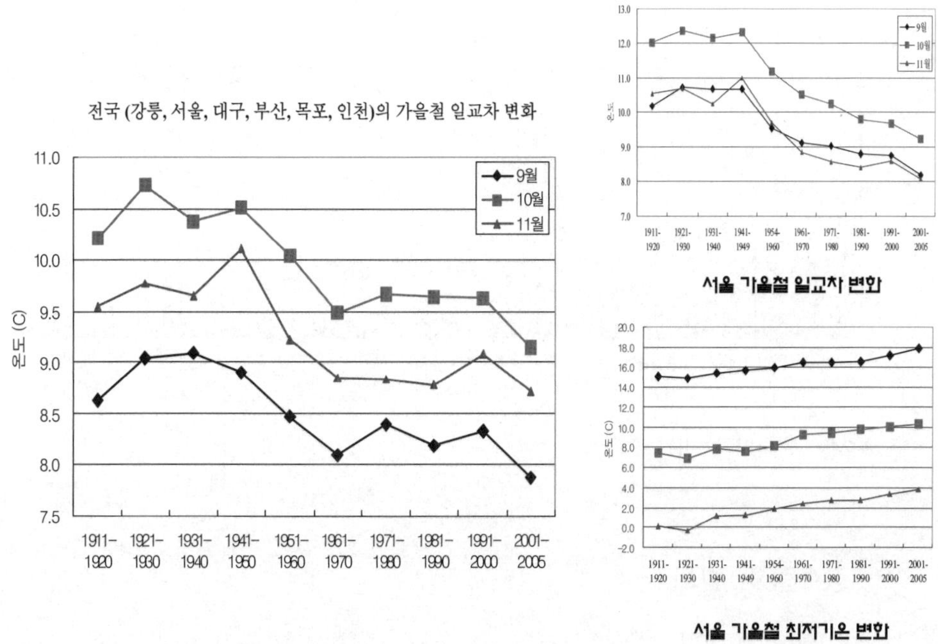

그림 2-23. 가을철 일교차 변화(6대 도시) 및 서울 가을철 최저기온 변화 경향

일 최고 기온과 일 최저 기온의 계절적 변화를 살펴보면, 12개 관측지점의 자료의 분석 결과, 한반도 평균 기온 증가는 겨울철(12월~2월)과 봄철(3월~5월)에 높게 나타나고, 여름철과 가을철에는 약하게 나타났다(Jung et al., 2002). 큰 일교차가 특징인 가을에는 그 차가 점차 줄어들고 있으며 이는 최저 기온이 상승하고 있기 때문인 것으로 추정된다. 주요 도시의 가을철 일교차 변화는 2007년을 예로 들면, 평균기온의 편차는 1.2℃로 관측되었는데 이는 최고기온 편차는 0.3℃였으나 최저기온 편차가 2.6℃로, 최저기온이 월평균기온을 높이

는데 기여한 것으로 보인다. 겨울철 역시 최저기온의 상승으로 인해 극단적인 추위 일수가 급속하게 감소하고 있다. 우리나라에서 연중 -10℃이하로 내려가는 일수가 1950년대까지는 30일가량이었으나 최근에는 10일 이하로 기록되고 있어 극단적인 추위가 줄어들고 있다.

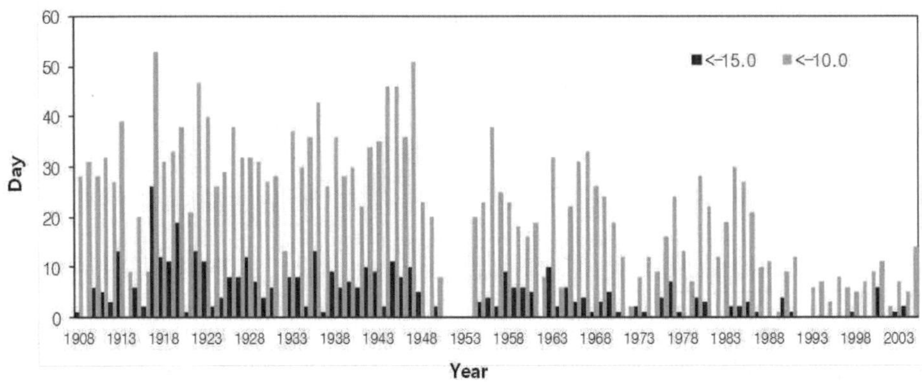

그림 2-24. 최저기온 -10° C 이하 일수(서울)

2) 강수량의 변화

지난 100년(1912년~2008년)간 106개 관측 지점을 평균한 연강수량의 변화 경향을 보면 증가하는 추세를 나타내고 있다. 10년 평균 연 강수량을 보면 1940년대와 1970년대가 전후 10년 기간의 강수량보다 적은 편이지만 대체적으로 증가하는 경향을 보인다.

1950년대 후반 이후 전국 14개 관측 지점(강릉, 서울, 인천, 울릉도, 추풍령, 전주, 대구, 울산, 포항, 광주, 부산, 목포, 여수, 제주) 평균 강수패턴의 분석에 따르면, 연강수량은 증가하고 있으나 강수일수는 줄어들고 있어서 강수일의 강수강도가 증가하고 있음을 알 수 있다(기상연구소, 2004).

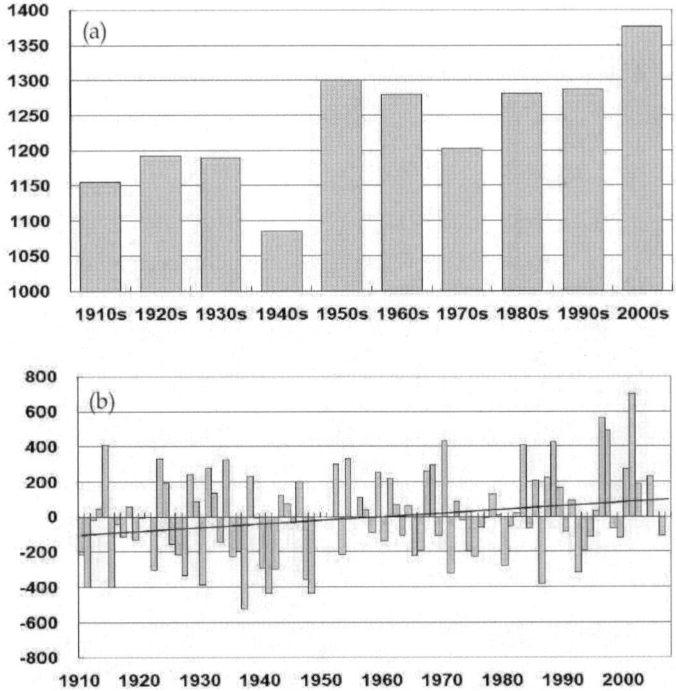

그림 2-25. 우리나라의 100년 이상 장기 관측된 6개 지점을 평균한 10년 연강수량(위)과 연강수량 편차(아래) (기상연구소, 2009).

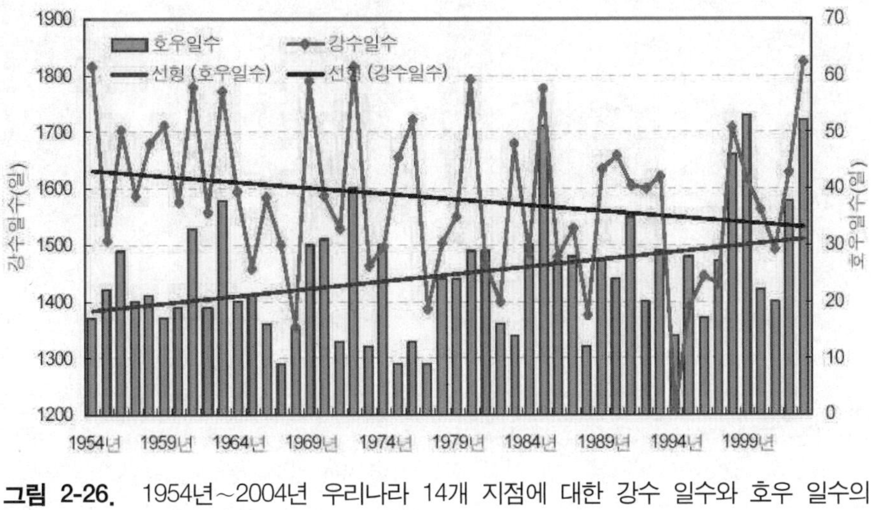

그림 2-26. 1954년~2004년 우리나라 14개 지점에 대한 강수 일수와 호우 일수의 변화(기상연구소, 2004)

여름철 강수량만을 보았을 때, 역시 증가 추세에 있으며 장마후인 8월의 강수량이 장마시기를 포함하는 7월보다 많아지는 경향을 보이고 있다. 우리나라는 기후 특성상 여름철 강수량이 연강수량의 약 40-60%를 차지하고 있다. 그러나 여름철 강수량은 장마시기의 강수량과 태풍에 의한 강수가 많은 부분을 차지하고 있으므로 사실 우리나라의 연강수량은 그 해 장마가 얼마나 제대로 시작되고 끝나는가, 그리고 그 해 태풍이 얼마나 우리나라에 영향을 주는가에 달려 있다고도 할 수 있다. 이렇게 우리나라의 여름철 강수량은 주로 장마기간에 집중되어 있는 것으로 인식되어 왔으나, 최근 들어 장마 전선의 활동이 불규칙적으로 나타나면서 오히려 장마 이후 강수량이 집중호우나 태풍 등의 영향으로 증가하고 있는 것이다. 2006년 장마 기간 중 총강수량 758.0mm로서 평년 346.2mm보다 2배 이상의 많은 강수량을 보여 역대 장마 기간 중 가장 많은 비를 내렸다.

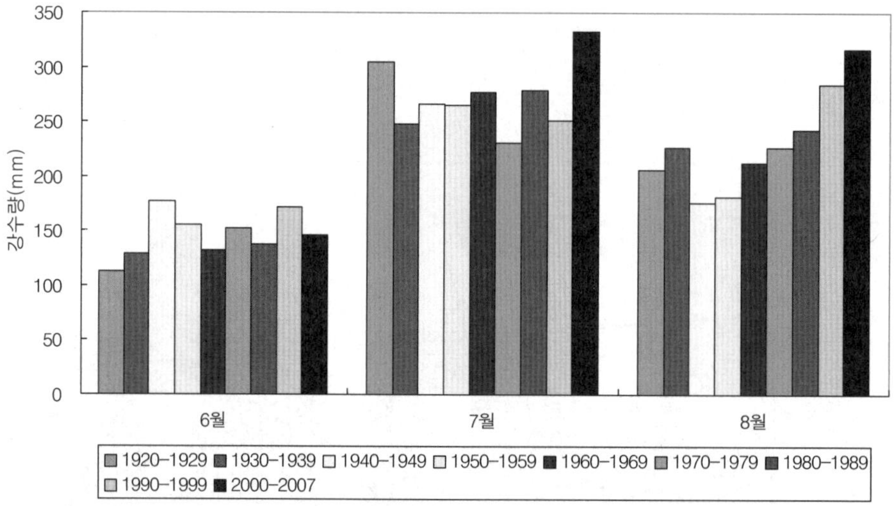

그림 2-27. 우리나라의 여름철(6~8월) 월별 평균 강수량 변화. 특히 8월 달의 강수량이 증가하는 경향을 보이고 있다. (7대 도시자료: 서울, 강릉, 인천, 대구, 부산, 전주, 목포)

2.5 미래의 기후변화

21세기에 있어서 전 세계적으로 제일 시급한 문제는 지구의 환경보존이다. 그리고 자연재해로부터 피해를 최소화 할 수 있는 이상기후 예측 기술의 개발이 우선 되어야 할 것이다. 왜냐하면 예측정보는 바로 사회, 경제, 문화 등 우리의 실생활과 직결되어있기 때문이다. 그러나 현재 인간의 산업과 경제활동에 기인하는 기후변화와 이상기상현상 등을 제어할 수 있는 과학기술은 개발되어 있지 않으며, 이를 사전에 예측하여 기후변화에 의한 피해를 최소화할 수 있는 유일한 방법은 슈퍼컴퓨터를 이용한 예측기술 이다. 예측정보는 국가 재해방지 차원에서의 정책수립이나 기업의 제품 생산전략, 판매 마케팅 등에서 없어서는 안 될 중요한 정보이다. 실제로 올여름 덥다 혹은 올 겨울 춥다라는 표현만으로도 에어컨의 주문 쇄도나 난방제품의 판매증가가 있는 점에서 예측정보의 중요성이 잘 나타나고 있다.

수치예보는 바람, 기온 등과 같은 기상요소의 시간변화를 나타내는 물리방정식을 컴퓨터로 푸는 것에 의해 미래의 대기상태를 예상하는 과학적인 방법이다. 이 방법에서는 컴퓨터로 다루기 쉽도록 지구를 상세한 격자망으로 덮어 그 격자점에서의 값으로 대기상태를 나타내야 한다. 이를 위해서는 먼저 전 지구의 각종 관측 자료들을 기초로 격자점 상에서의 현재 값을 구하는 과정인 객관 분석을 하여야 한다. 객관 분석된 결과를 초기 값으로 하여 장래의 대기상태를 수치예보 모델에 의해 계산한다. 이 수치모델은 대기 중에서의 물리과정인 태양에서의 복사, 강수, 대기와 지표면 사이에서의 열과 운동량의 교환 등과 연관된 대기운동법칙, 열역학 법칙, 대기복사법칙 등 대기의 물리학적 법칙을 고려하여 만든 컴퓨터 프로그램을 말한다.

격자망을 이용하는 경우 나타낼 수 있는 대기상태나 지형 등은 그 격자의 간격에 따라 크게 변한다. 예를 들어 기상에 큰 영향을 주는 복잡한 지형은 격자 간격의 크고 작음에 따라 달라진다. 더욱이 수치예보모델에서는 기압, 바람,

온도도 격자점의 값으로 나타내기 때문에 표현되는 대기상태는 격자 간격에 의해 크게 바뀌게 된다. 사용하는 격자가 상세하면 할수록 정확하게 기압, 바람, 온도의 상태를 나타낼 수 있으므로 정확도는 좋아지나 그만큼 계산 량이 많아지므로 보다 고속의 컴퓨터가 필요해 진다.

예측정보를 생산하기 위해서는 현재의 대기, 해양상태나 토지이용도 등의 정보를 컴퓨터모델에 입력하고 슈퍼컴퓨터는 이 모델을 일정기간동안 수치로 계산하고, 이렇게 하여 계산된 수치예측정보는 종합적으로 분석되어 예측정보가 생산되는 것이다. 그러나 우리가 흔히 나비효과라고 표현하듯이 예측기간이 길어질수록 초기의 조그마한 오차는 컴퓨터 계산상의 심각한 오류를 초래하고, 기후변화에 의해 비정상적으로 빈번하게 발생하는 이상기상은 장기예측을 어렵게 만드는 요소들이다. 이러한 문제점들은 지속적인 과학, 기술의 개발과 연구로 극복되어질 것이다.

(1) 전 세계 기후 변화의 예측

미래 기후의 추세는 매우 불확실하지만, 지구 온난화에 따른 기후변화 대응을 위하여 객관적 자료 생산 및 평가가 필수적이다(기상연구소, 2009). 미래 기후변화를 전망하기 위해서는 여러 가지 온실가스 배출 시나리오가 사용되며 온실가스 배출량의 변화에 따라 대기 중 온실가스 농도가 결정된다.

따라서 사용하는 온실가스 배출 시나리오 종류에 따라서 사용하는 온실가스 배출 시나리오 종류에 따라 미래의 기온과 강수량이 다른 변동 폭을 보인다(구교숙, 2005). 이 온실가스 배출 시나리오는 기후변화에 잠재적인 영향을 끼칠 수 있는 사회경제적 요소를 종합적으로 고려한 미래 온실 가스 배출량 추정이며, 대기 조성변화에 관한 가정에 따라 미래 기후변화 전망이 달라진다. 그림 2-28은 IPCC의 배출시나리오에 관한 특별보고서(SRES)에 따른 배출 시나리오이다.

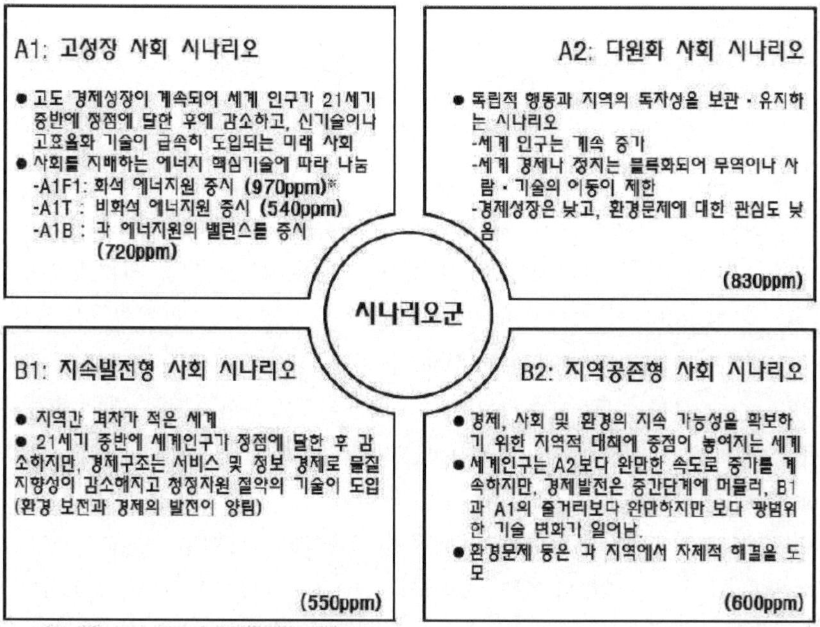

※ 괄호 안의 수치는 2100년 이산화탄소의 농도임.

그림 2-28. IPCC의 배출시나리오에 관한 특별보고서(SRES)에서의 시나리오군

읽을거리

배출 시나리오

종래의 연구에서 IPCC가 사용한 시나리오는 IS92라는 명칭의 시나리오로 장래의 경제 인구에 대한 가정을 전제로 한 일련의 시나리오였다. 가령, 흔히 “평상시 그대로”라고도 일컬어지는 IS92a는 현재의 인구 경제 성장 속도의 지속을 가정한다. 1996년 이후, IPCC는 시나리오 40개를 새로 작성하였다. 이들 시나리오는 미래의 온실가스와 에어로솔의 배출량을 결정하게 될 장래에 일어날지 모르는 폭넓은 인구, 경제, 기술적 측면을 아우른다. 배출 시나리오에 대한 특별 보고서에서, 각 시나리오는 4가지 주요 4가지 주요 거리의 구체적인 정량화를 표현한 것이다. 그러나 예시에 있어서는 6개의 예시 시나리오(A1B, A1T, A1FI, A2, B1, B2)가 가장 많이 인용된다. 이들 시나리오의 상세한 정의와 소개는 IPCC (2001)에 나와 있다.

A1. A1 줄거리 시나리오 군은 급격한 경제 성장 지구 인구가 세기 중반에 정점에 이르렀다가 후반에 쇠퇴하며 보다 효율적인 신기술이 신속히 도입되는 미래의 세계를 그린다. 주요 근간이 되는 주제로 지역간 통합, 기반시설 역량 배양, 문화 사회 교류의 증가, 그리고 1인당 소득에 있어 지역간 차이의 현저한 감소가 있다. A1 시나리오군은 에너지 시스템 내부의 기술 변화의 방향에 따라 다시 3개의 그룹으로 나뉜다. 이들 3개의 그룹은 기술의 초점에 있어 차이를 보인다. A1FI는 화석연료에 초점을 두고 있고, A1T는 비화석연료원, A1B는 모든 에너지 공급원 간 균형에 초점을 둔다(이때 균형이란 특정 에너지원에 과다하게 의존하지 않는 것을 가리키는데, 모든 에너지 공급 최종 사용 기술이 비슷한 속도로 발전한다고 전제한다).

A2. A2 줄거리 시나리오군은 극히 이질적인 세계를 그리고 있다. 근간이 되는 주제는 자급자족과 지역 정체성의 보전이다. 모든 지역에 걸쳐 출산율의 감소가 극히 느리게 이루어져, 인구가 계속해서 증가한다. 경제 발전은 주로 지역지향적이고, 1인당 경제 성장과 기술변화는 다른 줄거리에 비해 통일성이 떨어지고 더디다.

B1. B1 줄거리 시나리오군은 융합된 세계를 그린다. 여기에서는 A1 줄거리에서와 같이 세계 인구가 세기 중반에 정점에 이르렀다가 후반에 줄어들지만, 서비스 정보 경제를 향해 경제 구조가 빠르게 변화하여 물질에 대한 초점이 줄어들고 자원 면에서 효과적인 청정 기술이 도입된다. 여기서 중점은 경제 사회 환경적 지속가능성을 위한 전지구적 해결책으로, 평등/균등은 향상되지만, 새로운 기후대응책은 없다.

B2. B2 줄거리 시나리오군은 경제·사회·환경 지속가능성을 위한 지역적 해결책에 주력하는 세계를 그리고 있다. 여기서 세계 인구는 A2에 비해 느린 속도로 꾸준히 증가한다. 경제발전 정도는 중간 정도이고, B1과 A1 줄거리에 비해서는 속도가 느린 반면, 기술 변화는 한층 다양하다. 이 시나리오 또한 환경 보호와 사회적 평등을 추구하기는 하나, 국지 지역적 차원에 초점을 둔다.

여러 온실가스 배출 시나리오에 근거한 전구적인 미래 기후 변화를 보기 위하여 IPCC(2007)에서는 여러 전구 기후 모델들에 의한 결과를 종합화하였고 본 장에서는 그 결과에 대해서 소개하고자 한다.

1) 전구적인 변화

그림 2-29는 각 모델에서 나온 전 지구 평균 지표 기온 변화와 강수량 변화를 나타낸다. 각 값은 1980년~1999년 기간 대비 편차를 나타내고 검은 선은 모델들을 평균한 값이다. 2100년까지의 온난화는 높은 온실가스 성장 시나리오 A2에서 가장 크며, 적당한 성장 시나리오 A1B에서 중간 정도이고, 낮은 성장인 B1에서 가장 낮다. 시나리오에 따른 2011년부터 2030년까지의 기온 증가폭은 0.64~0.69℃이고 2046년부터 2065년까지의 기온 증가폭은 1.29~1.65℃로 증가로 온실가스 배출량이 많을수록 온도의 증가 추세가 큰 것으로 나타난다.

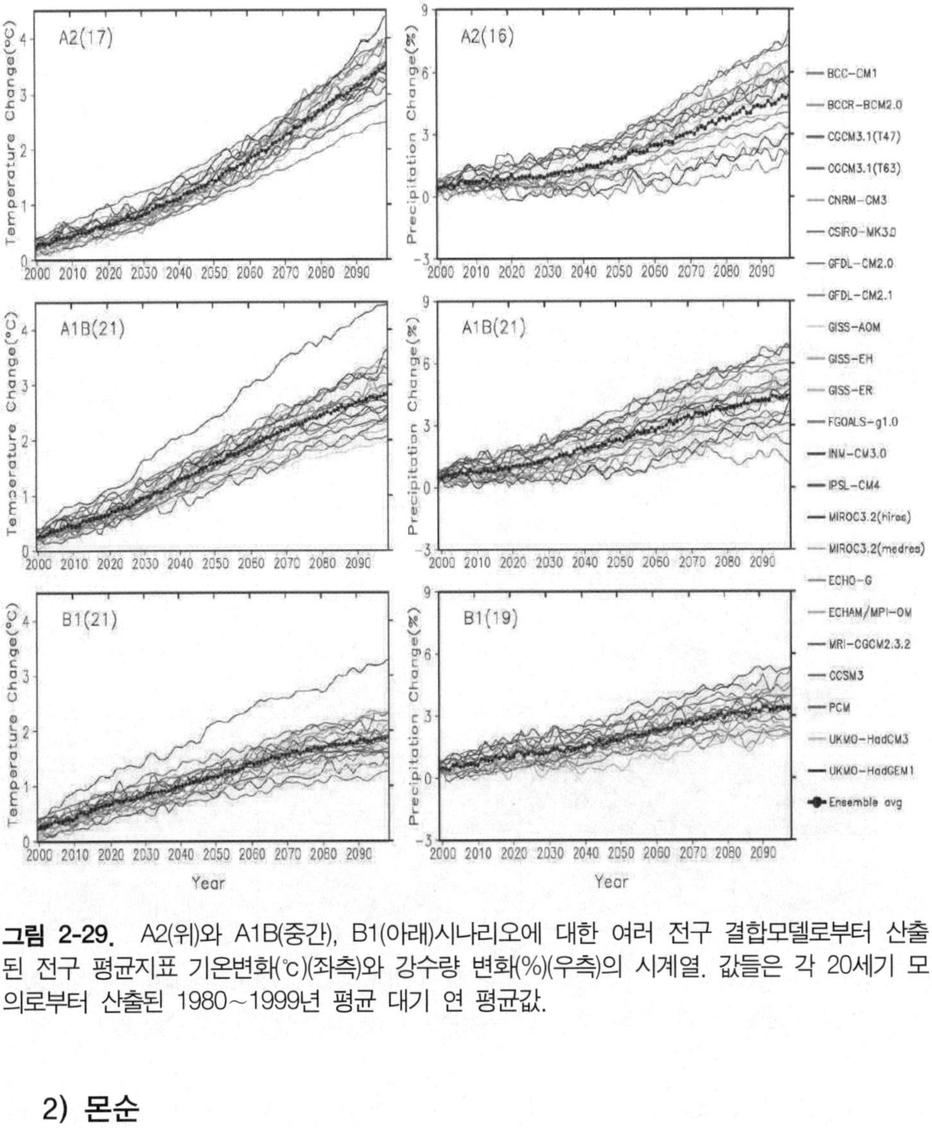

그림 2-29. A2(위)와 A1B(중간), B1(아래)시나리오에 대한 여러 전구 결합모델로부터 산출된 전구 평균지표 기온변화(℃)(좌측)와 강수량 변화(%)(우측)의 시계열. 값들은 각 20세기 모의로부터 산출된 1980~1999년 평균 대기 연 평균값.

2) 몬순

온실가스 배출 시나리오 및 CO_2 배증 실험에 의한 미래 동아시아 몬순 예측 연구에 관한 연구들(차유미 등, 2007: Kripalani et al, 2007:, Min et al, 2006: Bueh, 2003)을 보면, 지구 온난화로 인해서 동아시아에서의 육지-해양의 열적 차이가 강화되어서 여름철 몬순은 강화되는 반면, 겨울철에는 육지-해양의 열적 차이가 약화되어 겨울철 몬순은 약화되는 것으로 나타났다. 여름철에는 동아시아에 위치한 저기압은 더 깊어지고 남쪽으로부터 수증기가 더 많이 유입되어서 여름철 강수량이 증가한 것으로 나타나고, 겨울철에는 동아시아 육지에서의 경압성이 강화함으로써 강수량이 증가하는 것으로 나타났다(차유미 등, 2007). 특히, 여름철의 강수량의 증가는 한반도와 일본, 중국 북부에서 뚜렷한 증가 추세가 나타났다.

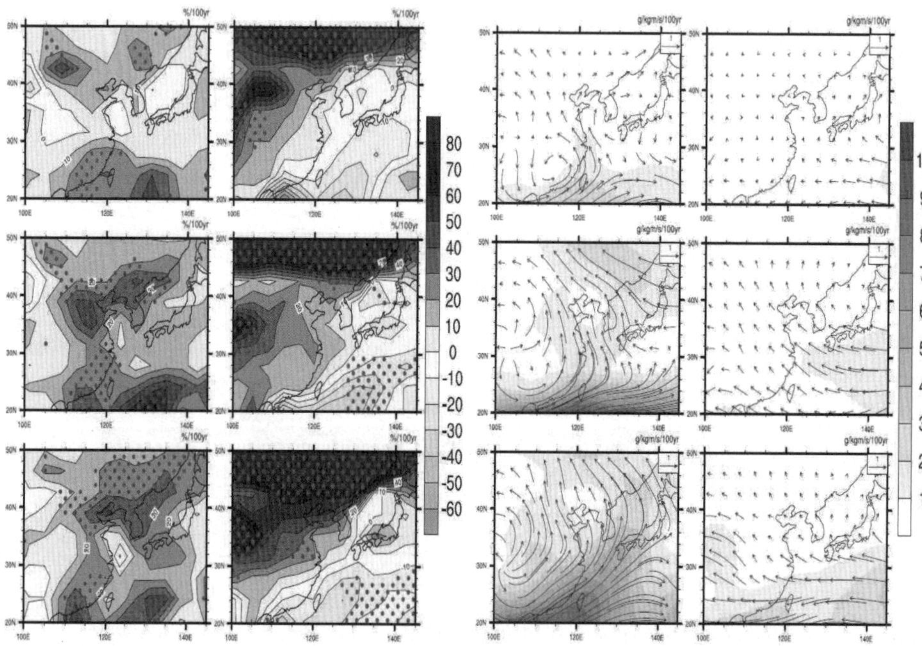

그림 2-30. 2001년부터 2100년까지 예측된 온실 가스 배출 시나리오(SRES)에 따른 동아시아 여름철/겨울철 강수량과 850hPa 수분속(벡터) 및 그 크기(차유미 등, 2007)

그러나 Ueda et al.(2006)은 열대에 걸친 현저한 온난화가 아시아 대륙과 인접한 해양 사이의 열적 남북 경도 감소와 관계되어 아시아 여름 몬순 순환을 약화시킴을 입증하였다. 역학적 몬순 순화의 약화에도 불구하고, 인디안 몬순의 강수는 증가하는 것으로 나타났다(Douville et al, 2000: May, 2004, Ashrit et al. 2005). 따라서 이는 지구 온난화에 따라 대기 수분의 강화로 인한 비역학적인 반응인 것이다(Ashrit e al. 2003).

대부분의 모델 결과는 아시아 몬순 강수의 장기간에 대해 증가한다고 전망하였다(IPCC, 2009). 증가된 몬순 강수의 변동성은 열대 태평양의 해수면온도와 관련이 큰 것으로 보인다(Hu et al. 2000: Meehl and Arblaster, 2003). 열대 태평양의 해수면온도의 증가로 인하여 태평양의 증발량과 강수의 변동성이 증가되었다는 것이다.

(2) 우리나라의 기후 변화의 예측

국립기상연구소는 복잡한 지형을 가지는 한반도 지역의 기후변화를 전망하기 위해 역학적 규모축소법을 이용하여 미래 기후 전망을 예측하고자 하였다. 사용된 지역기후모델은 MM5로, 입력자료는 A2 시나리오와 A1B시나리오에 따른 전구모델인 ECHO-G 적분 결과와 고해상도 결합기후모델 ECHAM4를 이용한 A1B시나리오의 Time-slice 적분결과를 각각 사용하였다(국립기상연구소, 2009).

1) 기온의 변화

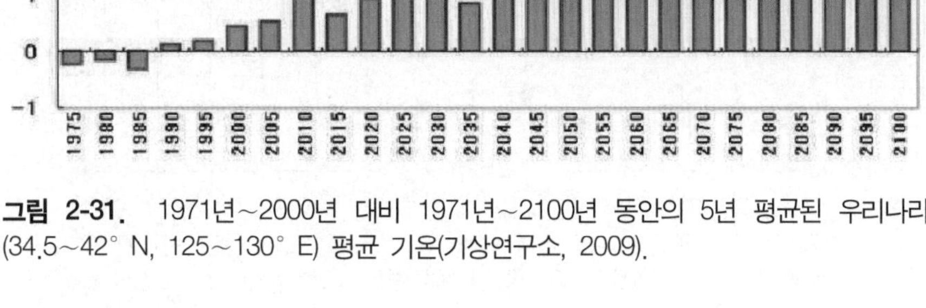

그림 2-31. 1971년~2000년 대비 1971년~2100년 동안의 5년 평균된 우리나라(34.5~42° N, 125~130° E) 평균 기온(기상연구소, 2009).

국립기상연구소(2009)가 산출한 우리나라 기온 변화는 온실가스의 농도가 증가함에 따라 상승하는 경향을 보인다. 20세기말(1971~2000년)대비 21세기말(2071년~2100년) 기온 변화는 전지역(34.5~42°N, 125~130°E)에 대하여 4℃상승하고, 남한내륙지역에서는 3.8℃ 상승할 것으로 전망하였다.

2) 강수의 변화

기상연구소(2008)에서 산출한 우리나라 미래 강수 전망을 보면, 20세기(1971년~2000년) 대비 21세기말(2071년~2100년) 강수량변화는 한반도 전지역(34.5~42°N, 125~130°E)에 대하여 17% 증가하였고, 남한 지역에 대해서는 13% 증가할 것으로 전망되어 대체로 기온 상승이 큰 지역에서 강수량이 많아진 경향을 보였다.

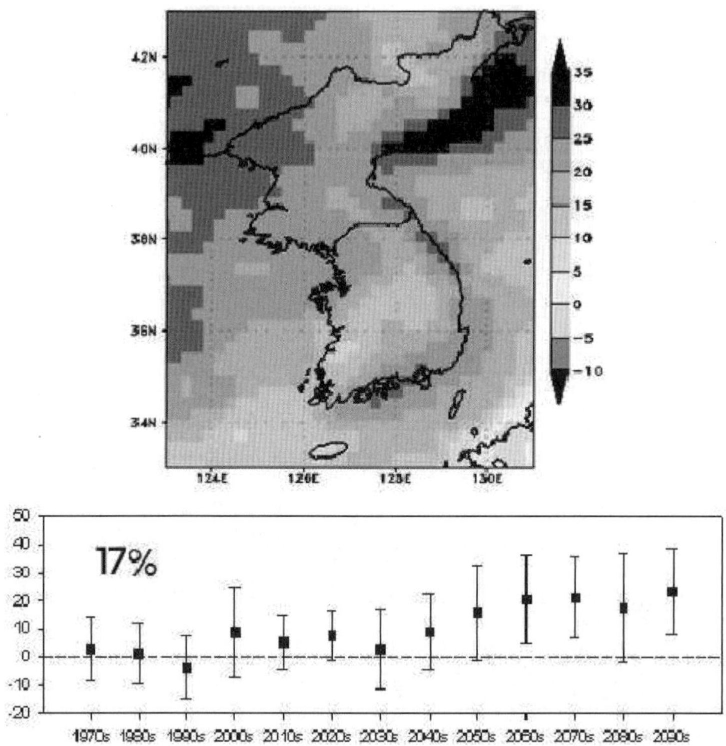

그림 2-32. 1971년~2000년 대비 2071년~2100년 동안 평균된 우리나라(34.5~42° N, 125~130° E) 강수량 변화(국립기상연구소, 2008).

3) 극한 기후의 변화

국립기상연구소(2008)는 일최고기온 및 일최저기온의 퍼센타일 및 특정임계값을 기준으로 극한기온현상을 대표할 수 있는 지수를 정의하고 미래 변화를 전망하였다. 그림 2-33은 국지모형을 통한 20세기말(1971년~2000년) 이상고온일(일최고기온 상위 5%)과 이상저온일(일최저기온 하위 5%)에 해당하는 기온과 21세기말(2071년~2100년) 이상기온일의 변화를 그린 것이다. 20세기말 이상고온일의 전국평균 기온은 27.5℃이며, 서부내륙지역을 비롯하여 대구와 같은 분지에서 기온이 높아 지면피복상태의 영향이 컸다. A1B시나리오에 따른 21세기말에는 지구온난화로 이상고온일 기온이 강원산지와 남해안을 제외하고 2.3℃ 이상 상승할 것으로 전망된다. 한편, 20세기말 이상저온일의 전국평균 기온은 -16.5℃이며, 위도와 고도가 높을수록 낮은 것이 특징으로 지형의 영향이 컸다.

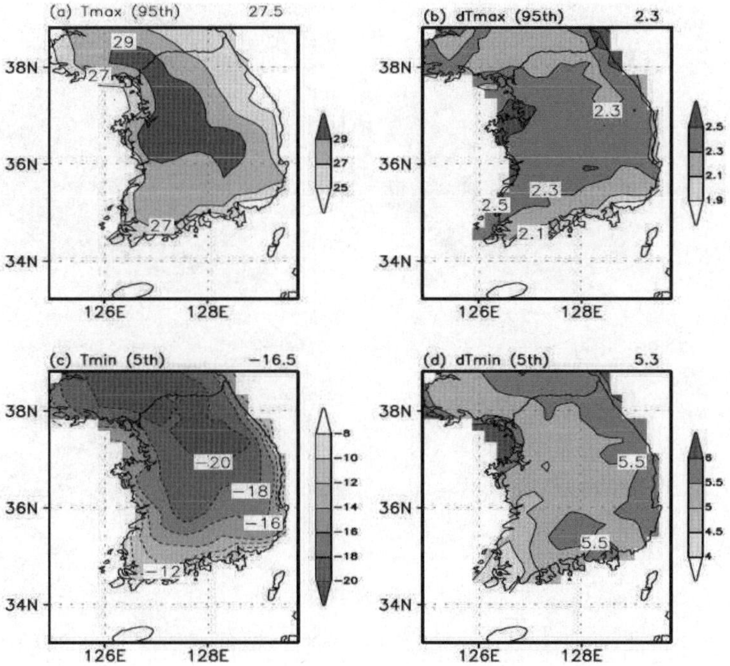

그림 2-33. 20세기말(1971년~2000년) 여름철 이상고온일(일최고기온 상위 5%)(a)과 겨울철 이상저온일(일최저기온 하위 5%)(c)에 해당하는 기온과 21세기말(2071년~2100년) 여름철 이상고온일(b)과 겨울철 이상저온일(d).

지구온난화가 진행됨에 따라 우리나라에 발생하는 호우현상은 빈번해질 것으로 전망하고 있다. 20세기말(1971년~2000년) 대비 21세기말(2071년~2100년)의 연중 강수일수, 강수강도(강수량/강수일), 95% 강수량 비중, 5일 누적 최대 강수량의 공간적인 변화를 볼 때, 전국적으로 강수일은 빈번해 지고, 강수는 현재보다 강화될 전망이다. 특히, 95% 이상의 강한 강수비중이 우리나라 남해안지역, 경기지역, 강원북부에서 증가하며, 호우 발생 가능성이 높은 것으로 나타났다. 그러나 호남지역 및 충청도 내륙지역을 포함하는 남서부 지역은 강수빈도 증가와 강수강도 강화가 미미하며 미래에 더욱 건조해질 가능성이 높고, 특히 소우지역에 속하는 충청도 내륙지역과 경상북도는 95% 이상의 강한 강수비중과 5일 누적 최대 강수량은 다른 지역과 반대로 감소하는 것으로 나타났다(국립기상연구소, 2009).

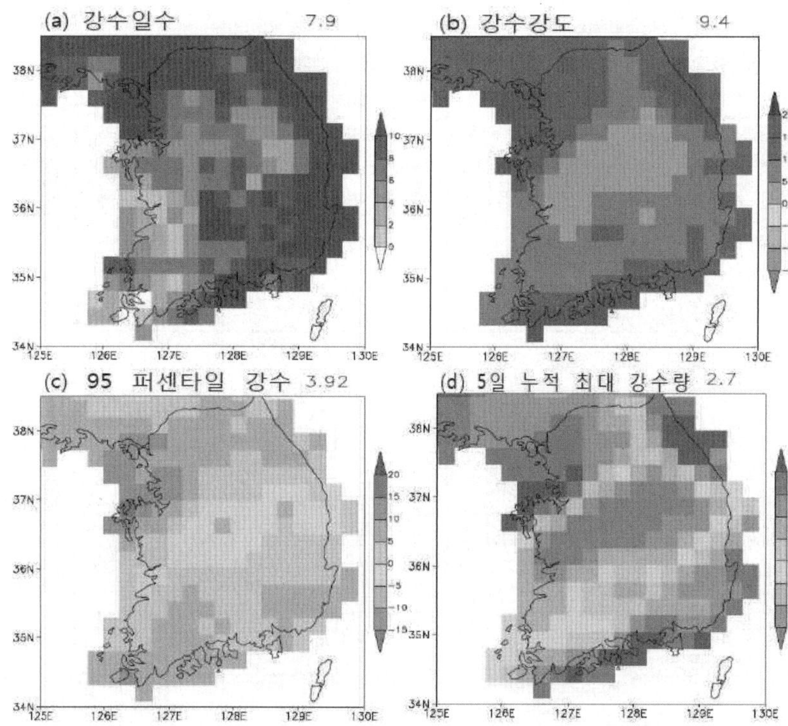

그림 2-34. 20세기말(1971년~2000년) 대비 21세기말(2071년~2100년)의 강수일수(a), 강수강도(b), 95%강수(c), 5일 누적 최대 강수량(국립기상연구소, 2009).

최근 우리나라는 기온 상승으로 작물과 수어류 산림 등의 이동이 나타나면서 기후가 아열대화 될 가능성이 제기되고 있다. 이에 따라 현재 육상 및 해양 생태계 분포 특성과 비교적 유사한 분포를 보이는 트레와다의 기준을 이용하여 아열대 기후지역의 변화를 전망하였다(권영아등 2007).

현재의 아열대 기후지역을 파악하기 위하여 평년값(1971~2000년)에 트레와다의 기준을 적용하면 제주도와 부산, 거제, 통영, 목포, 완도, 여수 관측 지점을 중심으로 한 남해안 지역이 아열대 기후지역에 포함된다(그림 2-35). 이중 서귀포는 10℃ 이상인 달이 3~11월로 9개월이며 그 외 지역은 4~11월의 8개월이다.

RCP4.5 시나리오에 의해 산출된 기온 값으로 미래(2070~2099년) 아열대 기후지역을 전망한 결과 제주도와 남해안 일부지역에 해당되었던 아열대 기후지역이 서해안으로는 보령까지 확대되며 대도시 해안지역인 인천도 아열대 기후구에 포함된다. 내륙으로는 아열대 기후지역이 전주, 광주, 순천, 산청, 합천, 대구까지 확대되며 동해안으로는 속초까지 확대된다. 이중 10℃ 이상인 달이 9개월 이상인 지역이 크게 증가하여 포항, 대구, 울산, 부산, 통영, 여수, 완도, 제주, 성산, 서귀포, 거제, 남해 등 제주도 및 남해안 지역 대부분이 포함된다.

RCP8.5 시나리오에 의하면 관측 지점 중 해발 고도가 가장 높은 대관령을 중심으로 한 인제, 홍천, 원주, 제천 등을 제외한 전 지역이 아열대 기후지역에 포함될 것으로 전망된다.

아열대 기후구에 포함되는 지역 중 임실, 양평, 서산, 춘천을 제외한 전 지역에서 10℃ 이상인 달이 9개월 이상이며 특히 제주도 지역은 1~12월의 모든 월평균 기온이 10℃ 이상으로 전망된다.

참고 사항

트레와다는 최한월 평균기온이 18℃ 이하이면서 월평균기온이 10℃ 이상인 달이 8~12개월인 것으로 아열대를 정의하였다(Trewartha and Horn, 1980).

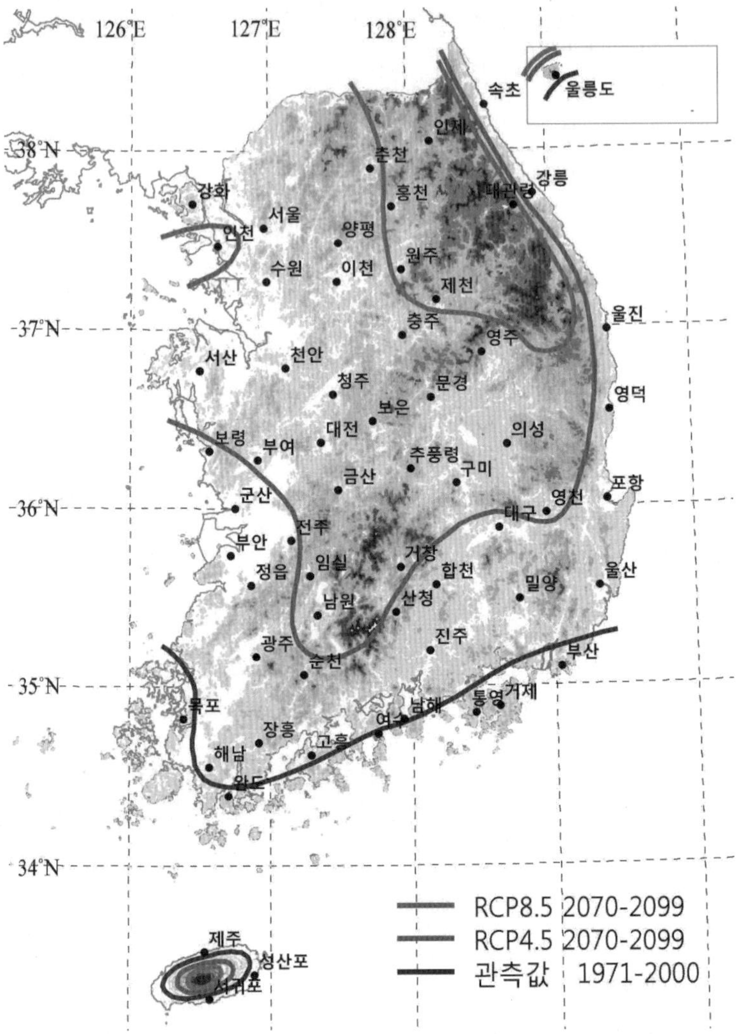

그림 2-35. 아열대 지역 변화 전망. 실선은 각각 관측 자료에서 구한 현재(1971~2000)의 아열대 지역 경계 (검정색)와 RCP 시나리오에서 전망한 2070~2099년의 아열대 지역 경계 (RCP4.5: 보라색, RCP8.5: 붉은색)를 의미한다.

2.6 기후변화와 적응대책

(1) 기후변화에의 적응과 취약성 평가

1) 기후변화 대응의 원리

기후변화 대응 대책으로는, 인간 활동에 수반되어 배출되는 이산화탄소를 포함한 온실기체의 배출량을 감축함으로써 대기 중의 온실기체 농도를 안정화시켜 온난화의 진행을 막고자 하는 것을 저감대책(mitigation)이라고 한다. 지구온난화에 수반된 기후변화에도 자연, 사회시스템이 유지될 수 있도록 대응책을 강구하는 것은 적응대책(adaptation)이라고 한다. 우리나라를 포함한 세계의 많은 국가들이 온실기체의 배출량을 감축하는 저감대책에 큰 비중을 두고 있는데, 구체적인 대책으로는 에너지의 효율적 이용, 에너지 절약, 이산화탄소의 회수와 저장 등이 있다. 지구온난화는 이미 전 지구적으로 널리 진행되고 있다는 사실과 저감대책에는 큰 비용이 요구되기 때문에 개도국은 이러한 대책을 실행하기가 어렵다는 사실을 감안하여 저감대책보다 비용이 적게 드는 적응대책이 중시되기 시작하였다(IPCC, 2001; JPCC, 2003).

기후변화 대응 대책으로서의 저감대책과 적응대책은 양자택일적인 문제가 아니라, 상호보완적인 성격을 갖는 것으로서 그 비중을 해당 국가의 사정에 따라서 적절히 안배하는 것이 바람직하다. 온실기체의 배출량 저감에 최선의 노력을 하더라도 대기 중으로 일단 배출된 온실기체가 사라지지 않고 대기 중에 머무는 시간이 길기 때문에, 온실기체 저감노력이 효과를 나타내려면 기온상승을 포함한 기후변화에는 적어도 수십 년이, 해수면 상승에는 수 세기가 걸린다. 그래서 경제적으로 여유가 있는 선진국은 지구온난화의 피해에 어떻게든 대응을 하겠지만 개도국은 기후변화의 피해를 회피하는 것이 사실상 불가능하다. 이러한 이유로, 경제적 능력이 부족한 국가일수록 지구온난화 대책 중에서 적응대책의 중요성이 더욱 크게 부각될 것이며 선진국가도 장래에 필연적으로

닥칠 기후변화를 효율적으로 회피해 가기 위해서는 적응대책을 필요하다.

기후변화협약이 추구하는 궁극적인 목적(2조)은, "인위적 활동이 기후시스템의 변화를 가져오지 않는 수준까지 대기 중의 온실가스 농도를 안정화 시키는 것인데, 이 안정화 수준은 생태계가 자연에 적응하고, 식료품 생산이 위협을 받지 않는 정도이어야 한다. 또 이는 경제개발이 지속가능하게 유지되면서 달성할 수 있어야 한다는 것"이다.

적응대책에 대해서는 각 국이 취해야할 대책·조치의 하나로써, 기후변화협약과 교토의정서에 규정되어 있다. 말하자면, 교토의정서 2조(정책과 조치)에는 각 국에 공통적인 정책 가운데 적응 대책으로서는 기후변화를 고려한 지속가능한 농업의 촉진을 언급하고 있다.

적응이라는 용어는 생태계, 생물기상, 건강분야 등에서 다양한 의미로 사용되고 있다. 이를 대별해 보면, 생물의 유전적인 변화를 유발하는 적응(유전적 적응)과 개체와 그 군집에 나타나는 적응(비유전적 적응)이 있다. 여기서 다루는 지구온난화 적응대책은 비유전적 적응의 문제인데, 과거에 다루었던 생물과 생태계, 인간 개체의 적응만이 아니라 사회·경제시스템이 기후변화에 장래에 예상되는 문제 또는 사후적으로 대응하는 경우도 포함해서 적응이라고 간주한다.

지구온난화 대책으로서의 적응대책은, 현재 진행되고 있고 장래에도 지속될 것으로 예상되는 온난화에 대해서 자연생태계와 사회시스템의 기능과 체제 전체를 조절함으로써 그에 대응해 가고자 하는 것이다. 적응은 말하자면 인간이 새로운 환경에 자동적으로 익숙해져 가는 것과, 에어컨 등의 공조시설을 정비하여 여름철 더위에 대응하는 행동과 같이 계획적으로 수행하는 것이다. 적응을 정의할 때에는, "누구 또는 무엇"이 "무엇에 대해서", "어떤 과정과 형태"로 적응할 것인가를 고려할 필요가 있다.

과거의 지구온난화 영향, 적응, 취약성 등의 관계를 나타낸 것이 <그림 2-36>이다. 적응대책이 제대로 수립되어갈 것인가의 여부는 기술의 진보, 제도의 정비, 자금의 이용가능성, 정보, 사회적 수용성에 의존한다. 선진국에서는 농업, 수자원 등의 관리된 시스템에 대한 이용 가능한 적응대책이 진척되고 있지만, 개도국에서는 경제적 이유로 해당 분야의 기술도입이 이루어지지 않든가 적절한 관련 정보가 제공되고 있지 못한 실정이다. 이러한 문제를 해결하기 위하여 국제 사회에서는 선진국이 개도국에 해당 기술을 이전하는 문제가 검토되고 있다(IPCC, 2001, 2007).

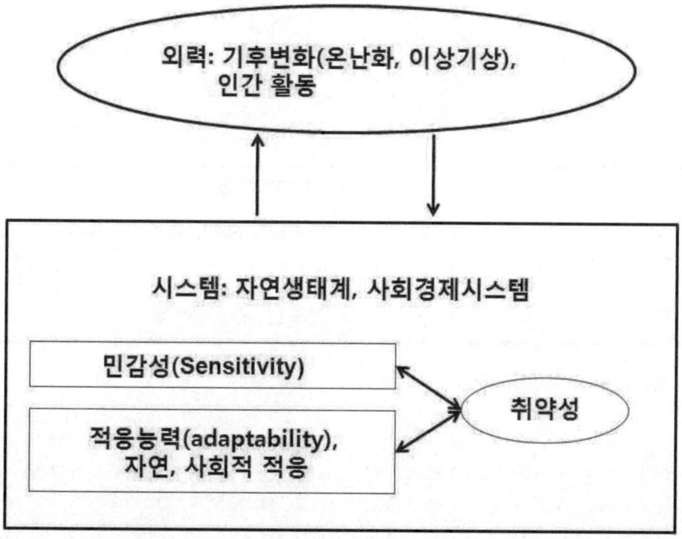

그림 2-36. 영향, 적응, 취약성의 관계

2) 각 분야의 적응대책과 평가

① 적응 option의 분류

적응평가연구에 있어서는, 적응 option의 리스트 업과 그것의 포괄적인 평가·선택이 이루어진다. 적응 option의 비교평가를 위해서는, 각 option의 비교평가를 위해서는 각 option의 적절한 표현과 분류가 필요하다. <그림 2-37>에는 대책시기와 실효성(performance) 등의 관점에 의한 적응 option의 특징과 분류의 예가 나타나 있다.

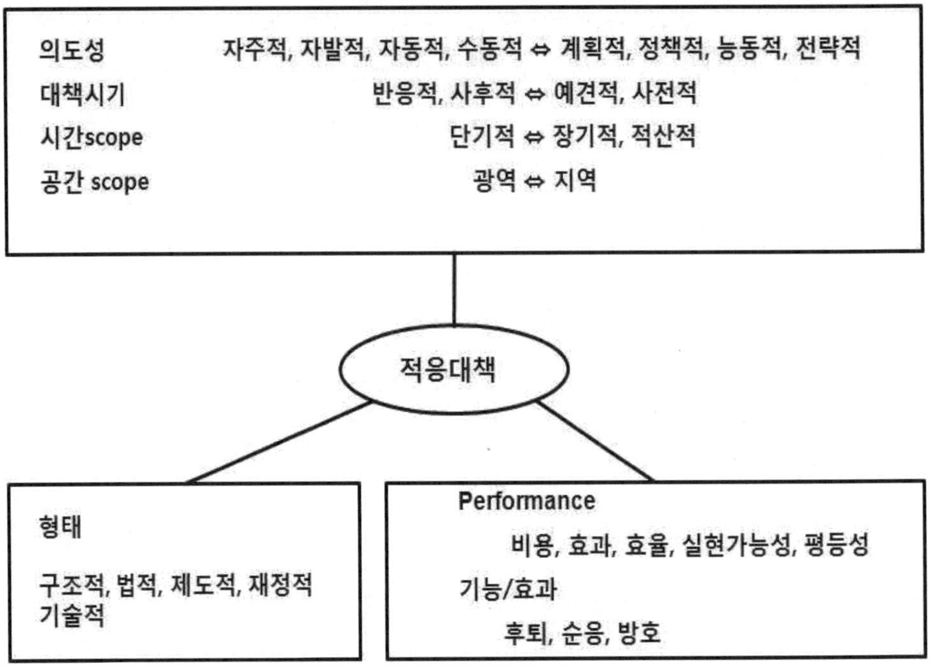

그림 2-37. 적응대책의 특성 분류

적응대책의 분류로서는, 의도성(의도적으로 계획된 것인가, 아니면 자동적으로 이루어진 것인가의 문제)과 시의성(사후적인가 예측의 문제인가)에 의한 유형의 나눔이 많이 이루어진다(Smit et al., 1999; Smith et al., 1996을 기초로 제작). 또한 기상·기후재해에 대한 개별 주체의 대응행동의 선택에 주목한 적응대책의 분류도 있다.

적응대책에 대한 효과평가는 비용, 편익, 공평성, 효율성, 실행 가능성 등의 기준에 기초하여 이루어진다. <표 2.5> 자연, 사회체제별, 사전적·사후적을 축으로 적응대책을 분류하고 사례를 나타낸 것이다(Klein et al., 1997a, b를 바탕으로 작성).

표 2.5 적응대책의 유형화 사례(JPCC 3차 보고서, 2003)

		사전적 적응	사후적 적응
자연 생태계			◦ 성장기간의 변화 ◦ 생태계 구성요소의 변화 ◦ 동·식물의 이동 (고위도, 고지대로의 이동)
사회 체제	개인	◦ 보험에 가입 ◦ 안전기준을 높여 가옥을 건설	◦ 농경기술의 개발 ◦ 보험 납입금의 변경 ◦ 공조 설비 설치
	공공	◦ 조기경보시스템(홍수, 열파) ◦ 새로운 건축기준과 설계 표준 설정 ◦ 안전을 고려한 재배치에 대한 인센티브	◦ 보증금, 보조금의 확보 ◦ 새로운 건축기준의 시행

② 적응 option

IPCC의 2차보고서 발간 이래로, 지역 차원의 지구온난화 영향에 관한 특별 보고서를 거쳐 적응연구의 중요성이 인정되고 있다(IPCC, 1996, 1998a, b, 2001, 2007). 각 분야에 있어서 구체적인 적응 option 이 제시되고 있는데, 그것의 많은 부분은 미래 예상되는 기후변화에 대해서만이 아니라 현재 상태에서도 편익이 기대되는 것들이다. <표 2.6>은 적응을 수행하는 주체(집단/개인)별로 분류된 건강에 미치는 영향에 대한 적응 option이다(Klein and Tol, 1997 a, b).

표 2.6 인간 건강에 관한 적응 option(Klein and Tol, 1977).

건강에 미치는 영향	집단차원의 적응대책	개인차원의 적응대책
열 스트레스	에어컨 건축물의 단열시공 도시녹지화	의료 지원 강화 각 가정의 냉방시스템
강풍	빌딩의 강도 강화 조기 경보시스템 방재계획	
홍수	홍수 방호시스템 이동성의 개선 하천정비	각 가정의 홍수 대처 능력 개선
동물매개의 질병	매개 동물의 제어 예방 의료 활동 강화 건강감시 · 관리계획 환경관리	방충활동 확대
물/식료품 매개의 질병	물 공급 시스템의 개선 물 정화기술 개선 살균기법의 개선 예방 의료 활동 강화 건강감시·관리계획 환경관리	각 개인의 청결 관리
식물화분에 의한 알레르기	알레르기 경보시스템	항 알레르기제의 섭취

<표 2.7>에서는 농업 영향에 대한 적응 option을, 적응대책의 형태별로 정리해 두었다. <표 2.8>는 연안지역의 영향에 대한 option을 정리한 것이다(Misawa and Harazawa, 2000). <표 2.9>에는 수자원의 영향, 특히 갈수와 수질악화에 대한 적응 option을 정리해 두었다(Klein and Tol, 1997b). 갈수에 대해서는 수요측면의 기술과 공급측면의 기술로 분류하여 제시하였다. 수질악화에 대해서는,

일반 오염물질과 해수침입의 적응으로 나누어 나타내었다. 각 영향분야 전문가들의 연구 성과가 집적되어 감에 따라서 적용 option에 관한 정보도 집적되어 가고 있지만 아직은 적응 평가 기법을 실제로 적용하고, 최적의 option을 제시하는 단계에까지는 이르고 있지 못하다. 향후 이 분야의 성과를 리스트 업 하여 갈 때에는 비용, 효과, 현실성 등에 관한 정보도 아울러 정비해가야 하는 것이 과제이다.

표 2.7 농업 부문의 option(Misawa and Harazawa, 2000)

적응 분류	적응 option
물·토양의 보전	토양침식의 제어를 용이하기 위해 밭의 세분화 토양침식의 제어를 위해 과도한 경작을 회피 토양침식을 억제하기 위해 주변 식생관리 유량을 억제하기 위해 등고(等高)경작 물이용의 억제와 토지보전을 위해 윤작 물이용의 억제와 토지보전을 위해 휴경
토질의 개량	관개 스케줄을 개량함으로써 염해(鹽害)를 개선 알카리 토양의 개선 토양의 비옥화
경작활동	경작시스템의 변경(輪作, 間作) 증발산을 억제하기 위해 플라스틱 필름 도입 잡초의 억제
경작활동	곡물의 식재 간격 넓히기 토지이용 유형의 변경 경작 준비기간을 단축하기 위한 기계 이용 파종시기의 조정 씨앗을 보다 깊게 심기 열 스트레스에 강한 작물의 재배 염해 스트레스에 강한 작물의 재배 물이용 효율이 높은 작물의 재배
물이용의 효율	스프링쿨러 - 관개 파이프 관수로 배수 시스템 관개 스케쥴의 조정

적응 분류	적응 option
경제적 정책	절수에 인센티브를 주는 규제의 시행 자원의 효율적 사용을 권장하는 법률의 정비 재해원조/복구계획 보험 고효율의 관개시스템에 보조금 무역정책
신기술 연구에 투자	신 종자, 신 비료, 관개 기술의 개선 농업의 취약성에 관한 연구지원 침식과 사막화를 방지하기 위한 식재에 관한 연구지원 열/갈수 스트레스에 내성이 있는 작물 개발연구 지원 해수면 상승에 따른 연안지역의 방호
인프라 건설	저수지, 관개수로의 건설 장거리 물 수송 프로젝트
교육과 인지	농민들에게 지식 전수 소비자와 사회에 문제 인지
토지관리	토양침식을 억제하기 위한 식재 토지이용계획 토질의 향상 사막화의 억제
수자원 관리	보다 정확한 수자원 감정 지하수의 보호 물의 리사이클 관련의 법률 정비 수질오염을 규제하는 법률 정비
농가 차원의 추가적 적응대책	물이용 효율을 최적화하도록 시비 농약과 잡초의 제어 병해충 예방 온실 경작 적지(適地) 경작
정부차원의 추가적 적응대책	이민 도시화 대책 시량 수입의 증가 휴경지에 다년생 식물의 식재
인간행동	

표 2.8 연안지역의 적응 option

적응 분류	적응 option
후퇴	연안지역에 가까운 지역의 개발을 피한다. 조건에 따라서 개발을 포기해 간다. 정부보조금 지급으로 개발 회피
순응	최악의 영향을 피하기 위한 선진적 계획 토지이용·건축기준의 변경 생태계의 방호 위험지역에 엄격한 규제 방재보험
방호	hard technology - 방어벽의 설치 soft technology - 사구, 습지의 복원 - 식림

표 2.9 수자원의 적응 option

수자원의 영향		적응 option
갈수대책	수요측면	- 물이용 효율이 높은 기술의 선택 - 적정한 물이용을 권하는 경제적·법적 수단 (적절한 가격설정, 소유권)
	공급측면	- 저수용량을 높이는 기술 - 증발산, 누수에 의한 손실을 감소시키는 기술 - 유역간의 물수송 - 배수의 재이용
수질대책	오염물질	- 오염물질 배출의 규제와 제어 - 유량 증가에 의한 오염물질 희석 - 여과
	해수의 침입	- 방호벽 - 하구로 염수의 침입이 없도록 하천유량을 조정 - 해수침입을 막는 인공장치 - 해수침입에 내성이 있는 작물의 재배로 전환 - 취수구를 보다 상류로 이전

③ 적응대책의 평가방법

자동적인 적응대책의 평가는 영향평가 모델 중에 자동적인 적응 과정을 표현하여 수행한다. 계획적인 적응의 평가기법으로, Klein and Tol(1997a, b)은 적응대책 비용과 경감되는 기후변화 영향을 금전적으로 비교하는 비용편익 분석과 금전평가에 적절하지 않은 경우에 어떤 목표 수준의 손실경감을 달성하기 위하여 필요한 대책비용을 산출하고, 대책의 타당성을 검토하는 비용효과 분석, 복수의 평가 축에 기초하여 정책의 유효성을 검토하는 분석 등을 제시하고 있다.

④ 적응평가 사례 – 일본

일본의 경우에도 적응평가가 적용된 연구사례는 매우 적다. 그 가운데서 찾아볼 수 있는 몇몇 사례를 소개하면 다음과 같다. 삼림생태계에 대해서는 기온상승에 따라 자연림이 고위도로 이동(자동적 적응)해 가는 문제에 대한 검토가 이루어지고 있다. 농작물 생산의 품종전환과 재배 시기의 변경을 통한 적응에 대해서 호리에(Horie et al., 1996) 등은 벼를 대상으로 평가하여, 북해도에서 만생종을 선택하고 모내기를 앞당기면 생산량을 최대 50% 증산시킬 수 있을 것으로 예상한 바 있다. 동북지방에서는 같은 방식으로 생산량을 10% 정도 증산할 수 있을 것으로 예상되었다. 하지만 서남부 지역에서는 생산량 증산이 기대되지 않았다. 벼 이외의 곡물에 대해서는 Kiyono(1995)가 CERES 모델을 이용하여 밀과 옥수수를 분석하였다. 기후변화는 농작물의 성장에 직접적으로 영향을 미칠 뿐만 아니라, 잡초의 성장 패턴을 바꾸어 간접적으로 영향을 미치기도 한다. 잡초의 성장 패턴에 미치는 영향에 관한 연구가 수행되어, 잡초 관리를 통한 적응대책을 위한 정보를 얻고 있다. 작물 생산의 측면에서 적응에 부가하여, 국제적 또는 지역적인 공급 안정(비축과 유통) 제도의 구축이라고 하는 식량안보를 통한 적응대책도 수행되고 있다. 하지만, 그 효과에 대한 정량적인 평가를 수행한 연구는 거의 없다.

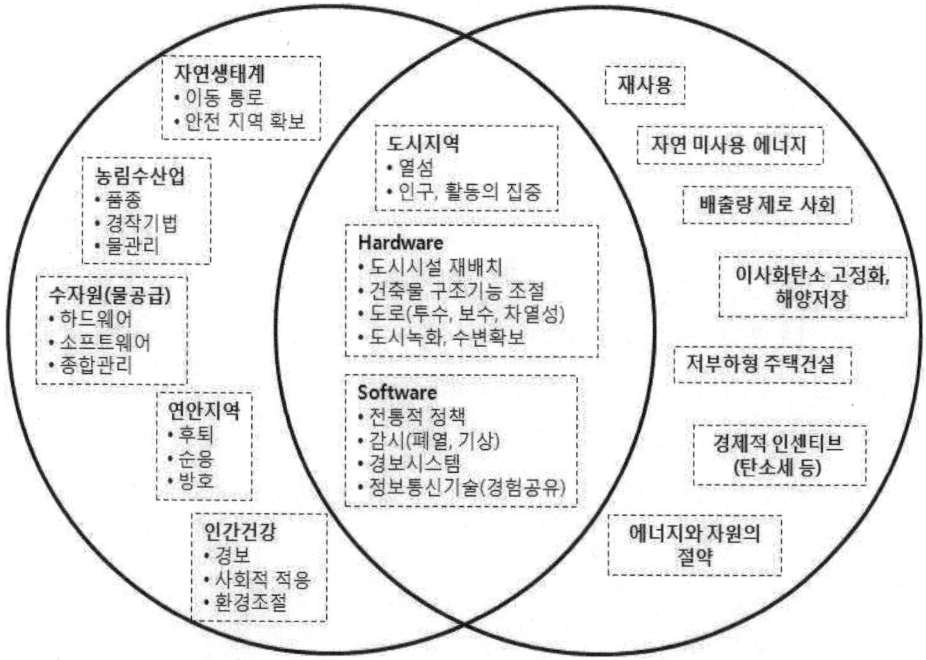

그림 2-38. 지구온난화에 대한 저감대책(mitigation)과 적응대책(adaptation)

3) 도시의 적응대책

① 도시열섬의 원인

오늘날 도시열섬현상이라고 일컬어지는 도시의 열 스트레스가 전 세계적으로 사회적 문제로 대두되고 있다. 그래서 이것을 개선하고자하는 연구가 활발하게 이루어지고 있다. 이 문제는 지역에 따라서 그 원인은 다르더라도 온난화가 도시지역에서 선행적으로 그리고 보다 강하게 나타나고 있는 사례라는 점에서 공통점이 있다. 그 대책은 지구온난화 시의 적응대책과 공통점이 많은 것으로 생각된다(그림 2-38).

열섬현상이란 도시화에 의한 지표면 피복의 인공화(건물과 아스팔트 포장면 등의 증가)와 에너지소비에 수반된 인공배열(건물 空調와 자동차의 주행, 공장의 생산 활동 등에 수반되는 배열)의 증가로 지표면의 열수지가 변화하여 발생되는 열적인 대기오염으로 도심부의 기온이 교외에 비하여 섬처럼 높게 형성되는 현상을 말한다.

열섬현상을 유발하는 요소에는 지표면 피복이 변화함으로써 반사와 복사량에 변화가 생겨 지표면과 대기 간에 대류현열과 증발잠열의 변화, 인구와 산업이 집중함에 따른 인공배열의 증가와 그것의 방출 형태, 도시를 순환하는 해륙풍 등의 기후조건 등 많은 요소가 관여되고 있다. 도시화가 진전됨에 따라서 건물과 도로가 정비되고 이로 인하여 자연적인 피복이 감소한다. 그리고 생활양상의 변화와 정보사회의 도래 등에 따라서 도시에 많은 양의 에너지가 투입되어 인공열의 방출이 증가되고 있다. 이들 지표면 피복의 변화와 인공열의 증가가 열섬현상을 촉진하고 있다.

[지표면 피복의 변화]

녹지와 수면이 기온저감효과를 가져오고 주변에 저온의 청정한 공기를 제공하는 기능이 있다는 것은 많은 관측결과로 명확히 규명되고 있다. 숲을 포함한 자연적 피복을 동경의 도시개발이 본격화되기 이전의 상황(1930년대)과 현재의 상황을 비교해 보았다. 1930년대에는 동경 23구의 평균으로 70% 이상을 점하고 있던 나지와 초지가 현재에는 40% 이하로 변해 있는데, 이것이 대류현열의 증가를 가져오고 있다.

또 아스팔트 등의 인공적인 피복은 열용량이 커서, 낮에 일사를 받아 축적한 열을 야간에 방출하기 때문에 야간의 기온을 상승시키는 하나의 요인이 된다.

[인공열의 증가]

인공열에는 공조(空調) 등 건물에 기인하여 발생하는 건물배열, 자동차의 주행에 수반된 자동차 배열, 공장 등의 생산 활동에 수반되어 발생하는 공장

배열 등이 있다. 동경의 경우 건물 배출열이 약 50%를 점하고, 자동차 배열이 40%, 공장배열이 10%를 점하고 있다.

<그림 2-39>는 일평균의 인공열(현열+잠열)의 분포를 나타낸 것이다. 동경 23구의 인공열 평균은 31W/m^{2}인데 이것은 동경의 8월 평균 전천일사량의 18%에 상당한다. 또 도심 3구와 Ikebukuro, Shinjuku, Shibuya의 3개 상업 업무시설이 집적되어 있는 지구에서는 100W/m^{2}를 넘고 있으며, 그 중에는 200W/m^{2}를 넘는 곳도 보여 열섬현상에 적지 않게 기여하고 있는 것으로 판단된다.

[도시의 형태]

도시에 있어서 열섬현상의 억제에는 대류현열과 인공열을 삭감하는 것과 동시에 가열된 공기를 효율적으로 환기시켜 도시 내의 기온이 상승되지 않도록 하는 것도 중요하다. 많은 고층건물이 밀집해 있는 곳에는 통풍이 저해된다든가 야간의 복사냉각이 방해받는다는 사실이 알려져 있다.

중장기적으로는 대기의 열부하량이 많은 지역을 중심으로 대류현열과 인공열을 억제하도록 배려함과 동시에 지역의 바람 흐름을 고려하고 나아가서 녹지를 확보하는 등, 쾌적한 도시환경을 형성하도록 하여야 한다.

② 도시열섬 억제대책

온난화 대책 중에는, 그것을 추진해가면 필연적으로 도시 열 환경 개선대책을 추진한 것과 같아지는 경우가 많다. 또한 도시 열 환경 개선대책에는 대기오염대책, 도시경관정비의 기능을 동시에 가져오는 것이 많다. 따라서 이런 대책들을 체계적으로 정리하여 종합적인 열 환경 대책으로 추진하는 것이 중요하다.

도시 열 환경 개선대책 가운데 가장 일반적인 것은 도시의 국지적인 열 환경을 개선시켜 도시의 고온화를 막는 것이다. 하드웨어적인 대책으로는, 인공배열의 삭감, 지표면 피복의 개선, 도시구조의 개선 등이 있다(그림 2-39).

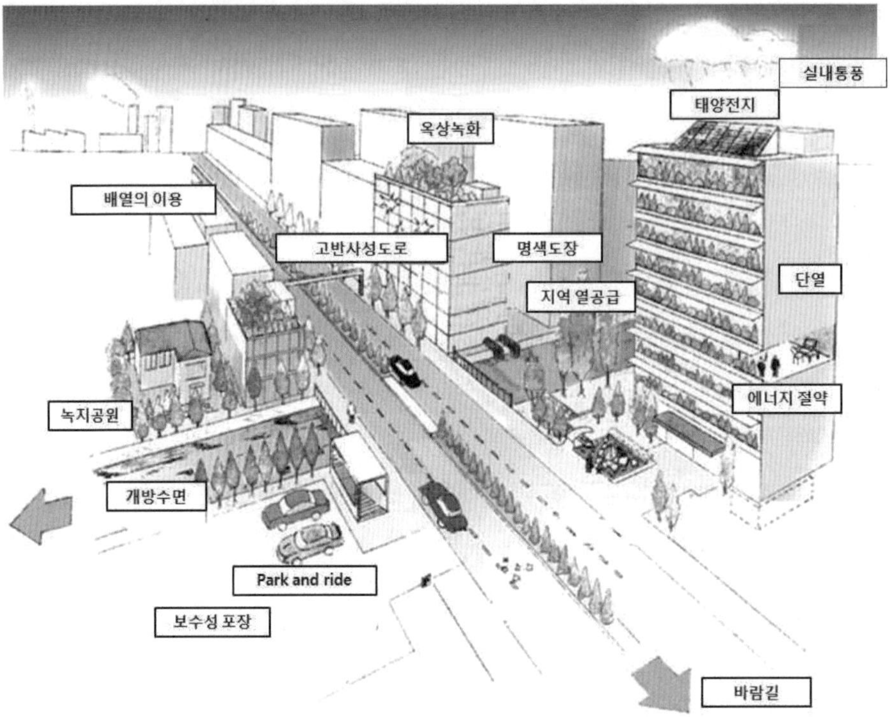

그림 2-39 주요한 도시열섬 억제 대책

이들 대책을 자세히 살펴보면 다음과 같다.

(a) 하수와 해수를 이용한 도심 열의 교외로의 수송

도시에서 발생한 열을 도심의 대기 중으로 배출되는 것을 억제하여 교외로 배출시키자는 발상이 추진되고 있는데, 이를 "도시의 열 배출·처리시스템"이라고 한다. 도심부에 건축물이 밀집되고 지역 냉난방 시스템이 도입되고 있는데, 이곳에서 배출되는 폐열을 모은 온배수를 동경만으로 운반하여 냉각시키는 방식을 검토하고 있다.

우선적으로 동경에서도 가장 인간 활동이 밀집되어 있는 동경 역 부근에 위치한 3개구를 대상으로 "도시 폐열 처리시스템" 도입이 계획되고 있는데, 이 시스템의 도입에는 약 410억 엔 정도의 비용이 예상되고, 그 효과는 현재 냉난방시스템이 가동되고 있는 좁은 영역 내에서는 약 0.3℃ 그리고 동경 역 주변 약 36km^{2}에 걸친 전 영역에 대해서는 약 0.1℃의 기온 하강이 예상된다고 한다. 약 410억 엔의 투자를 통하여 0.1℃의 기온하강을 가져올 수 있다는 이 사업의 성과에 대한 평가결과에 대해서 일본에서는 경제성이 있는 유용한 사업이라는 결론을 내리고 있다. 그 이유는, 0.1℃의 기온 하강은 매우 미미한 것으로 생각하기 쉽지만 그것은 지구온난화로 인한 기온상승 속도를 10년이나 늦출 수 있는 양이라는 것에 있다. 우리나라에서는 어떤 도시를 대상으로 도시 녹지화나 수변지대 건설을 수행하였을 경우에 주변의 기온을 수 ℃ 정도 낮출 수 있는 효과가 예상된다는 연구용역 보고서가 횡행하지만 그것은 가능한 문제가 아니다. 실제로 광역을 대상으로 기온을 약간 낮추는 것은 매우 어려운 문제이다.

(b) 도로 포장재의 개선

도로를 덮는 아스팔트 포장이 도시의 열섬현상을 심화시키는 중요한 요인이 되고 있다. 아스팔트는 태양에너지를 반사하는 비율이 낮아서 낮 동안에 표면이 태양복사에너지를 열에너지로 변환시키는 양이 많다. 그래서 여름철 낮에 아스팔트 도로면의 온도는 60℃를 훨씬 상회하게 된다. 뿐만 아니라 아스팔트는 토양보다 열전도도가 약 30배 정도 커기 때문에 낮 동안에 표면의 열이 지하 깊은 곳까지 전달되어 저장된다. 그 결과 아스팔트 포장도로는 천연의 토양보다 열저장 기능이 매우 큰 특성을 갖는다. 또 아스팔트 포장 면은 불투수성이기 때문에 토양의 물이 증발되지 않아 주간의 표면온도는 더욱 높게 나타나게 되는 것이다.

유럽, 일본, 우리나라와 같이 인구밀도가 높은 지역의 대도시에서 아스팔트 포장도로가 차지하는 면적비율은 약 20%에 이르고 있어 포장도로가 유발하는 도시기온 상승의 비중은 매우 높은 수준에 있다. 이러한 문제를 해결하기 위하여 일본에서는 이미 1993년에 민관공동연구 체제를 구성하여 도로포장재의 개선을 위한 기술개발연구가 이루어져 왔다.

이 사업단에서 개발한 대표적인 포장재가 차열성포장재와 보수성포장재이다(그림 2-40). 태양복사에너지의 약 50%는 가시광선의 영역에 분포하고 나머지 50%는 사람의 눈이 감지할 수 없는 적외선 영역에 분포한다. 차열성포장재는 일반 아스팔트와 마찬가지로 가시광선 영역의 복사에너지는 흡수하도록 고안하였기 때문에 사람의 눈을 편하게 해주는 검은 색을 띤다. 하지만 사람의 눈이 감지하지 못하는 적외선 영역의 태양복사에너지를 모두 반사시킴으로써 한 낮에도 표면온도가 천연의 토양과 비슷한 정도로 낮게 나타난다.

보수성포장재는 아스팔트 내에 대량의 물을 머금을 수 있는 특수재질을 넣어 강수 시에 빗물을 흡수하였다가 맑은 날에 증발시킬 수 있도록 하였다. 비가 장기간 오지 않을 경우에는 도로에 물을 뿌려 주어야 한다. 보수성 포장재가 충분히 물을 머금게 되면 약 1주일 정도는 증발 기능을 발휘할 수 있다. 일본에서 차열성포장재는 도심지인 긴자와 니혼바시 일대에 보급되어 있다. 보수성포장재는 일본 국회의사당 주변 도로 일대에 설치되어 있다. 차열성포장재와 보수성포장재의 열 특성은 일반 아스팔트에 비하여 한낮에 10℃ 이상 표면온도가 낮게 나타나는 것으로 알려져 있다.

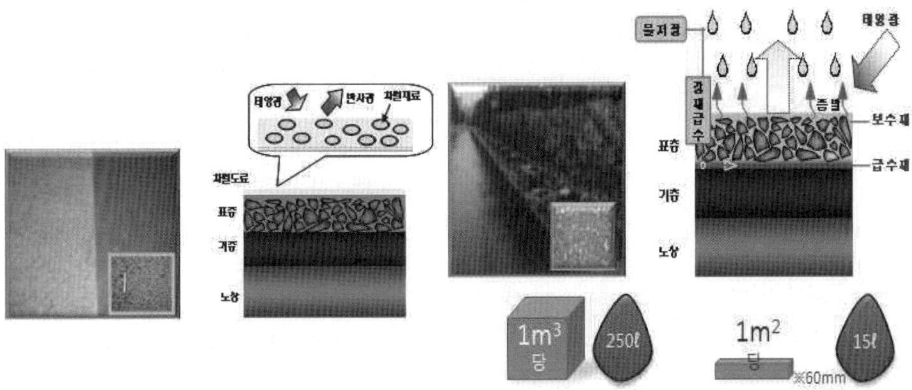

(a) (b)

그림 2-40. 열성 포장재와 보수성포장재의 원리 [(a) 차열성, (b) 보수성)]

(c) 옥상 녹화

도시열섬을 완화할 수 있는 대책으로, 인공열의 배출 삭감, 토지피복도의 개선(인공구조물로 덮인 피복 상태를 자연 상태로 복원), 도시구조의 개선, 에너지 절약형 생활양식의 도입 등을 생각할 수 있다. 옥상 녹화는 토지피복의 개선책에 해당한다. 옥상녹화에 의한 구체적인 효과로서는 식물이 갖는 증발산작용으로 대기로부터 기화열을 빼앗기 때문에 기온을 낮추는 효과가 있다. 또 옥상에서 실내로 이동하는 열의 유입량을 줄이는 효과, 열을 많이 축적하는 특성이 있는 콘크리트로 태양에너지가 입사하는 것을 차단하여 열 환경의 악화를 방지하는 효과 등이 있다. 실제 자료로서는 일본 국토교통성의 옥상정원을 대상으로 관찰한 사례가 있다. 여름철 낮(13～15시)에 옥상녹화가 이루어지지 않은 옥상 표면의 온도는 57.7℃이었는데, 녹화가 되어 있는 표면의 온도는 35.7℃, 식재기반 하면의 온도는 29.2℃로 나타났다. 그리고 벽면녹화의 경우에는 옥외면 표면에서 최대 200㎉/㎡·h의 일사량 유입이 있은 경우에 벽면녹화가 이루어진 경우에 벽면에 도달하는 일사량은 1/4 이하로 감소한 것으로 관측되었다.

옥상녹화나 벽면녹화가 나타내는 부가적인 효과로는, 도시열섬으로 유발되는 도시 특유의 도시형 집중 호우 시에 우수를 저장하고 유출을 억지시키는 효과, 이산화탄소, 질소산화물 등의 대기오염물질을 흡수하는 효과, 심리적 안정감을 주는 효과 등을 들 수 있다.

일본에서 옥상녹화와 벽면녹화가 본격적으로 주목을 받게 된 것은 동경도가 자연보호 조례에 기초하여 2000년 4월부터 옥상녹화를 권유하게 된 것이 계기가 되었다. 1년 후인 2005년 4월부터 동경도는 개정 조례를 통하여 1000㎡(공공시설은 250㎡) 이상의 건축부지에 대해서 신축 또는 증개축할 때에 옥상녹화 계획서를 제출하도록 하였다. 지상의 경우에도 총부지 면적에서 건축물이 차지한 면적을 제외한 면적의 20% 이상(건물의 경우엔 옥상면적의 20% 이상)을 의무적으로 녹화하도록 하였다.

옥상녹화를 통한 효과로는, 2003년에 발표된 일본 국토교통성이 실시한 시뮬레이션 결과에 의하면, 동경도심부(100㎢)에 녹화가 가능한 지역 1,137ha(이

중 503ha가 옥상녹화)에 녹화가 실현되면 도시의 평균기온이 약 0.3℃ 내려갈 것이라고 한다.

(d) 도시공원의 확대

도시 내에는 주변에 비하여 저온이 형성되어 있는 공간도 존재한다. 이것을 냉섬(cool island)라고 한다. 냉섬으로 존재하는 장소의 대부분은 대규모의 공원이다. 일본 동경의 대표적인 냉섬 공간으로 신주쿠 교엔이 있다. 이곳의 면적은 약 53ha로 대단히 넓은데, 공원의 대부분은 잔디와 숲으로 이루어져 있으며 동경 시민들의 휴식공간의 역할을 하고 있다. 이곳을 대상으로 이루어진 관측결과에 의하면 여름철에 공원 내외 간의 기온차는 약 3℃에 이르렀다. 그리고 공원 내에서 형성된 저온의 공기가 인접한 주거지로 이동되는 것이 확인되었는데, 공원의 공기가 영향을 미치는 범위는 약 80~90m에 이르는 것으로 평가되었다.

도시의 기온과 대기오염의 완화에는, 산지로 둘러 싸여 있는 내륙 분지 형 도시의 경우에는 산곡풍, 해안도시는 해륙풍이 중요한 역할을 한다. 하지만 산지와 해안으로부터 멀리 떨어져 있는 도심의 경우에는 자연의 바람 혜택을 받기가 어렵기 때문에 이 경우에는 도심에 대규모 녹지 공원을 형성하여 대기오염의 정화와 도시기온의 하강 효과를 강화할 필요가 있다.

(e) 도시구조의 개혁

<거리가로수 식재와 신소재 건축자재의 보급>

도시 열환경을 완화시킨다는 관점에서 보면 거리가로수를 확대하는 것은 대단히 유효하다. 거리가로수의 보급은 도시 전체의 기온하강에 미치는 영향보다는 가로수 주변의 좁은 영역에서 열 환경을 개선하는 데에 큰 역할을 한다. 예로서, 여름철 낮에 나무 그늘 아래서는 양지에 비하여 체감온도가 10℃ 이상 낮아진다(R. Ooka, 2005). 또 거리가로수는 인간의 심리적 안정에도 기여하고, 도시화재 발생 시에는 그린벨트가 되어 불이 번져가는 것을 막아주는 역할을

한다고 한다(R. OoKa, 2005).

건축자재에 미세한 기공을 만들어 보수력을 높인 "보수성 건축자재"와 벽면과 옥상에서 태양광에 대한 반사율을 높여 표면온도를 낮추고 건축물이 열을 저장하지 않도록 하는 노력이 이루어지고 있다.

이처럼 도시구조를 바꾸어 열섬을 완화시키는 데에는 사회적 투자가 많이 이루어져야하고 그것은 세금과 규제가 부과되어지는 것을 의미하기에, 도시민에게 동의를 구하는 절차가 활발하게 이루어져야 한다는 점이 또 다른 어려움이라고 한다.

<바람 길의 활용>

내륙지역에 위치한 독일에서는 산곡풍을 활용하는 것이 전제가 되지만, 섬나라인 일본은 해륙풍을 이용한다는 점을 염두에 두고 있다. 산곡풍이나 해륙풍과 같은 바람도 자원으로 인식되고 있다. 일본에서는 기후자원이라는 용어를 사용하고 있는데, 특히 농업이나 도시계획 분야에서는 바람, 일사량 등을 자연자원으로 인식하여, 이를 효율성 높게 활용하는 방안을 고려하고 있다.

낮에 기온이 낮은 해풍을 도시 내부로 유도하면 도심의 기온상승을 완화시킬 수 있으며, 야간에는 도시에 인접해 있는 산의 사면이나 계곡지대로부터 불어 내려오는 냉기류를 도심으로 유도해 들이면 도시 내부에 축적되어 있는 열을 냉각시킬 수 있고 대기오염을 완화하는 효과도 가져올 수 있다.

지상에 요철이 없는 경우가 공기 흐름에 유리하므로 건축물의 배치를 효과적으로 하는 것이 바람의 통풍을 원활하게 하는 데에 가장 중요한 포인트이다. 일본 동경에서는 니혼바시(日本橋)일대의 도시재개발 계획에 해풍의 통로를 배려한다는 점이 중요한 포인트가 되고 있는데, 이것이 도시개발에 바람 길의 개념이 실제로 반영되는 최초의 사례라고 한다.

③ 우리나라의 도시열섬의 현황과 억제대책

<도시의 기온상승 현황>

우리나라에는 기상청의 기상월보에 관측 자료가 기재되어 공개되고 있는

기상관측소의 수가 약 70여 개소에 이르지만, 장기적 기후변화의 평가에 이용할 수 있는 지점의 수는 한정되어 있다. 우리나라의 기상관측은 1904년에 일본 중앙기상대의 임시관측소가 인천, 부산, 목포, 원산의 4곳에 설치되면서 시작되었다. 그래서 일반적으로 이용되고 있는 과거 100년 동안의 기후변화를 파악할 수 있는 우리나라의 기상관측 지점은 불과 3곳에 불과하다. 그리고 80년 이상을 대상으로 할 수 있는 지점은 서울, 대구, 광주, 강릉을 포함해서 7개 지점이다. 전 세계적으로 기온상승이 빠르게 진척되기 시작한 최근 30년 동안의 자료를 포함하고 있는 지점은 60개소에 이르지만 기상월보에 자료가 실리는 지점의 수는 48개소이다. 이 중에서 도시화 효과가 상대적으로 작은 것으로 인정되는 인구 10만 이하의 지역에 위치한 관측소는 24개 지점이다.

김해동 등(2009)은 장기간(30년 이상)의 기상관측자료를 보유하고 있는 지역을 대상으로, 도시화의 정도가 크다고 생각되는 7개 대도시(서울, 대전, 대구, 부산, 광주, 인천, 울산)와 도시화의 영향이 비교적 적다고 생각되는 인구 10만 이하의 24개 지점(속초, 울릉도, 울진, 추풍령, 완도, 강화, 양평, 인제, 홍천, 보은, 부여, 금산, 부안, 임실, 남원, 장흥, 해남, 고흥, 문경, 의성, 거창, 합천, 산청, 남해)의 지상기온의 장기적 변화경향의 차이를 조사하였다.

그 결과는 <표 2.10>과 같았다.

표 2.10 기온상승 속도(단위: ℃/년)

지역	분석 기온	연평균	봄	여름	가을	겨울
대도시	일평균기온	0.030475	0.03917	0.01262	0.022003	0.048107
대도시	일최고기온	0.030475	0.046794	0.011943	0.023187	0.023187
대도시	일최저기온	0.029157	0.035034	0.012808	0.023263	0.045524
소도시	일평균기온	0.015798	0.018555	-0.00349	0.015621	0.032511
소도시	일최고기온	0.016514	0.024204	-0.00823	0.015481	0.034607
소도시	일최저기온	0.013054	0.009532	0.003808	0.016801	0.022076

이 결과를 살펴보면, 일평균기온, 일최고기온, 일최저기온 모두 대도시 지역의 기온상승 속도가 도시화의 진척이 느린 지역보다 약 3배정도나 높은 것으로 나타났다. 특히, 겨울의 기온상승률이 다른 계절에 비해 높게 나타났으며, 봄의 기온상승률도 점차 높아져 가는 추세를 보였다. 이는 Parker등이 지적하고 있는 바와 같이 지구의 기온상승 경향은 4계절 중에서 겨울에서도 겨울과 봄에 더욱 현저한데, 이러한 경향은 우리나라의 변화경향과도 일치하는 것으로 확인되었다.

최근 30년 동안에 나타난 기온상승 속도는 대도시 지역의 경우에 약 3.05℃/100년, 도시화가 느린 지역은 약 1.58℃/100년에 이르는 것으로 평가되었다. 이를 IPCC 4차보고서에 제시되어 있는 최근 25년간의 전 지구 평균기온의 기온상승 속도(약 1.77℃/100년)과 비교해 보면 인구 10만 이하의 지역은 지구평균과 거의 비슷하거나 약간 낮은 정도이고, 대도시의 경우는 지구평균보다 약 2배 정도 높은 것으로 평가된다. 따라서 한반도의 높은 기온상승의 원인은 온실기체 증가로 인한 기온상승 못지않게 도시화의 영향이 큰 비중을 차지한다는 것을 추정해 볼 수 있다.

<대도시의 여름철 이상고온 현상 발생현황>

또 60년 이상의 관측치를 보유하고 있는 6개 지점을 도시화가 많이 이루어진 지역(서울, 부산, 대구, 인천)과 상대적으로 개발이 적게 이루어진 지역(목포, 강릉)으로 나누어 도시화가 이상기온의 발생에 미치는 영향을 조사하였다. 관측이 이루어진 초기 30년 이후의 기간에 대해서 각 월에 대한 차이(해당연도의 월평균 기온-초기 30년의 월평균 기온)가 초기 30년 치에 대한 표준편차의 2배 이상인 경우를 이상고온 혹은 이상저온으로 정의하였다. 이것은 일본 기상청을 포함한 관련 기관에서 이상기온의 분석에 널리 사용하고 있는 방법이다.

우리나라의 6지점(서울, 부산, 대구, 인천, 목포, 강릉)을 대상으로 이상고온이 나타나는 횟수를 더하여 발생횟수의 변화를 <그림 2-41>에 나타내고, 장기적 변화경향을 보기위해 5년 이동평균을 나타내었다. 전반적으로 이상고온의 출현 횟수는 상승경향에 있고 1990년대 이후에는 급속한 상승경향이 나타나는 것을 볼 수 있는데, 1990년대 후반부터 2000년대 초반의 이상기온 발생횟수는 1930년대에서 1940년대에 비하여 4~5배에 이르는 것을 알 수 있다.

또 각 지역별 특성을 상세히 제시하기 위하여 <그림 2-42>에 각 지역별 발생횟수를 나타내었다. 대상 시기의 초기에는 차이가 거의 없었으나 도시화가 급속하게 이루어진 1980년대 이후에는 도시화가 된 지역(서울, 부산, 대구, 인천)의 이상고온 발생횟수가 그렇지 않은 도시보다 상대적으로 많고, 또한 1990년대 이후에는 급격하게 발생횟수가 증가하고 있는 것을 볼 수 있다.

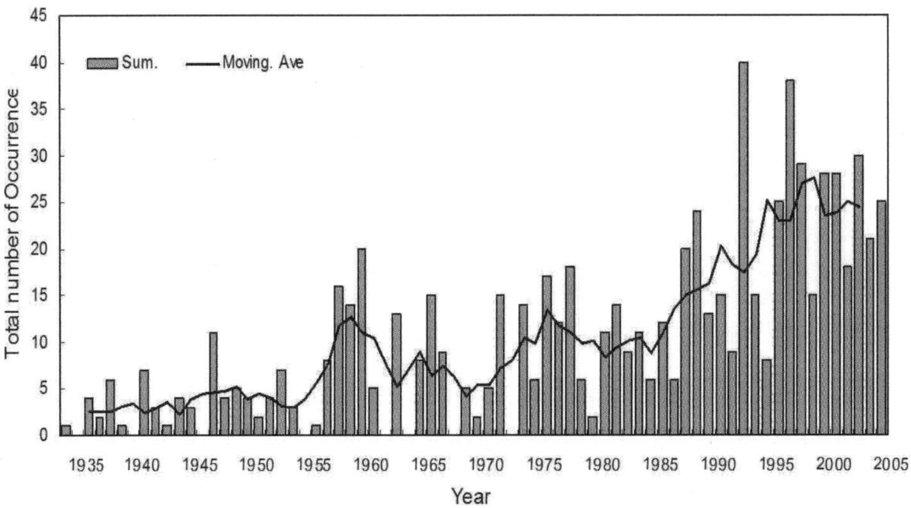

그림 2-41. 우리나라 6개 지점의 연간 이상고온 발생일수의 경향(1935~2006).

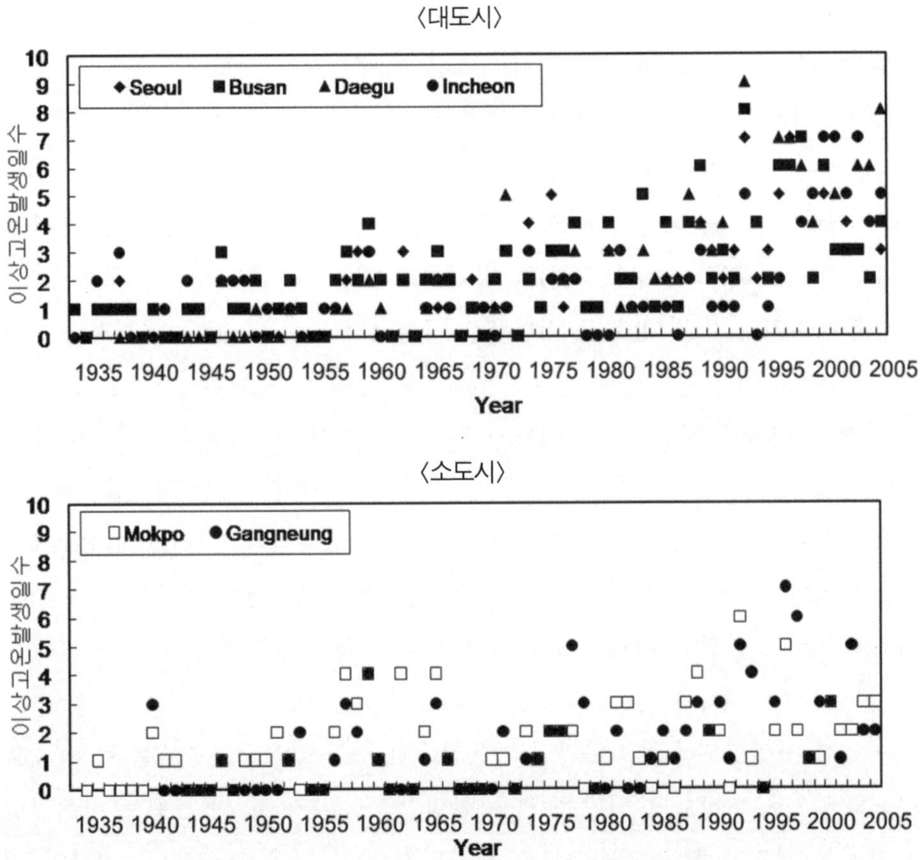

그림 2-42. 우리나라 대도시와 소도시의 이상고온 발생 경향의 차이(1935~2006)

도시화의 영향이 배제된 기온상승 속도를 평가하기 위하여 기상자료 세트를 마련을 위한 작업에 앞서서 대도시와 개발이 늦은 지역 간의 기온상승 속도와 이상기온의 출현의 차이를 서로 비교하여 보았다. 이를 위하여 기상청의 31개 일평균기온, 일최고기온, 일최저기온의 장기적인 변화 경향을 1차 회귀분석을 통하여 조사하였다. 그 결과, 다음과 같은 사실을 확인할 수 있었다.

첫째, 최근 30년 동안에 나타난 기온상승속도는 일평균, 일최저 및 일최고기온 모두가 대도시가 개발이 늦은 지역보다 약 3배 정도 빠른 것으로 나타났다.

둘째, 기온상승은 계절적으로 다르게 나타났는데, 겨울철이 가장 높았다. 또 봄철의 기온상승 속도가 점차 빨라지고 있는 것으로 나타났다.

셋째, 최근 30년 동안에 나타난 기온상승속도를 100년으로 환산해 보면, 대도시 지역은 약 3.05℃/100년, 개발이 늦은 지역은 약 1.58℃/100년으로 평가되었다. 따라서 이를 최근 25년을 대상으로 평가된 지구평균의 기온상승속도(1.77℃/100년, IPCC 4차 보고서)와 비교해 보면 대도시 지역은 지구평균보다 약 2배 빠르지만, 개발이 늦은 지역은 지구평균과 거의 같은 수준에 지나지 않았다.

넷째, 70년 이상의 기상관측자료가 있는 5개 기상관측지점을 대상으로 이상고온의 발생일수 변화경향을 조사해 본 결과 우리나라의 이상고온 발생일수는 1970년대 이래로 빠르게 증가하고 있는 것이 확인되었다. 그리고 이상고온일수도 도시화가 급속하게 이루어진 지역(서울, 대구, 인천)이 그렇지 않은 지역(목포, 강릉)보다 훨씬 빠르게 증가하고 있다는 것이 확인되었다.

이러한 사실로부터 우리나라의 기온상승과 이상고온일의 증가는 주로 대도시를 중심으로 나타나고 있다는 것을 확인할 수 있다. 지구온난화는 도시열섬화 효과를 제거한 기온상승 속도로 평가되기 때문에 우리나라의 실질적인 기온상승속도는 지구평균과 거의 같은 것으로 판단된다. 하지만 우리나라는 도시화의 비율이 매우 높기 때문에 우리나라 국민들이 체감하는 기온상승 속도는 지구온난화 속도보다도 실제로는 훨씬 높을 것이다. 따라서 향후 우리나라도 지구온난화 대응정책으로 도시열섬화를 억제하여 기온상승 속도를 조절하고자 하는 정책을 비중 높게 추진하여야 할 것으로 판단된다.

④ 지자체의 적응대책 추진 가능성과 과제

<표 2.11>에 일본을 포함한 세계의 지자체에서 지향하고 있는 일반적인 적응대책을 요약하여 제시하였다. 지자체에서 추진 중인 지구온난화 대책은 에너지 관련 대책이 주류를 이루고 있다. 아직은 우리나라뿐만 아니라 선진 외국에

서도 적응 부문의 대책에 관심이 적은 실정이지만, 지자체가 수행하기에는 저감대책보다 오히려 적응대책을 감당하기가 더 합당할 것이라는 지적이 많다(Nakaguchi, 2000). 지자체는 지구온난화의 영향이 본격화하기 이전에 미리 각 지자체를 온난화에 강한 지역으로 탈바꿈하도록 노력하는 것이 바람직할 것이다. 이를 위해서는 정부, 연구자, 지자체와 시민들의 협력 하에 대책이 추진되어야 하는데, 이때 다음과 같은 점에 유의할 필요가 있다.

표 2.11 적응대책의 바람직한 방향(Nakaguchi, 2000).

정책 유형	정책의 방향	정책의 내용
온난화 대책의 종합화	적응대책의 종합화(온난화 적응 기본계획의 책정, 사업실시 가이드라인의 작성)	바람직한 토지이용, 구조물 규모, 배치, 물순환시스템의 제시
사업자의 행동	적응대책의 솔선 수행	청사의 구조, 근무형태의 조정
계발과 지원	온난화에 적응한 경제활동과 라이프스타일의 제안	농업개량 보급지도, 생활양식 적응강좌 등의 개최
인프라의 정비	바람직한 토지이용, 구조물의 규모, 배치, 물순환시스템의 실현	도시시설 정비, 녹지정비, 배수설비, 하천 개수 등

중앙정부는 중앙에서 적응대책을 종합적으로 추진하고, 각 부문에 해당하는 지자체에 정보를 적극적으로 알려 구체적 행동을 하도록 유도하여야 한다. 연구자는 지역 차원에서의 온난화 영향에 관한 연구를 구체화하여 어떤 대책이 수립되고 추진되어야 하는지를 지자체에 적극적으로 제언할 수 있어야 한다. 지자체는 지금까지 지자체가 수립하여온 종합 계획, 환경기본계획, 로컬 아젠다(Local Agenda), 온난화 대책 지역추진계획에 저감대책뿐만 아니라 적응대책도 적극 포함시켜 가도록 하여야 한다. 나아가서 지자체는 시민과 사업자들에게도 온난화 영향에 대해 적응대책을 준비해 갈 수 있도록 적극 홍보하여야 한다.

한편, 시민과 사업자들은 온난화 영향을 인식한 바탕 위에서 자신들의 생명과 재산을 지키기 위한 대처 방안을 스스로 준비해 감과 동시에 지자체와 협력하여 온난화에 강한 지역을 만들기 위해서 감당해야할 책임을 다하고자 하는 자세를 가져야 한다.

지자체는 지역 차원의 온난화 대응책을 수립하여 추진해 가는 데에 필요한 규제와 경제적 지원 등의 정책을 동원할 수 있는 수단이 중앙정부에 비하여 현저하게 제한되어 있다는 사실이 온난화 대응책을 주도하기 어려운 현실적 제약조건이 되고 있는 것이 현실이다.

이러한 제약에도 불구하고 지자체가 할 수 있는 역할로서는, 사회자본 정비를 적극적으로 수행하는 일에서 찾는 것이 효과적일 것이라고 한다(Nakaguchi, 2000). 지자체의 정책에서 적응대책을 사회기반시설의 정비사업의 하나로 설정하여 기존 사업을 온난화에 대한 적응성에 맞추어 바꾸어가는 것이 필요하다는 것이다.

⑤ 지방자치단체의 지구온난화 대응행동 사례

■ ICLEI 기후보호도시(CCP) 프로그램

ICLEI는 “International Council for Local Environmental Initiatives”라는 이름에서 출발하였지만 환경문제에 한정하기보다는 지속가능성을 전반적으로 다루는 것이 바람직하다고 보고 “Local Governments for Sustainability : ICLEI”로 변경하였다. ICLEI는 유엔 산하기구는 아니지만 유엔과 협력하여 전 세계 지방자치단체들의 환경, 나아가 지속가능한 발전을 도와주는 기능을 하고 있다. 이 기구가 운영하는 많은 프로그램 중에서도 “기후보호도시(CCP: Cities for Climate Protection)” 프로그램”은 지구온난화 ams제에서 도시의 중요성을 인식하고 도시 차원에서 행동에 나서고자 하는 노력이라는 측면에서 중요한 프로그램이다. 도시차원에서 온실가스 배출을 줄이자는 최초의 프로그램인 CCP는 중앙정부의 움직임보다 빠르게 속도를 냈고, 구체적인 성과를 거두고 있다. 오늘날 이 프로그램에 참가 중인 도시는 전 세계적으로 680여개에 이르고 있다.

지구온난화의 진행을 억제하기 위한 세계적인 지역차원의 노력인 이 프로그램(CCP)의 모태는 1991년부터 1993년까지 실시된 ICLEI의 "도시 이산화탄소 감축 프로젝트"였다. 이를 바탕으로 ICLEI는 보다 광범위한 도시를 대상으로 적용할 수 있는 "CCP 프로그램"을 출발시켰다. ICLEI는 CCP 프로그램에 참여하는 지방자치단체가 온실가스 감축 목표를 달성할 수 있도록 각종 기술적인 방법들과 최신정보를 제공한다. 기후변화의 문제를 대기 질, 에너지 비용, 교통혼잡, 폐기물 관리 및 지역사회의 생활환경과 연관해 지원하고 있다. 이 프로그램에 참여하는 도시는 다음과 같은 5단계에 따라 총괄적인 기후변화행동 계획을 수립하게 된다.

■ **지자체 기후 행동계획 수립단계**

- 1단계 지자체의 에너지 개요(profile) 개발

온실가스 배출 저감목표를 설정하기 위해서는 우선 특정의 온실가스의 발생원, 발생량, 발생과정을 파악하여야 한다. 또 그것의 삭감목표(언제까지 얼마를 줄일 것인가?)를 설정하기 위해서는 기준 연도를 적정하게 책정하여야 한다.

- 2단계 에너지 사용 및 온실가스 배출량 산정

시간의 경과에 따라서 에너지 사용과 온실가스 배출량이 어떻게 변해갈 것인지를 정확도 높게 추정할 필요가 있다. 이는 지역사회의 에너지 체계의 변화가능성 등을 예측하게 해주고, 그에 따른 사전 준비를 가능하게 해주기 때문이다.

- 3단계 온실가스 감축을 위한 기존의 행정조치 목록화 작업

온실가스 감축에 기여할 수 있는 기존의 여러 행정수단(예, 녹색상품 구매 촉진법, 교통혼잡세 등) 및 사업들(예, 고효율 가로등 설치, 도시녹화 사업 등)을 정리하여 목록을 만든다. 기존 활동을 극대화할 수 있으면서 부족한 부분이

무엇인지 파악하여야 한층 더 효과적인 대안을 만들어 낼 수 있다.

- 4단계 온실가스 감축목표의 수립

조사된 지역의 현황을 바탕으로 감축 목표를 설정한다. 목표 수립을 위해서는 장래 배출이 예상 온실가스 양을 바탕으로 시나리오를 수립하여야 하며, 가정, 상업, 수송, 산업 부문에 걸친 연료의 형태와 조치의 통합, 이산화탄소, 메탄 등 다양한 온실가스에 대한 통합적 접근이 요구된다.

- 5단계 온실가스 감축을 위한 정책과 프로그램의 실행

지방 정부가 감축목표를 이행할 수 있도록 하는 실질적인 프로그램이나 정책이 없다면 지방정부가 내건 정치적 약속은 지켜질 수 없을 것이다.

■ 지자체 기후변화 정책 수립과 시행의 과정

일단 계획을 수립하면 계획된 대로 실천이 되고 있는지의 여부와 그 결과를 주의 깊게 모니터링 할 필요가 있다. 따라서 지자체는 기후변화 정책수립과 시행과정에서 다음과 같은 5단계를 따르게 된다. 이러한 과정은 다음에 소개할 외국의 사례에서 공통적으로 반영되고 있음을 알 수 있다.

1. 에너지 소비량과 온실가스 배출 총량의 조사 및 추정
2. 온실가스 배출저감 목표의 설정
3. 지자체 행동계획 수립 및 의회 승인 획득
4. 온실가스 저감 정책 및 조치의 실행
5. 결과의 모니터링과 평가 및 수정

■ 지방정부가 온실가스 배출을 줄이는 방법

지방정부가 권한 범위 내에서 가장 손쉽게 추진할 수 있는 것은 지방정부의 청사 등 시설의 운영 및 관리영역이다. ICLEI의 CCP사업 결과에 따르면 많은 지방정부 관할 설비, 수송수단 등을 통해 상당량의 온실가스가 배출되고 있

고, CCP 프로그램에 참여한 후 대부분의 지자체에서 상당한 감축을 달성하고 있다고 한다. 무엇보다도 민간 부문의 감축노력을 이끌어내기 위한 모범을 보이기 위하여 지방정부 자신들이 배출하는 온실가스를 감축하는 것이 중요하다. 지방정부가 온실가스 배출을 줄이기 위해 이행할 수 있는 방법은 다음과 같다.

- 규제: 지방정부는 자신의 구역 내 어디든 새로운 구역의 최소 거주밀도를 강제하거나, 보행자나 자전거 통행에 더 친화적인 도로 기반을 조성할 수 있는 조례, 규정, 규칙, 허가 등을 제정하거나 개정할 수 있다.
- 경제적 수단: 일련의 세금, 요금, 행정적 부과금 등을 통해 소비자들의 행동에 영향을 줄 수 있다. 주차나 도로 이용에 대해 고율의 요금을 부과함으로써 사람들이 자가용 이용을 줄이고 대중교통 이용을 촉진시킬 수 있다. 또한 교외 지역으로 확산을 부추기는 정부 보조금을 없앰으로써 더 조밀하고 에너지 집약적인 방식으로 변화되도록 유인할 수 있다.
- 소비자교육: 지방정부는 사람들에게 가장 가까이 있는 정부이다. 따라서 광고, 환경마크 부여, 전화 안내서비스, 가정 방문, 상점 안내 센터 등을 통하여 생활양식의 변화를 촉진하는 유용한 정보를 제공할 수 있다.
- 인프라 투자: 도로, 대중교통체계, 하수도, 물 공급 설비 등 상당한 투자를 할 수 있다. 밀도가 높은 지역이 인프라도 덜 필요하게 되므로 전통적인 지역개발로 상당한 자본 비용을 절감할 수 있다. 이렇게 절약한 비용을 에너지소비를 절약할 수 있는 대중교통과 같은 인프라 구축에 투자함으로써 지방정부는 온실가스 배출을 최소화하는 인위적 환경을 만들 수 있다.

4) 취약성의 평가

① 취약성 평가의 의의

생태계와 사회시스템의 취약성은 시스템이 가지고 있는 기후변화 등의 외력에 대한 감수성(또는 저항성)과, 외력에 대한 적응력에 따라서 결정된다. 감수성이 둔감, 또는 저항력이 큰 경우와 적응능력이 큰 경우에는 기후변화 등의 외력의 변화에 잘 대응되지만, 그 반대의 경우에는 큰 피해가 유발된다. 특히 오늘날에도 인간 활동의 영향으로 절멸의 위기에 처해있는 생물종은 더욱 심각한 악영향을 받게 될 것이다. 사회시스템은 도시시설, 물, 에너지 공급시설 등의 인공적인 환경에 의해 보호받기 때문에 기후변화의 영향을 직접 받는 생태계나 생물 종에 비하면, 취약성이 낮다. 하지만 선진국에 비하여 개도국은 사회시스템이 제대로 갖추어지지 못하였기 때문에 다양한 분야에 걸쳐 취약성을 안고 있다(IPCC, 2001).

온난화가 이미 시작되었으며, 향후 진행속도가 더욱 빨라질 것으로 예상되고 있어(IPCC, 2007), 취약성에 대한 효과적인 보완 시나리오를 작성하기 위해서는 우선 현 시점에서 온난화에 취약한 생태계와 생물 종 및 인간의 활동 분야와 지역을 파악하여 각 부문의 취약성을 정량화하는 과정이 조속히 이루어져야 한다. 이를 바탕으로 적응대책을 수립하고 실시할 때에도 해당 분야의 취약성 평가가 미리 준비되어 있으면 시급한 분야부터 대책을 우선적으로 실시하는 등, 효과적인 대응전략을 수립할 수 있을 것이다. 하지만 전 지구적으로 지구온난화 연구가 활발하게 진행되고 있지만, 아직은 선진국에서도 적응분야에 대한 평가기법과 영향에 대한 적응을 종합적으로 취급하는 취약성 평가기법이 아직 확립되어 있지 못하다. 따라서 향후 지구온난화에 대한 적응분야를 효과적으로 수립하기 위해서는 이 분야에 대한 기술개발이 적극 추진되어져야 할 것으로 판단된다.

② 취약성과 역치(한계적 부하 량; threshold)

취약성 평가와 관련해서 생물 종과 사회시스템이 외력에 견딜 수 있는 한도(限度), 즉 역치에 관한 연구가 이루어지고 있다. 예로서, 산호초가 유지될 수 있는 해수면 상승속도, 온도 상승 속도에 관한 연구와 같은 것이 이에 속한다. 환경변화의 속도가 역치를 넘어서면 산호초는 해당 해역에서 사라지게 된다. 이러한 역치에 대해서 IPCC도 큰 관심을 갖고 관련 분야의 workshop을 개최하는 등 과학적 지식을 축적하는 데에 노력하고 있지만 아직 해당 분야의 기술이 현장에 적용되기에는 갈 길이 먼 실정에 있다.

역치로 사용되는 값은, ①절대 값(수온 등), ②변화속도, ③영향이 나타나기 이전의 축적량, ④ ①~③의 복합적 영향이다. 이에 관한 사례가 <표 2.12>에 제시되어 있다.

표 2.12 기후 외력(온난화, 자연의 변동성, 이상기상)에 대한 역치 조사의 사례 (N. Mimura and H. Harazawa, 2000).

<table>
<tr><th>취약분야</th><th>대상, 시스템</th><th>역치</th><th>비고</th></tr>
<tr><td>자연생태계</td><td>고산식물,
맹그로브 숲</td><td>0~2℃
(해수면 상승 10~15cm)</td><td rowspan="3">이 정도의 변화에도 적응할 수 있다는 연구결과도 있다.</td></tr>
<tr><td>농림수산업</td><td>벼</td><td>개화 시 35℃를 넘으면 고온장해</td></tr>
<tr><td>해양환경
인프라,
사회시스템</td><td>산호초
모래사장</td><td>1~2℃ 수온상승에도 백화현상
1m의 해수면 상승으로 90% 이상 감소</td></tr>
<tr><td>인간의 건강</td><td>고령자</td><td>일최고기온이 33~35℃를 초과하면 사망 급증</td><td></td></tr>
<tr><td>경제시스템</td><td>각국 경제</td><td>2~3℃ 이상</td><td>2~3℃까지는 분야별, 지역별로 편익이 증가할 수도 있음</td></tr>
</table>

제3장

대기환경

지구환경학 입문

3.1 대기오염 물질과 오염원

환경기본법에 생활환경의 보전을 위해서 특정 오염물질에 대한 환경기준이 설정되어 있다. 이산화황, 이산화질소, 일산화탄소, 광화학옥시던트, 미세먼지가 특정 오염물질에 해당한다. 또 탄화수소는 환경기준 설정의 대상물질은 아니지만 광화학옥시던트의 원인물질이 되기 때문에 주요 관리대상의 오염물질이다. 또 산성의 강수현상을 산성비라고 부르는데, 이것은 대기오염이 유발한 강수의 오염으로 시급히 해결해 가야할 중요한 과제의 하나이다.

이러한 오염물질 이외에 자동차 배기가스에서 배출되는 납 합성물질이 차량 운행이 많은 교차점 등의 특정 장소에서 문제가 되기도 한다. 또한 특수한 공장 시설 등의 화재로 유해물질이 대량으로 방출될 위험성을 고려해서, 특정한 오염물질들을 관리 대상으로 지정해 두고 있는데 이들 물질들은 일상에서는 문제로 대두되지 않는다.

미세먼지를 포함한 입자상 물질은 1차 입자, 2차 입자로 구분하기도 하는데, 이러한 구분은 대기오염물질 전반에 걸쳐서 적용되는 개념이다. 발생원에서 배출된 오염물질이 그대로 대기 중의 오염물질이 되고 있는 것은 1차 오염물질(primary pollutant)이라고 하고, 대기 중에서 변질되어 새롭게 생겨난 물질을 2차 오염물질(secondary pollutant)이라고 부른다.

오늘날 고농도 대기오염 현상이 발생하는 곳은 주로 대도시인데, 도시의 대기오염 발생원으로 가장 큰 역할을 하는 것은 자동차이다. 표 3.1에 우리나라 전국 대기오염 배출량 합계와 자동차로 인한 대기오염물질 배출량을 제시하였다. 전국 대기오염 배출량 중 자동차에서 배출되는 부분이 일산화탄소는 74.1%, 질소산화물은 34.8%, 직경 10μm 이하인 미세먼지(PM10)는 37.6%에 이르는 것을 알 수 있다. 환경부의 환경통계 포털자료(2008)에 의하면, 서울의 경우에는 자동차가 차지하는 배출 비중이 전국 평균보다 훨씬 심각하여 배출량 전체의 63.2%를 차지하고, 일산화탄소(86.6%), 질소산화물(55.2%), 황산화물

(8.9%), 휘발성 유기화합물(29.8%)의 배출량의 상당 부분이 자동차로부터 배출되고 있어 대기환경을 개선하기 위해서는 자동차 운행의 감축이 가장 중요하다는 것을 알 수 있다.

또 물질로서의 실태는 없지만, 오늘날에는 도시인의 여름철 환경쾌적성을 훼손하는 열도 환경오염의 한 요소로 받아들여지고 있다. 그래서 열오염(thermal pollution)이라는 용어가 일상적으로 사용되고 있다. 이것은 방출된 열량만이 아니라, 오염물질과 환경의 변화가 가져온 복사수지에 따른 결과로 발생하는 기온의 변화도 포함하여 열오염으로 간주한다.

표 3.1 우리나라의 대기오염배출량과 자동차의 배출비중(단위: 톤/년)

배출원(대분류)	합계	CO	NOx	SOx	PM_{10}	VOCs
전국 배출량 합계	3,327,868	788,919	1,306,725	408,462	67,341	756,421
자동차로 인한 대기오염물질 배출량	1,172,402 (35.2%)	584,485 (74.1%)	455,217 (34.8%)	5,190 (1.3%)	25,312 (37.6%)	102,198 (13.5%)

자료: 환경부, 환경통계 포털(2008)

(1) 입자상 물질

1) 에어로졸

대기 중에는 기체성분 이외에 입자상 물질이 부유하고 있다. 이것을 에어로졸(입자상 오염물질)이라고 한다. 기체를 분산 매개로 하여 고체 또는 액체가 미립상의 형태로 끊임없이 분산운동을 하면서 산재해 있는 것을 에어로졸이라고 정의한다. 하지만 기상학에서는 에어로졸이라는 용어를 이러한 엄밀한 정의를 따라서 사용하고 있지는 않다.

에어로졸의 발생 메커니즘을 살펴보면 우선 고체의 분쇄, 액체의 분무, 미립 물질의 산포로 발생하는 것을 생각할 수 있다. 이들은 발생원에서 입자상으로 대기로 방출되는 것이므로 1차 입자라고 지칭한다. 또 이들은 분산 형 에어로졸이라고도 불린다. 에어로졸이 발생하는 다른 발생 메커니즘으로는 과포화 또는 포화상태의 증기의 응결, 또는 기체가 화학적인 변화를 해서 고체로 되는 과정이 있다. 이것을 2차 입자 또는 응결 형 에어로졸이라고 부른다. 에어로졸의 현상으로는 연기, 안개, 연무, 모래분진, 흙먼지, 미스트 등이 있다. 연기는 가연성 물질의 불완전 연소로 발생한다. 에어로졸이 액체 덩어리인 경우에는 미스트(mist), 또 분산형 에어로졸이 고체인 경우에는 흙먼지라고 부른다. 모래분진은 지면에서 바람에 의해 대기 중으로 휩쓸려 올라간 흙먼지를 가리킨다. 연무는 미스트와 흙먼지 또는 다른 오염물질이 대기 중에 부유하고 있는 상태를 가리키는데, 대기의 시정이 나빠지는 원인이 된다. 또한 안개는 수적의 농도가 높은 상태인데, 연기와 공존하고 있는 상태를 스모그라고 부른다.

한편, 에어로졸을 구성하고 있는 물질의 차이로부터 에어로졸을 분류해 보더라도 그 종류가 다양하다. 1차 입자는 해수면으로부터 바람에 실려 비상한 물방울이 데기 중에서 건조되어 생기는 해염입자, 지표면에서 비산한 토양입자, 화산분화로 생기는 화산재, 산불을 포함한 다양한 연소 과정에서 만들어지는 미립자, 식물의 화분, 지구 외기권에서 날아오는 유성 먼지 등이 있다. 2차 입자에는 황산화물, 질소산화물, 식물성 탄화수소가 광화학반응을 받아 기체에서 에어로졸로 변질된 것들이 있는데, 이런 것들도 에어로졸의 생성에 기여하고 있다.

2) 에어로졸의 성질

대기 중에 분산해 있는 에어로졸의 입경은 그 분포범위가 대단히 넓은데, 대부분의 경우에 입경은 10^{-3}～$10\mu m$에 분포한다. 이 범위보다 작은 입경의 입자는 브라운운동에 의해 보다 큰 입자에 확산 부착해서 소멸해 간다. 대기 중에서는 2차 입자로서 작은 입경의 에어로졸이 생성되고, 그것이 보다 큰 입자로 성장해 가는 것이 통상적인 사례이다. 또 에어로졸 입경의 상한을 보다 크게 나타내는 경우도 있지만, 그런 범위의 입자는 중력을 크게 받아 지상으로 낙하하여 사라지기 쉽기 때문에 대기 중에 머무는 수명이 짧다.

입경의 상하 폭에서 알 수 있듯이, 에어로졸의 크기는 범위가 아주 넓어서 대소의 비가 1만을 넘는다. 이러한 사실은 에어로졸 성질의 입경에 따른 차이로 나타난다. 입자의 측정 방법도 에어로졸의 입경에 따른 입자의 성질을 이용하여 관측되기 때문에 서로 달라진다. 각 측정방법은 입경규모에 따라서 입자를 부르는 호칭으로부터 구별할 수 있다. 10^{-3}~10^{-1}㎛에 해당하는 것은 미세입자, 10^{-1}~1㎛은 대 입자, 1~10㎛에 해당하는 것은 거대입자라고 부른다. 미세입자는 에이토켄 핵 계수기기를 사용하는데, 이것은 단열팽창을 이용해서 안개를 발생시켜 에어로졸의 총 수를 측정한다. 이것은 입자의 직경이 1㎛ 이하인 입자에 대해서 잘 작동된다.

에어로졸의 입경은 그것의 투영 단면이 만드는 입경으로 정의할 수 있다. 다른 편의적인 방법으로는 공기역학적인 관계를 이용할 수 있다. 입자의 공기 중 낙하속도는, 입자의 무게와 유체의 저항으로 결정된다. 이 관계로 구한 입경은 상당 공기역학적 입경이라고 한다. 이렇게 구한 입경이 투영단면으로 구한 입경과 항상 일치하지는 않는다. 에어로졸의 표면적에 대해서는, 우리가 에어로졸의 실제 표면적을 파악하는 것은 어렵다. 입자의 표면적이 불규칙하고, 다공구조를 갖고 있기 때문에 표면적은 종종 입경으로부터 산정한 구면의 면적에 비하면 훨씬 큰 값이 된다. 또한 에어로졸이 작다는 사실에 의해 체적에 비해 표면적이 큰 효과를 발휘한다. 따라서 에어로졸 접촉반응을 일으키기가 쉽다. 황산염 생성과정은 이 작용에 의한다.

에어로졸 입경의 크기가 1만 배 이상에 걸쳐 있어서, 대기 중에서 나타나는 에어로졸의 물리적인 작용이 입경에 따라서 다르게 나타나는 경우가 있다. 빛의 산란현상은 입경이 10^{-1}~1㎛를 경계로 하여, 이보다 작은 입자는 레일리 산란을 이 보다 큰 입자는 미 산란을 일으킨다. 입자의 병합은 입경이 10^{-2}㎛ 부근에서 가장 활발하다. 이러한 에어로졸의 작용은, 그것의 입경에 크게 의존하고 있다.

3) 에어로졸의 성상

대기 중에 존재하는 에어로졸의 성상을 알려면 그것의 입경별 성질을 알아두어야 한다. 이 분야 연구의 선구자가 융거(C. E. Junge)이다. 입자의 반경을 r, 반경이 r보다 작은 입자의 총수를 N(1cm^3 당)이라고 하면, 단위 체적당의 입자수 농도를 (dN/dlog r)로 정의할 수 있다.

이 정의에 따라서, 예로서 반경이 10^{-1}～1㎛ 사이의 크기인 입자의 단위 체적당의 수가 주어지게 된다. 융거는 여러 측정 사례를 종합해서, 대기 중의 에어로졸은 입자의 반경이 약 10^{-1}～10㎛의 범위 내에서는

$$dN/d\log r = cr^{-\nu}$$

의 관계에 따른다는 사실을 보였다. 그림 3-1에 나타나 있듯이, 이것은 대수좌표축 상에서 직선이 된다. 또한 ν 의 값은 대체로 3이라는 사실도 그림 3-1에서 알 수 있다.

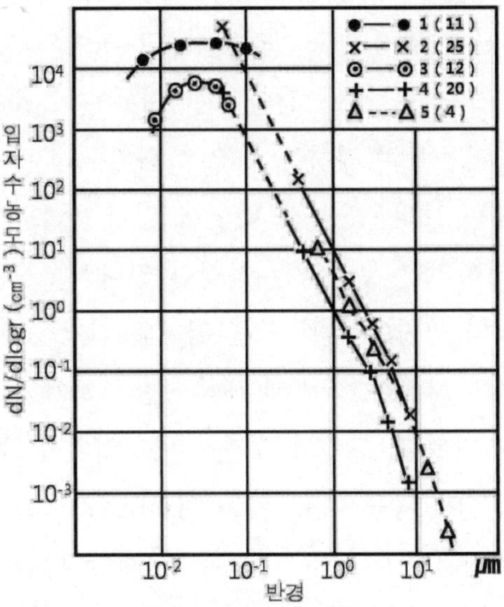

그림 3-1. 각종 관측 장치로부터 얻어진 대기 중 에어로졸의 평균 분포도(Junge, 1963)

에어로졸과 같은 분포는 융거분포라고 부르고 있다. 보다 작은 입자가 상시적으로 발생하고, 이것들이 응집. 병합하여 보다 큰 입자로 되는데, 입경이 10 ㎛를 초과하는 큰 입자는 중력 낙하로 제거되어갈 것이라는 생각은 이 융거 분포와도 잘 부합한다.

4) 에어로졸의 거동

대기 중의 물질의 총량은 평형상태에 있을 때에는 그 물질의 체류시간과 소실율 또는 발생률 사이에는 다음의 관계가 있다.

[총량] = [체류시간] × [소실율]
= [체류시간] × [발생률]

이 가운데 하나를 알면 남은 하나가 밝혀진다. 대기 중 물질의 실태를 파악하는 데에는, 체류시간과 소실 율을 결정하는 제거 메커니즘을 이해하는 것이 중요하다. 더욱이 그 물질이 에어로졸인 경우, 총량을 입경별로 파악할 필요가 있다. 따라서 체류시간은 입경별로 고려해서, 그 사이의 이동(변환 량)은 소실율이나 발생률로서 고려하는 것이 된다. 여기서는 소실율에 주목해서, 에어로졸의 대기 중에서의 거동을 이해하는 것으로 하자.

대기 중의 미립자는 브라운운동을 하면서 입자 상호간에 확산충돌을 하고 있다. 입자는 서로 접촉하면 부착하는 성질이 있다. 이 과정을 응집이라고 한다. 응집은 작은 입자의 집단에서 보다 큰 입자의 집단을 만들어 내거나, 큰 입자를 더 큰 입자로 성장시킨다. 이렇게 해서, 큰 입자가 만들어지면 그것은 중력낙하로 대기에서 제거된다. 강수의 세정작용도 입자를 대기에서 제거시킨다.

입자의 반경이 공기의 평균 자유 이동 거리(mean free path)보다 작아지면, 그 입자의 운동은 공기분자의 브라운운동에 지배받게 된다. 이 브라운운동에 의한 입자의 이동거리는, 제곱 평균이 (2Dt)1/2로 주어진다. 여기서 D는 확산계수로 절대온도에 비례하고, 공기의 동점성계수와 반경에 반비례한다. 표 3.2는 브라운운동에 의한 입자의 이동거리를 제곱 평균으로 나타낸 것이다. 입경이 작을수록 그 값이 커진다. 또 입자의 응집은 작은 입자와 큰 입자 사이에서 보다 효과적으로 이루어지는 성질이 있다. 따라서 응집은 작은 입자가 보다 큰 입자에 부착되어 가면서 입자의 반경분포를 변화시키는 작용을 한다.

입자의 대기 중 낙하 종말속도(terminal velocity) vt는 스톡스(Stokes)의 법칙을 따른다. 그 속도는, 입자와 공기의 밀도차(ρ - ρ')(실질적으로는 입자의 밀도)와 입경의 제곱 r2에 비례하고, 공기의 동점성계수 η 에 반비례한다.

$$vt = 2(\rho - \rho')gr2/9\eta$$

표 3.2에 몇몇 수치가 제시되어 있다. 그것에 의하면, 입경이 작은 곳에서는 브라운운동이, 큰 곳에서는 낙하 종말속도가 활발하다는 것을 알 수 있다. 그 경계는 대체로 0.25㎛이다. 또한 낙하 종말속도는 기체와 입자 표면의 미끄러움을 고려해서 보정이 고안되고 있다. 그 계수는 입자의 반경이 0.5㎛와 0.01㎛에 대해서 각각 1.164와 11.554이다. 0.5㎛ 이상의 크기를 갖는 입자에 대해서는 그 계수가 1에 가깝다고 보아도 좋다.

표 3.2 입자의 브라운운동에 의한 이동거리와 낙하 종말속도(1기압, 20℃)

입자의 반경 (㎛)	브라운운동의 제곱평균거리 (1초 당)cm	낙하 종말속도 cm/sec	m/hour
0.1	2.01×10^{-3}	2.27×10^{-4}	-
0.2	1.30×10^{-3}	6.85×10^{-4}	-
0.5	7.43×10^{-4}	3.49×10^{-3}	0.13
1.0	5.06×10^{-4}	1.29×10^{-2}	0.49
5.0	2.26×10^{-4}	3.23×10^{-1}	11.6
10.0	-	1.29×10^{0}	46
15.0	-	2.90×10^{0}	104
20.0	-	5.16×10^{0}	186

(Chambers, 1976)

대기 중의 에어로졸이 제거되는 또 하나의 중요한 메커니즘은 구름과 강수에 의한 세정작용이다. 구름의 내부에서 제거되는 메커니즘을 강수제거(rain-out), 운저 하에서 우적에 의해 제거되는 메커니즘을 세정제거(wash-out)라고 부르고 있다. 강수제거에는 다시 2가지 메커니즘이 있다. 에어로졸이 운립에 응집되는 메커니즘과 흡습성 에어로졸에 수증기가 응결하여 운립이 성장하는 메커니즘이 그것인데, 어느 것이나 운립이 성장하여 강수로 발달함으로써 에어로졸이 대기 중에서 제거되는 과정이다. 이 과정은 반경 1μm 이하의 에어로졸을 효과적으로 제거한다.

세정제거는 우적이 낙하하는 도중에 에어로졸을 포집해서 낙하시키는 작용인데, 이것에도 2가지 메커니즘이 존재한다. 우적과 에어로졸의 관성충돌과, 에어로졸이 우적에 확산 부착됨으로써 에어로졸이 우적에 실려 대기로부터 제거되는 것이다. 전자는 거대입자를 효율적으로 제거하고, 후자는 미세입자를 제거의 대상으로 한다.

5) 생물 성 에어로졸

대기 중에는 생물의 부유체도 존재한다. 그것은 식물의 화분이 화분증과 고초열(枯草熱)의 증상을 유발한다는 사실로부터 널리 알려졌다. 화분 이외에도 여러 균류와 조류 및 박테리아, 바이러스 등의 다양한 생물성 에어로졸이 대기 중에 부유하고 있다. 이 중에서 화분은 기상과 기후와 밀접한 관련 하에 연구가 수행되고 있는 에어로졸이다.

화분의 크기는 비교적 커서, 5～100μm의 범위에 분포한다. 일반적으로 흡습성이어서 무게는 습도에 따라서 변한다. 입경이 크기 때문에 상당한 낙하속도를 갖고 있지만, 강한 대기의 흐름으로 인하여 연직으로는 대류권 상부까지, 수평으로는 100km 이상 수송되기도 한다.

우리나라에서 화분이 대기 중을 부유하는 상태는 계절적으로 살펴보면, 일본과 마찬가지로 대략 2월에서 11월에 걸쳐 나타난다.

화분의 비산은, 하루 중에도 현저한 시간변화가 나타난다. 일반적으로 이른 아침에 비산 량이 급증하여, 오전 중에 극대가 된다. 야간에는 화분의 비산 량이 아주 적어진다. 이것은 식물의 생리기능이 기상요소의 변화에 따른 결과로 나타난 현상이다. 습도의 저하를 계기로 해서 화분의 비산이 시작되는 것으로 알려져 있다.

(2) 기체상 오염물질

1) 황산화물

황산화물은 황을 포함한 화석연료가 연소될 때에 연료에 포함되어 있던 황과 대기 중의 산소가 결합된 화합물질로, 일반적으로 아황산가스라고도 불린다. 생물체가 석유나 석탄과 같은 화석연료로 변환될 때에 그대로 연료 속에 저장되어 있다가 연료의 연소 시에 대기 중으로 방출된다. 황산화물은 대기 중에서 주로 이산화황으로 존재하는데, 이것은 호흡기 조직에 염증을 유발하며 매우 자극적인 냄새를 갖는다. 또 이산화황은 대기 중에서 물, 산소 외에 다른 물질과 반응하여 다양한 황산화물을 생성한다. 황산화물은 분진에 부착되기도 하는데, 호흡을 통해 신체 내로 흡입되면 폐 조직을 손상시킬 수도 있다.

중세기의 런던은 도시오염의 전형이었다고 할 수 있다. 1306년에 영국의 에드워드 1세(Edward I)는 연안에서 발견된 "바다석탄"을 런던 내에서 연소하는 것을 금지시켰는데 이것이 대기 질에 관한 최초의 환경규제라고 말할 수 있을 것이다. 이 바다석탄은 황의 함유량이 대단히 높아서 도시 내에 유독한 악취를 유발하는 원인물질로 악명이 높았었다. 엘리자베스 1세도 국회 회기 중에는 런던에서 석탄을 사용하는 것을 금지하였다. 그리고 존 에벌린(John Evelyn)은 공업용 석탄의 사용을 비난하는 소논문을 발표한 바 있는데, 그 중에는 다음과 같은 구절이 있다. '런던의 하늘은 공기가 맑은 다른 지역과 달리 유황색 구름으로 뒤덮였고 온 세상에 빛을 주는 태양은 거의 비치지 않는다. 런던을 향하던 여행자들은 먼 거리에서도 런던의 역겨운 냄새를 먼저 맡게 된다.' 이로부터 300여년이 지난 1952년에 런던은 지독한 스모그로 4,000명 이상의 사망자를 내게 되었다. 그 사건을 계기로 런던을 포함한 영국의 도시들은 청정 공기의 도시를 지향하기 위한 노력을 경주하기 시작하였다.

2) 질소산화물

질소산화물에는 여러 종류가 있지만 대기 중에 존재하는 것은 대부분이 일산화질소와 이산화질소이다. 고온의 연소과정에서 대기 중의 질소와 산소분자는 서로 반응하여 질소화합물을 생성한다.

$$N_2 + O_2 \rightarrow 2NO$$
$$2NO + O_2 \rightarrow 2NO_2$$

일산화질소와 이산화질소의 혼합체를 질소산화물(NOx)라고 부른다. 이 중에서 이산화질소는 다른 화합물과 반응하여 광화학스모그를 유발한다. 질소산화물의 최대 배출원인 자동차 배기에는 일산화질소의 비율이 높지만 이것은 대기 중에서 보다 화학적으로 안정한 이산화질소로 전환되어 대기 중에 존재하게 된다.

이산화질소는 독성기체인데 자극적인 냄새가 있을 뿐만 아니라, 노란색에서 적갈색에 이르는 유색을 띠는 오염된 공기를 만든다. 이산화질소는 대표적인 대기오염 성분인데, 이것은 생물체에 독성을 가지며 부식성이 있으며 산성 침적물 생성에 관여하며 2차 오염물질을 만든다. 이산화질소의 대기 중 생존시간은 다른 산화질소와 마찬가지로 매우 짧다. 그래서 도시지역의 이산화질소 농도는 교통량에 따라서 상승과 하강이 빠르게 변한다. 또 교통량이 적은 교외지역에서는 농도가 낮게 나타난다.

황 화합물과 마찬가지로 질소산화물도 심각한 폐질환을 유발할 수 있다. 임상의학연구결과에 따르면 이산화질소는 기관지를 따라서 쉽게 폐로 가서 폐세포에 손상을 가한다. 실험결과에 의하면, 높은 수준의 이산화질소에 노출된 동물들은 심각한 폐 손상을 경험하게 되고, 이로 인해 면역성이 떨어져 감염에 약해지는 것이 확인된다.

3) 휘발성 유기화합물(VOC)

휘발성 유기화합물질은 수소와 탄소로 이루어진 유기화합물이다. 휘발성 유기화합물은 상온, 상압의 대기 중에서 기체, 액체 및 고체상으로도 존재할 수 있지만, 대기 중에서 기체상으로 존재하는 유기화합물을 휘발성 유기화합물이라고 정의한다. 자동차 운행의 급증, 유류 및 유기용제의 사용량이 급증하면서 대기 중으로 배출되는 휘발성 유기화합물질(VOC: Volatile Organic Compound)의 문제점이 부각되고 있다. 대기오염물질로 중요성을 갖는 인위적으로 배출된 휘발성 유기화합물의 배출원은 다양하나, 자동차의 운행과 유기용제의 사용 및 저정조에서 방출되는 경우가 주를 이룬다. 이 외에도 도장(塗裝), 인쇄업, 세탁업, 유기합성공업 등에서 각종 휘발성 유기화합물이 배출되는 것으로 보고되고 있다. 자동차에서 휘발성 유기화합물이 배출되는 주요 원인은 불완전연소와 주유 시의 누출에 있다. 휘발성 유기화합물의 대표적인 물질로는 메탄, 프로판, 톨루엔 등의 탄화수소, 알콜류, 케톤류, 에스테르류 등의 산소 함유계 탄화수소, 아민류 등의 질소 함유계 탄화수소, 이산화황 등의 유황함유계 탄화수소, 트리클로로에틸렌 등의 염소계 탄화수소 등이 있다. 휘발성 유기화합물은 그 자체로 인체에 각종 암과 백혈병을 유발할 수 있는 유해 대기오염 물질이다. 또 이것은 다른 물질과의 반응성이 매우 높아서 대기 중의 질소산화물과 반응하여 광화학 스모그의 주원인인 오존의 발생을 촉진시키는 전조물질로 역할을 한다는 점에서 오염물질을 생성하는 광화학 반응을 일으킨다는 점에 있다.

4) 일산화탄소

일산화탄소는 보통 탄소화합물 또는 탄소와 같은 가연성 물질의 불완전연소 또는 이산화탄소가 고온의 탄소와 접촉될 때에 발생한다. 일산화탄소는 색깔과 냄새가 없는 기체로 공기보다 약간 가볍고 공업적으로 중요한 환원체로 사용되며 인체에 매우 유독한 기체이다. 일산화탄소는 혈액 중의 헤모글로빈과 매우 강하게 결합하여 혈액의 산소 운반 능력을 감소시킨다. 그래서 대기 중의 일산화탄소 농도가 100ppm 정도에 이르면 대부분의 사람들이 현기증, 두통, 권태 등을 느끼게 된다. 일산화탄소는 대기 중에서 느린 속도로 산화되어 소멸되기 때문에 대기 중에 축적되지 않으며, 대기 중에서 체류 기간이 짧으면 1달, 길면 1～2년이 될 수도 있다.

일산화탄소의 발생원도 인위적 발생원과 자연적 발생원으로 나누어진다. 인위적 발생원으로는 수송, 폐기물 소각, 농업 소각, 제철소 등과 같은 산업장이다. 일반적으로 고정 발생원의 연소 관리기술이 발달한 선진국의 경우에는 이동 발생원에서 배출되는 일산화탄소가 도시 대기오염의 주원인 중의 하나로 지적되고 있다. 전 세계에서 인위적으로 발생하는 일산화탄소의 양은 연간 3억 톤 정도에 이르는 것으로 추정되고 있는데, 이 중 약 95%가 북반구에서 방출된다. 한편, 우리나라에서 연료의 연소과정에서 배출되는 일산화탄소의 양은 약 200만 톤으로 추정되고 있는데, 이 중에서 수송에서 60% 이상이 나오고 있다. 특히 대도시에서 발생하는 이산화탄소의 90% 이상은 차량에서 기원하고. 그것의 대부분은 자동차에 의한 것으로 추정되고 있다.

자연적 발생원으로는 화산폭발, 테르펜(terpene)류의 산화, 클로로필(chlorophyll)의 분해, 산불, 해수 중에서의 미생물의 작용 등이 있다. 자연적 발생원에는 이외에도 메탄의 광산화와 이산화탄소의 광분해가 있다.

3.2 도시의 대기오염과 발생원

대기오염의 문제는 도시화의 진행과 밀접한 연관이 있다. 도시에는 인간 활동에 따른 폐기물이 집중적으로 발생하는 곳이다. 그 폐기물은 어떤 방식으로든 처리되지 않으면 어딘가에 버려진다. 그렇게 처리되지 못하고 버려지는 장소가 대기일 수도, 지상일 수도, 하천이나 바다일 수도 있다. 대기 중에 버려지면 대기오염의 문제가 발생된다.

예로서 20km^2 면적의 도시에 500만 명이 거주하고 있다면 1명 당 면적은 약 100m^{2}이 된다. 여기에 도시에서 발생된 대기오염의 활발한 혼합이 일어나는 대기 혼합층의 두께를 1,000m라고 하면, 바람이 약할 때 한 사람 당 주어지는 도시 대기의 체적은 1인당 약 10만m^{3}이 된다. 그래서 도시 거주자 1인이 10리터의 대기오염 물질을 배출하면 0.1ppm의 오염농도가 발생하게 된다. 중유를 연소시키면 이산화황(SO_2)이 발생하는데, 1인당 0.7리터의 중유를 연소시키면 10리터의 이산화황이 발생하는데, 이것을 전부 대기로 배출하게 되면 0.1ppm의 농도가 된다.

도시의 대기오염은 이처럼 좁은 공간에서 오염물질이 대량으로 배출되어 발생한다. 오랜 옛날부터 도시에 인구가 집중되고 산업 활동이 활발해지는 곳에는 대기오염이 사회적 문제로 부각되었다. 이러한 예로서, 석탄을 연료로 사용한 역사가 긴 영국에서는 석탄사용에 따른 대기오염 문제가 14세기 초에 의회에서 논의되었다. 일본에서도 명치(明治) 1800년대에 이미 오사카에서 대기오염이 문제가 되어, 오사카 시내에 굴뚝을 세우는 공장의 건설을 금지한다는 정부의 명령이 내려졌었다.

주요 대기오염물질은 인간 생활에 필요한 에너지를 얻기 위해 화석연료를 연소시키는 과정에서 배출된다. 석탄이나 석유와 같은 화석연료를 연소시키면, 그 중에 포함된 황성분이 산화되어 이산화황(SO_2)이 배출된다. 이 외에도 철이나 비철금속을 제련할 때와 제지 공장에서 종이를 만드는 과정에서도 이산화황이 방출된다. 대기 중에서 이산화황이 산화되면 SO_3가 만들어진다. SO_3는 대기의 상태에 따라서 다시 변질된다. 이것이 수증기와 결합되면 액상의 황산(H_2SO_4)이 된다. 황산은 증기압이 낮아서 대기 중에서 기체로는 존재하지 않고 아주 작은 액체 덩어리, 즉 에어로졸로 대기 중에 부유한다. 이 외에, 대기 중에서 암모니아와 결합하여 황산염이 되는 반응이 발생하기도 한다. 이처럼 대기 중에서 비교적 수명이 짧은 이산화황으로부터 2차 입자인 에어로졸이 발생하면 대기 중에 체류하는 시간이 길어지게 되고, 오염물질의 지리적 영향범위가 확대된다.

어떤 물질을 연소시키면 질소산화물(NOx)이 발생한다. 질소산화물의 대부분은 일산화질소(NO)로 발생한다. NO는 대기 중에서 산화되어 이산화질소(NO_2)로 된다. 따라서 NO는 발생원 부근에서 농도가 높고, NO_2는 발생원으로부터 멀리 떨어진 곳에서 농도가 높게 나타난다. 그래서 NO_2는 2차 오염물질로 간주할 수 있는데, 광화학옥시던트의 요인물질로 볼 경우에는 1차 오염물질로 보기도 한다. 연소과정에서 발생하는 일산화질소(NO)는 연료에 포함되어 있던 질소가 산화되어 발생할 수 있지만 공기의 성분인 질소가 연소 시 고온의 영향으로 산화되어 NO로 변하기도 한다. 이것은, 완전연소를 위한 노력이 오히려 다량의 질소산화물을 생성시키는 원인이 된다는 점에서 아주 곤란한 문제가 되고 있다.

연소 활동은 또 분진을 발생시키기도 한다. 방출된 재와 불완전연소로 발생한 생성물질은, 입경이 10㎛보다 작은 입자는 중력에 의한 낙하가 거의 없기 때문에 그대로 대기 중에 머물게 된다. 그보다 더 큰 입자는 중력을 받아서 낙하한다. 강하분진으로 포집되는 것의 대부분은 입경이 20㎛를 넘는 것들이다.

자동차의 배기가스에는 일산화탄소, 탄화수소, 납화합물, 질소산화물, 입자상 물질 등의 오염물질이 포함되어 있다. 이 가운데 탄화수소(휘발성 유기화합물)와 질소산화물은 자동차의 가속과 감속이 빈번하게 이루어지는 곳에 상대적으로 많이 배출되어 국지적인 고농도 오염을 유발하기 쉽다.

대기오염의 실태를 분석하려면 오염물질의 발생원을 파악하는 것이 중요하다. 대기오염물질 발생원은 화산재 등 자연적 발생원과 인간활동의 과정에서 발생되는 인위적 발생원으로 나눌 수 있다. 주요 대기오염물질에 대한 인위적 배출원과 자연적 배출원을 구분하여 요약하면 표 3.3과 같다.

표 3.3 주요 대기오염물질의 배출원

대기오염 물질	인위적 배출원	자연적 배출원
에어로졸(먼지)	공업, 에너지	화산, 해양
아황산가스(SOx)	석유와 석탄의 연소, 화학반응 과정	화산
질소산화물(NOx)	연소	토양의 박테리아
일산화탄소(CO)	자동차	산불, 해양
탄화수소(HC)	화학공정, 자동차	생물
오존(O_3)	광화학 반응	
납(Pb)	건전지, 축전지, 인쇄	

인위적 발생원은 다시 점오염원(point source), 면오염원(area source), 선오염원(line source)으로 구분된다. 발전소, 도시의 폐기물 소각로, 대규모 공장과 같이 하나의 시설이 대량의 대기오염물질을 배출하는 것을 점오염원이라고 하며, 면오염원은 도시의 아파트 단지를 포함한 주택지와 같이 일정한 면적 내에 소규모 발생원이 다수 모여 대기오염물질을 배출하는 것을 가리킨다. 선오염원은 이동오염원이라고도 불리는데, 수송과정에서 오염물질을 배출되는 것을 말하며 대표적인 선오염원은 자동차이다. 이는 도로를 중심으로 오염물질을 발생시켜 도로 주변에 고농도의 대기오염을 발생시킨다.

도시의 대기오염 발생의 형태, 발생량의 조사방법, 나아가서 문제의 해결방안 등을 제대로 제시하려면 대기오염 발생원을 정확하게 집약해서 정량적으로 표현할 수 있어야 한다. 대기오염 물질의 대부분은 연소과정에서 발생하므로 에너지 소비량을 오염물질 발생량의 지표로 삼는 경우도 있다. 오염물질의 정량적인 분석을 시도할 경우에는 고정 발생원과 이동 발생원의 구별이 제대로 이루어져야 하며, 또 높은 굴뚝으로부터의 발생량에 대해서는 기상상황에 따른 유효고도를 정확하게 산정하여야 하며, 지역별로 나타나는 주야간의 사회 활동도의 차이에 대한 분석도 제대로 이루어져야 한다.

에어로졸(먼지)의 배출원은 공업과 에너지 사용에 기인하며, 아황산가스는 석유와 석탄의 연소와 화학반응과정에서 배출된다. 질소산화물과 일산화탄소는 자동차 운행과 연료의 연소과정에서 배출되며, 2차 대기오염물질인 오존은 광화학반응으로 대기 중에서 생성된다. 대기 오염물질의 배출량은 아황산가스, 에어로졸(먼지), 이산화질소, 일산화탄소 등과 같은 대기환경기준 설정항목과 탄화수소를 대상으로 산출하고 있다. 오존은 인간 활동에 의해 직접 발생하는 것(1차 오염물질)이 아니라 자연 또는 인간 활동에 의해 직접 발생된 질소산화물과 같은 대기오염물질이 태양에너지와의 반응으로 대기 중에서 새로이 생성된 물질(2차 대기오염물질)이므로 배출량 산출 대상에서는 제외되어 있다.

대기오염물질의 산출방법으로는 사업장에서 배출되는 오염물질을 실측하는 방법과 연료별 배출계수 등을 이용하여 이론적으로 계산하는 방법이 있다. 연료별 배출계수를 이용한 산출방법은 비교적 용이하게 계산할 수 잇다는 장점이 있지만, 사용할 때의 종류와 조건, 방지시설의 종류 및 효율성 등 여러 가지 변수에 따라 산출된 배출량이 실제 배출량과 차이가 있을 수 있다. 그리고 배출원은 각 부문, 즉 난방, 산업, 수송, 발전부문으로 나누어 대기오염물질의 연간 총배출량을 조사한 것이 표 3.4이다. 선오염원(수송)의 대기오염 배출 비중이 높다는 사실인데, 이는 도시의 대기질 개선을 위해서는 교통 부문의 부하량을 적절히 관리하는 것이 가장 중요하다는 것을 말한다.

표 3.4 발생원별 대기오염물질 총배출량(단위: 천 톤)

구분	1994	1997	2000	2005
수송	2,152	2,415	2,265	2,412
산업	1,333	1,598	1,453	1,618
발전	643	924	698	850
가정	398	522	526	533
총량	4,526	5,459	4,942	5,413

(자료: 환경백서, 환경부, 2007)

3.3 대기오염농도 평가기준

대기환경보전정책의 기본목표는 맑고 깨끗한 대기환경을 유지하여 국민의 건강을 보호하고 쾌적한 환경에서 생활하도록 하는 데에 있다(환경백서, 2009). 아울러 대기오염으로 인한 환경상의 위해를 예방하는 것도 중요한 정책목표이다. 이를 위하여 정부는 대기 질 관리목표로서 대기환경기준을 설정하고, 환경기준을 달성하기 위한 수단으로서 대기오염물질을 배출하는 시설에 대하여 배출 허용기준을 정하여 준수하도록 하는 등 각종 대기환경 보전정책을 수립하여 추진하고 있다. 대기환경기준은 대기오염에 의한 피해로부터 국민을 보호하기 위한 행정목표치로서, 인체와 동식물에 해로운 영향을 유발하는 폭로 량을 기준으로 하여 장·단기 기준치를 설정하는데, 일반적으로는 세계보건기구(WHO)의 권장기준을 참고로 하여 설정한다.

우리나라는 대기환경보전법 제2조의 규정에 따라 대기오염의 원인이 되는 가스 상 물질 또는 입자상 물질을 대기오염물질로 정하여 관리하고 있다. 오늘날 관리 대상으로 지정되어 있는 대기오염 물질은 일산화탄소, 암모니아, 질소산화물, 황산화물 등 61종이 지정되어 있다. 대기오염물질 중에서 사람의 건강·재산이나 동·식물의 생육에 직접 또는 간접적으로 위해를 줄 우려가 있는 물질은 특정 대기유해물질로 지정되어 있다. 현재 다이옥신, 벤젠, 사염화탄소, 포름알데히드 등 35종이 특정 대기유해물질로 지정되어 있다. 그리고 우리나라의 대기오염 관리대상 물질 지정은 1979년 2월에 아황산가스에 대한 대기환경기준을 설정하면서 시작되었다. 1983년에는 일산화탄소, 이산화질소, 총 먼지(TSP: Total Suspended Particles), 오존 및 탄화수소에 대한 환경기준을, 1991년 2월에는 납에 대한 환경기준을 각각 추가로 설정하였다. 1993년에는 아황산가스, 일산화탄소 등 일부 오염물질이 환경기준을 달성함에 따라 이들 항목에 대한 환경기준을 강화하였다.

한편, 자동차의 증가 등으로 인하여 인체에 유해성이 큰 미세먼지의 관리 필요성이 증가함에 따라 미세먼지(PM10)의 환경기준을 1993년에 추가로 설정하였다. 하지만 탄화수소는 오염도가 높지 않고 오존의 오염도를 측정하고 있어 이를 별도로 측정할 필요성이 크지 않아 환경기준에서 제외하게 되었다. 2007년부터 적용하고 있는 대기환경기준 및 오염물질별 측정방법을 표 3.5에 제시하였다.

표 3.5 우리나라의 대기환경기준(2007년부터 적용)과 항목별 측정방법

항 목	기 준	측정방법
아황산가스 (SO_2)	◦연간평균치 0.02ppm 이하 ◦24시간평균치 0.05ppm 이하 ◦1시간평균치 0.15ppm 이하	자외선 형광법 (Pulse U.V. Fluorescene Method)
일산화탄소 (CO)	◦8시간평균치 9ppm 이하 ◦1시간평균치 25ppm 이하	비분산 적외선 분석법 (Non-Dispersive Infrared Method)
이산화질소 (NO_2)	◦연간평균치 0.03ppm 이하 ◦24시간평균치 0.06ppm 이하 ◦1시간평균치 0.1ppm 이하	화학발광법 (Chemiluminescent Method)
미세먼지 (PM_{10})	◦연간평균치 $50\mu g/m^3$ 이하 ◦24시간평균치 $100\mu g/m^3$ 이하	베타선 흡수법 (β -Ray Absorption Method)
오존 (O_3)	◦8시간평균치 0.06ppm 이하 ◦1시간평균치 0.1ppm 이하	자외선 광도법 (U.V. Photometric Method)
납(Pb)	◦연간평균치 $0.5\mu g/m^3$ 이하	원자 흡광도법 (Atomic Absorption Spectrophotometry)
벤젠	◦연간평균치 $5\mu g/m^3$ 이하 (2010년부터 적용)	가스 크로마토그래피법 (Gas Chromatography)

<주>

1. 1시간 평균치는 전체 측정수를 1000개로 환산하여 그 999번째의 수의 값이 그 기준을 초과하여서는 아니 되고, 8시간 및 24시간 평균치는 전체 측정수를 100개로 환산하여 그 99번째의 수의 값이 그 기준을 초과하여서는 아니 된다.
2. 미세먼지는 입자의 크기가 $10\mu m$ 이하인 먼지를 말한다.

환경기준이 정책목표로서의 의미를 지닌다면 개별적인 오염원에 대하여 법적 환경기준이 적용되는 배출허용기준은 이러한 환경기준을 달성하기 위한 주요 정책수단이 된다. 환경기준과 배출허용기준은 목적과 수단이라는 관계에 있는데, 배출허용기준은 목표가 되는 환경기준의 설정 정도에 의존한다.

모든 오염물질에 대한 환경기준은 오염물질의 배출을 규제하는 방법들 중의 하나이다. 이 방법들은 다음과 같으며 여기에는 오염문제에 대한 명확한 평가가 필요하다.

첫째는 환경의 구성요소나 상태에 어떤 변화를 주고 있는가를 질적 및 양적으로 평가하여야 한다. 이것은 대기 등 생물권에 어떠한 물리적, 화학적 및 생물학적인 변화를 평가하는 것이다.

둘째는 이러한 변화가 어떠한 인위적인 행위, 즉 인간 또는 기업 활동에 의하여 발생하는 것인가 하는 오염발생원에 대한 평가이다.

세 번째는 사람의 건강, 생화환경 및 보전하여야할 자연환경에 대한 영향, 피해, 손해 또는 그렇게 될 가능성에 대한 평가이다.

이 세 가지 평가방법 중에서 환경기준은 영향의 정도에 따른 규제 방법이다. 대기오염이 사람에게 미치는 영향을 판단하기 위해서는 오염인자의 농도나 강도 및 사람의 건강에 따른 영향의 정도에 대해서 과학적으로 입증된 판정기준(criteria)이 중요하며, 이것을 기준으로 환경기준(standard)이 정해진다.

세계보건기구(WHO)는 환경기준이 다음의 세 가지 수준을 갖는 것으로 설명하고 있다. (1) 최대 허용 수준(maximum permissible level 또는 tolerable level), (2) 수용 수준(acceptable level), (3) 바람직한 수준(desirable level)이다. 환경기준이라는 것은 행정 용어로 그것의 정의와 내용은 각 국가의 행정 목적에 따라서 다르기 때문에 전 세계적으로 통일된 것은 존재하지 않는다. 하지만 각 국가에서 사용하고 있는 환경기준의 개념에는 다음의 네 가지가 포함된다는 점은 공통점이다.

① 행정적인 행위를 위하여 법적규제를 갖는 기준치(standard),

② 지역 환경의 행정적인 대책수립을 위한 지침 값(guide 또는 guide line),

③ 지역 환경의 행정적 또는 기술적인 대책 수립을 위한 목표치 또는 바람직한 목표치(goal),

④ 환경의 질(환경오염의 상태)을 판정하기 위한 판정기준(criteria)

위의 네 가지 개념이 각각 지역 주민의 건강과 지역 환경을 보전하기 위한 목적은 같지만, 그 내용과 운영방법은 상이하다. 그리고 이 네 가지 개념 가운데 가장 중요한 것은 판정기준과 기준치라고 할 수 있다. 판정기준은 기준치를 설정하기 위한 기본 조건으로 과학적인 검토가 필요하기 때문에 과학적 정보의 집합체라고 할 수 있다. 판정기준은 사람의 건강에 대한 오염물질의 영향, 동식물, 물질 및 재산에 대한 영향, 사회적인 영향 등에 관해서 어느 정도 효과 및 크기 반응.관계를 각각 또는 종합적으로 설명하는 것이다. 사람의 건강에 대한 영향은 연소자, 노인, 순환기나 호흡기 질환자 및 임산부와 같이 오염물에 대한 감수성이 높은 사람에게 더욱 심각한 영향을 미친다. 한편 식물이 사람보다 감수성이 높은 경우에, 판정기준은 식물에 미치는 영향에 의해서 결정되기도 한다.

기준치는 법적, 행정적인 규제력을 갖는다. 기준치는 판정기준에서 도출되지만, 일반적으로는 비용-편익(cost-benefit)관계, 기술적 형편 및 경제적 실행 가능성 등을 고려하여 결정한다. 하지만 오염물질이 사람의 건강에 영향을 주는 정도에 대해서 비용-편익관계를 검토할 수 있을 정도로 과학적 지식이 충분히 축적되어 있지 못한 것이 현실이다. 그래서 국내외 연구기관에서 대기오염이 건강에 미치는 영향을 포함한 사회적 비용을 추정한 연구보고서를 제시하고 있지만, 다수의 사람들을 충분히 납득시키고 있다고는 말할 수 없는 실정이다.

지침 값과 목표치를 명백하게 구분하기는 어렵다. 지침 값은 참고자료(reference)로서의 의미가 강하다. 목표치는 이것이 없으면 행정이나 공학적인 방지기술계획을 수립할 수 없다는 입장에서 설정된 것이다. 그런데 어떤 방지대책으로 목표가 달성되었을 때의 "목표치는 기준치로서 법적 규제력을 갖는다."는 주장도 제기되고 있다.

기준치, 지침 값 및 목표치는 어느 나라나 행정당국이 자국의 사정을 고려하여 결정한다. 이것은 대기오염을 포함한 환경오염에 관한 자연과학 및 사회과학적인 연구 성과와 현상을 감안할 때 불가피한 일이라고 볼 수 있다.

환경기준은 인간 생화의 질적인 향상이라는 관점에서 출발한 것으로 건강하고 쾌적한 생활, 생태계의 보전 및 역사적·문화적인 유산의 보전을 위한 규제 방법의 하나이기 때문에 사전 예측과 평가가 필요하다. 따라서 해당 국가의 환경기준은 자연과학 분야만이 아니라 다른 학문 영역 간의 학제적인 대응과 다방면의 이해를 바탕으로 정책적 관점에서 결정되어지는 것이라고 할 수 있다.

3.4 2차 오염물질과 장거리 수송

(1) 2차 오염물질

인간 활동 과정에서 생성되어 대기 중으로 배출된 1차 오염물질이 대기 중에서 변질되어 새롭게 생겨난 물질을 2차 오염물질(secondary pollutant)이라고 부른다. 2차 오염물질에는 광화학옥시던트와 아황산분진이 있다. 후자는 에어로졸이라는 2차 입자이다.

옥시던트는 산화성물질의 총칭이며, 광화학옥시던트는 옥시던트 물질의 생성에 태양에너지가 중요한 역할을 한 물질을 말하는데 이에는 오존, PAN (peroxyacyl nitrate), 포름알데히드 등이 포함된다. 대기 중에서 일산화질소와 산소원자가 결합해서 생성되는 이산화질소도 이에 속한다. 광화학옥시던트는 일반적으로는 광화학스모그 또는 그냥 옥시던트라고 부르기도 한다. 광화학옥시던트가 발생할 때에는 시정이 나빠지는 경우도 있기 때문에 광화학스모그라는 명칭을 사용한다. 광화학옥시던트의 대부분이 오존인 경우가 많아서 그냥 오존이라고 부르기도 한다. 도시나 전원지역의 지표 부근에서의 광화학스모그는 보통 이산화질소(NO_2)의 광분해 순환으로 생성된다. 이산화질소는 광화학적 반응성이 매우 높아서 파장 0.38μm 이하의 자외선 복사에너지를 받으면 다음과 같은 해리작용이 발생한다.

$$NO_2 + h\nu \text{ (태양복사에너지)} \rightarrow NO + O$$

이 반응에서 이산화질소가 분해되어 반응성이 매우 높은 산소원자가 생성된다. 그 다음에 산소원자는 대기 중의 산소분자(O_2)와 결합하여 오존을 생성시키며, 다시 오존은 일산화질소를 산화시켜 이산화질소를 만든다. 이러한 순환 방응과정을 정리하면 다음과 같다.

NO_2 + hν (태양복사에너지) → NO + O

O + O_2 + M → O_3 + M

O_3 + NO → NO_2 + O_2

이러한 순환 반응과정에서 반응의 촉매 역할을 하는 M은 에너지를 받아들이는 제3의 물질인데 주로 탄화수소가 이 역할을 한다. 이 일련의 반응을 위한 최초의 이산화질소는 주로 자동차의 배기가스로 대기 중에 배출되는 일산화질소가 대기 중에서 천천히 산화하여 생성된다. 또 대기 중에 반응의 촉매역할을 하는 탄화수소의 농도가 높으면 반응은 더욱 복잡해진다. 탄화수소(HC)의 반응으로 이산화질소의 생성은 이산화질소의 광분해 순환에 의한 양보다 더 많아지며, 그 결과로 오존의 농도는 더욱 높아진다. 차량의 운행이 많은 곳에서 생성된 질소산화물은 바람에 실려 이동해 가는 도중에 광화학 반응을 거쳐 오존을 생성시킬 수 있고, 수목이 많은 전원지역에서 촉매물질(탄화수소 류)이 다량 배출되어 오존생성을 더욱 조장할 수 있기 때문에 지상 오존의 농도는 교통량이 많은 도심지로부터 바람이 불어오는 도심지 부근의 전원지역에서 더 높게 나타나는 경우가 적지 않다. 이런 점에서 대기오염의 문제를 이해하는 데에는 바람에 의한 수송과정을 이해하는 것이 중요하다.

(2) 다양한 규모에서 발생하는 수송현상

대기오염 물질이 배출국의 국경을 넘어 다른 나라에 영향을 미치는 문제를 국제 사회에서 공식적으로 처음 다루어진 것은 1971년 스웨덴의 스톡홀름에서 개최되었던 유엔인간환경회의였다. 그때 스웨덴은 "국경을 넘는 황산화물로 인한 환경오염"이라는 과제를 발표하여 참가국들로부터 높은 관심을 모았다. 스웨덴이 제기한 문제는, 다른 나라에서도 충분히 발생 할 수 있다는 공감을 얻었는데, 특히 영국과 미국은 이 문제에 대해 본격적으로 연구를 추진하겠다고 응답하였다. 이때 스웨덴의 보고를 담당한 사람은 스톡홀름 대학교 기상학과의 보린(B. Bolin)이었다.

보린은 환경문제, 특히 대기오염의 문제는 대기오염물질을 배출국에 한정되어 나타나는 것이 아니라 국경을 넘어 다른 나라에까지 영향을 미칠 수 있다는 점을 강조하였다. 그러한 예의 하나로 황산화물은 대기 중에서 수천km나 이동해 가서 강수현상에 수반되어 지상에 내려온다는 사실을 제시하였다. 스웨덴의 영토에 내리는 강수에 포함된 황산화물의 50% 정도는 다른 나라에서 배출되어 수송된 것이라고 지적하였다.

대기 중으로 배출된 황산화물은 화석연료의 연소 이외에 자연발생적인 양도 많다. 자연발생적인 것으로는, 유기물의 부패로 발생하는 황화수소와 해수에서 나오는 황산염이 대표적이다. 자연발생적인 것 보다 인간 활동으로 배출되는 황산화물이 더 큰 문제가 되는데, 그 이유는 인간 활동으로 배출되는 것은 발생원이 좁은 지역에 한정되어 있기 때문에 국지적으로는 자연현상과 비교할 수 없을 정도로 고농도로 대기에 배출되어 강한 영향을 미치기 때문이다.

대기로 배출된 이산화황은 바람에 실려 주변의 청정한 공기와 혼합되면서 수십 km 수송되면 급속히 희석된다. 하지만 이렇게 희석되었다고 하여 이산화황이 대기에서 제거된 것이 아니다. 강수로 낙하한 황산물질을 분석해 보면 한 번 배출된 이산화황은 적어도 2~4일 정도는 대기 중에 잔류한다. 이 정도의 시간이면 이산화황은 배출지역으로부터 1,000km 이상 수송될 수 있다. 수송되어

가면서 이산화황은 산화되어 황산염 에어로졸로 변질되는데, 이것이 산성비가 되어 발생지로부터 멀리 떨어진 지상에 내리게 된다.

오늘날 국경을 넘는 환경오염의 문제가 전 세계에서 가장 심각한 지역은 동아시아이다. 중국은 한국, 북한, 일본에서 소비되는 석탄의 총 양보다도 5배 이상이나 소비하는 세계 최대의 석탄 소비 국가이다. 특히, 황의 함유량이 4∼5%나 함유된 중국 남부의 것이 문제다. 대기 중에 배출된 황산화물이 온난 다습한 공기에 섞여 동쪽으로 수송되어 오면서 강한 산성비를 만들어 한반도와 일본 열도에 내린다. 중국의 산업시설의 상당수는 서해안을 따라서 위치하고 있어 그곳에서 배출된 오염물질은 상층 편서풍을 타면 1∼3일이면 한반도에 도달한다. 경제성장에 수반되어 폭증하는 자동차에서 나오는 오염물질의 양도 심각한 수준에 이르고 있다. 서해안은 중국 오염물질의 영향으로 주야간 구분 없이 오존이 높게 관측되는 경우가 많은데, 이러한 경향은 앞으로 더욱 심화되어 갈 것으로 우려된다. 중국 내륙지역에서 발생하는 황사(그림 3-2)도 국경을 넘어 동아시아의 환경에 큰 영향을 미치는 환경오염물질의 문제이다. 황사의 발생빈도는 장기적으로 증가경향을 보이는데, 어떤 해에는 특히 집중적으로 발생하는 경향을 보이기도 한다(그림 3-3). 또 지구온난화로 인해 한후기가 일찍 끝나고 난후기가 일찍 시작되는 특성을 반영하여 황사가 과거에 비하여 일찍 시작되고 일찍 끝나는 경향을 보이기고 있다(그림 3-4).

이처럼 오늘 날 환경문제에 있어서는 발생원만이 아니라, 국경을 넘어 문제를 유발하는 장거리 수송의 문제가 중요한 위치를 점하고 있다. 이런 점에서 다양한 규모에서 발생하는 오염물질의 수송과정을 이해하는 것이 대단히 중요하다.

대기 중 수송현상을 다룰 때에, 그 메커니즘을 이류현상과 난류수송(혹은 난류확산)현상으로 나누어 생각할 수 있다. 이류현상은 시간변화를 하는 바람의 평균풍속으로 정의되는 평균풍속으로 수송하는 부분을 가리킨다. 반면에, 이 평균풍속에서 벗어난 바람(변동성분)에 의한 수송이 난류수송이다. 현상을 보다 거시적으로 다룰 것인가, 아니면 보다 미시적으로 다룰 것인가에 따라서 이류현상과 난류현상의 범위는 달라진다. 여기서는 수송현상 가운데 이류현상에 주목하고, 그 중에서도 장거리 수송으로 문제가 발생되고 있는 현상을 중심으로 소개하기로 한다.

대기 중의 수송현상을 규모에 따라서 나눈다면, 그것은 바람장의 대소(大小)에 따르게 된다. 바람장의 대소는 일상생활이 이루어지고 있는 정도의 규모에서부터 지구규모에 이르기까지 다양하다. 소규모 수송현상은 오랜 옛날부터 화학무기에 관련된 연구, 또 도시산업에 의한 대기오염 대책연구 수행을 위해 다루어져 왔다. 이것은 수십 km 정도를 대상으로 하였다. 원자력 시설의 안전대책을 다루려면 이보다는 넓은 규모를 다루어야 한다. 즉, 수십에서 수백 km에 이르는 수송현상이 과제가 된다. 규모가 작은 현상은 난류수송현상에 중점이 두어진다. 반면에 지구규모의 수송현상은 순수 기상학의 문제로서도 연구대상이고, 또 핵실험에 수반된 방사성 물질의 범지구적 수송현상을 다루기 위해서도 연구되어왔다. 이런 규모의 문제에는 이류현상이 주목된다.

이처럼 대기 중의 수송현상은 규모에 따른 차이가 크게 나타나는 이유는, 수송되는 물질의 발생지역과 영향을 받는 지역 간의 대기 속에서 발생하는 현상은 바람과 난류가 담당하는 대기 중 미립자의 응집은 물질의 변형을 가져오고, 광화학반응은 변질을 유발한다. 비가 만들어지는 메커니즘과 강우현상은 rain-out, wash-out을 통해서 대기로부터 물질을 제거한다. 지표에의 흡착과 침착도 제거 메커니즘의 하나이다. 이와 같이 대기 중에서 수송되는 물질이 받는 과정이 수송현상의 규모 차이를 가져오는 원인이 되고 있다.

표 3.6은 대기 중 각종 오염현상의 규모의 대소와 대기 중에서 발생하는 제 과정의 중요도를 분류해 본 것이다. 숫자 1~3은 현상의 중요도 순서이다. 발생원 부근의 현상에 관심을 갖는 경우에는 수송현상이 가장 중요하다. 그 이유는 소규모 지역을 오염물질이 이동해 가는 데에 필요한 시간은 짧기 때문에, 오염물질의 변형·변질 및 제거 과정이 진행되는 것은 무시할 수 있기 때문이다. 현상의 규모가 커져서 이동에 걸리는 시간이 긴 중규모현상(중거리 수송)이 되면 광화학 스모그의 발생과 같이 물질의 변질이 중요한 문제로 부각된다. 이 보다 규모가 더 큰 규모의 현상(장거리 수송)인 경우에는, 말하자면 산성비의 문제,

제거 메커니즘도 중요한 과정이 된다. 대기성분으로서는 이산화탄소와 같이 거의 일정한 공간분포를 하고, 대기 중에 머무는 시간(life-time)이 길어지면 수송과정은 오히려 무시할 수 있게 되고, 대기 바깥 시스템(예, 지표 계)과의 수지에 관계하는 제거 메커니즘만이 중요한 현상이 된다.

표 3.6 대기 중 오염현상의 규모와 제 과정의 중요도(Takeuchi, 1979)

규모	오염현상	대기오염의 상황	과정의 영향		
			수송	변형변질	제거
지역(Regional) (100~1,000km)	장거리 수송	산성비, 화분의 장거리 수송	2	1	2
중(meso) (10~100km)	중거리 수송	광화학스모그, 높은 굴뚝에서 배출되는 오염물	1	1	3
국지(local) (1~10km)	고농도 오염	광역 고농도오염	1	2	3
미(micro) (0~1km)	발생원 부근오염	교차점이나 도로 변의 오염	1	3	3

대기 중 물질의 수송현상은 일반적으로 대규모적인 현상이나 소규모적인 현상은 비교적 다루기가 쉽다. 대규모적인 현상의 경우는 기상관측 망이 어느 정도 정비되어 있고, 공기의 수송으로서 문제를 다루는 한에서는 현상의 이해가 쉽다. 또한 소규모 현상도 기상상황의 파악에 특별한 곤란이 수반되지 않는 한 이류와 난류 수송으로 해결된다. 이들 규모 사이에 있는 현상인 장거리 수송(100∽1,000km)이라고 불리는 규모의 현상에 아직 해결하지 못한 문제가 많이 남아있다. 수평규모는 수백 km에서 수천 km에 미치고, 수송시간은 1일에서 수일에 상당한다.

물질의 장거리 수송은 일반적으로 발생원과 영향을 받는 지역 사이의 메커니즘이 복잡하지만, 그 사이에서 발생하는 현상에 관한 정보가 부족하다. 황산화물을 예로 들자면, 발생원에서는 SO_2 였는데, 대기 중에서 산화되어 작은 수적의 에어로졸로서 SO_4^{-2}가 된다. 이것은 수송 중에 지상으로 천천히 낙하하여 제거된다. 이 현상은 강수현상에 의한 세정효과(rain-out, wash-out)와 고체 미립자와 마찬가지인 건조 강하로 대별된다. 또 지표에 흡착이 이루어지기도 한다.

대기 중에서 수송되는 궤적도 복잡하다. 지상의 발생원으로부터 수송되는 물질은 하층 대기를 따라서 수송되는데, 그곳은 풍계의 변화가 커서 종종 일변화를 수반한 현상이 나타난다. 일반 기류가 약할 경우에는 풍계에 명확한 일변화가 나타나는 해륙풍과 같은 국지풍이 수송풍의 역할을 한다. 이 경우 오염물질이 발생원으로부터 멀어져 가는 거리는 짧지만 제한된 지역 내에서 장시간에 걸쳐 복잡한 수송이 발생한다. 하층대기에서는 넓고 평탄한 지역에서도 공기덩어리는 복잡하게 움직인다. 미국의 대평원에서는 발생원에서 600km 떨어진 곳에 원호상(圓弧狀)으로 나란하게 포집 점을 설치한 장거리 수송실험을 수행하였는데, 배출원에서 트레이서(tracer) 물질을 방출한 후에 포집 점에서 포집해 보니 방출 하루 뒤에 일부 포집 점에서 수송되어온 트레이서 물질이 확인되었다. 그런데 3일이 지난 후에 또 그 물질을 포함한 공기덩어리가 관측되었다(G. Ferber et. al., 1981). 기압경도에 상응하는 풍속을 뛰어넘는 하층 제트기류가 야간에 발달하는 곳에서는 하루 밤사이에 물질이 1,000km이상 수송되기도 한다. 이처럼 하층의 복잡한 바람이 장거리 수송을 예측하는 것을 어렵게 만든다.

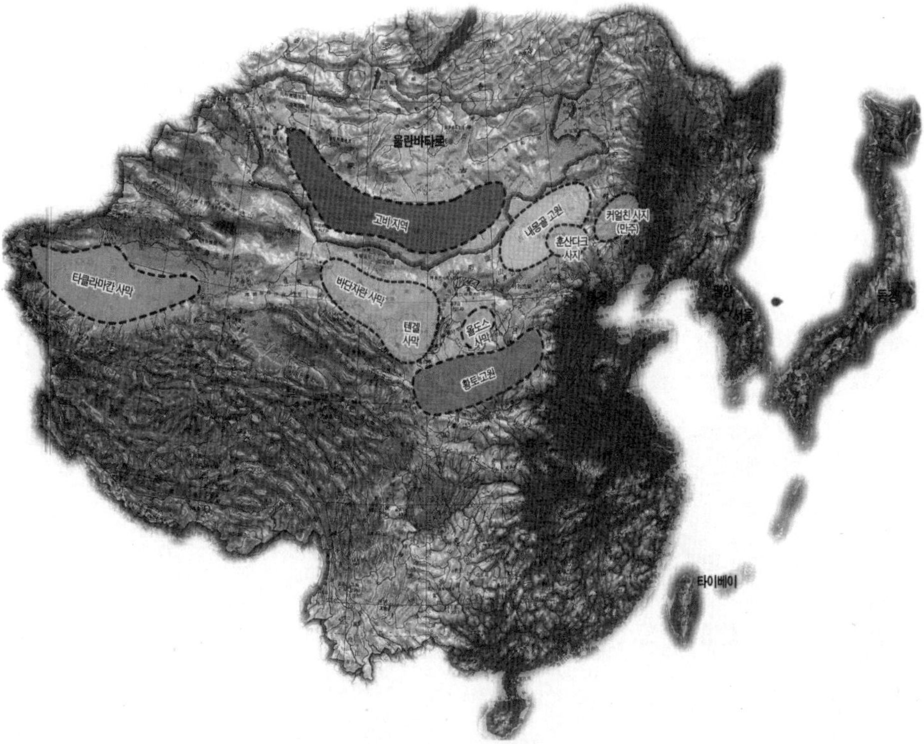

그림 3-2. 우리나라에 영향을 미치는 황사의 주요 발생지

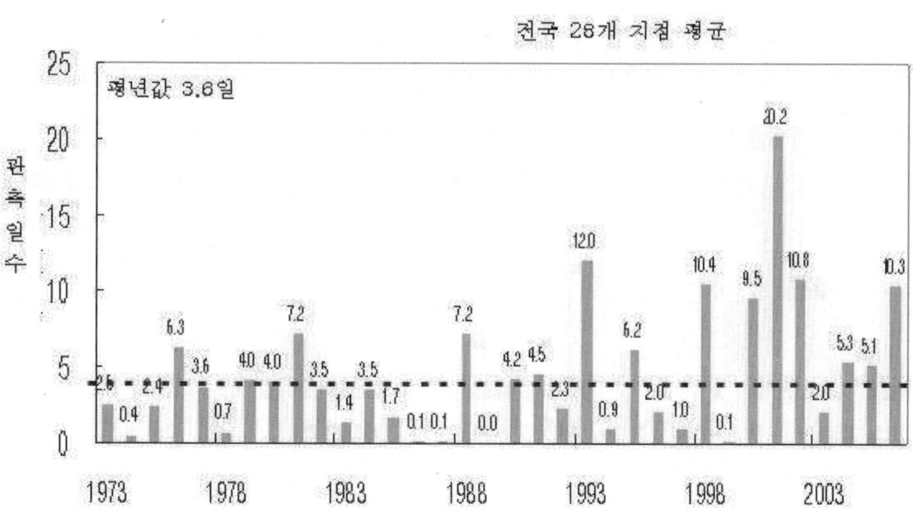

그림 3-3. 황사발생빈도의 장기변화

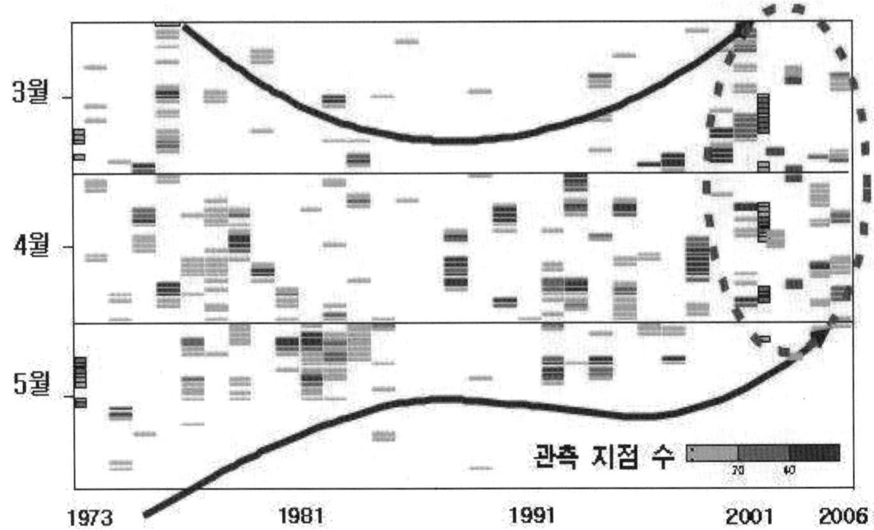

그림 3-4. 우리나라 황사발생 시기의 정기적 변동

3.5 대기오염과 자연의 조절작용

주어진 지역에서 배출되는 대기오염 물질의 양은 적어도 수 년 이내에 크게 변할 가능성은 희박하다. 그럼에도 불구하고 각 지역의 대기오염 농도는 같은 계절 내에서도 크게 변하는데, 그 이유는 대기 조건의 변화에 기인한다. 대기 조건은 대기오염 농도를 결정하는 데에 중요한 역할을 한다. 대기오염물질의 확산은 대기안정도와 풍속에 의존한다. 또 여름철 광화학 스모그는 일사조건(운량)의 영향을 받는다. 또 국지풍의 발생은 대기오염물질의 배출에 큰 영향을 미친다.

(1) 바람에 의한 대기조절 작용

국지순환은 오염물질의 확산과 수송에 중요한 역할을 한다. 해안 도시의 경우에는 주요 대기오염물질 배출원의 위치를 결정함에 있어서 해풍의 영향을 고려해야 한다. 해륙풍은 내륙과 해양 사이의 열용량 차이로 발생하는 국지적인 기압차이가 원인이 되어 발생하는 국지순환풍이다. 그림 3-5에 낮에 해풍이 발생하는 원리를 도식적으로 제시하였다. 그림 3-6에는 영국의 해안가에 위치한 높고 낮은 굴뚝에서 배출된 연기가 서로 다른 방향으로 향하는 것을 볼 수 있다. 이처럼 해풍이 해안을 출발하여 육상으로 향할 때, 그 상공에는 반대로 육지에서 해안으로 향하는 기류가 존재한다. 야간엔 이와 반대로 육상의 온도가 해상보다 낮아지므로 육풍이 발달한다. 해풍이 시작되는 해안에 산업단지와 같은 배출원이 위치하면, 한 낮에 해풍이 대기오염물질을 도시 후면으로 수송하면서 도시의 대기 질을 악화시킬 수 있다. 반면에 청정한 해상으로부터 불어오는 해풍이 도심으로 진입하면 도시의 오염된 공기를 희석시켜 오염농도를 낮추어주기도 한다.

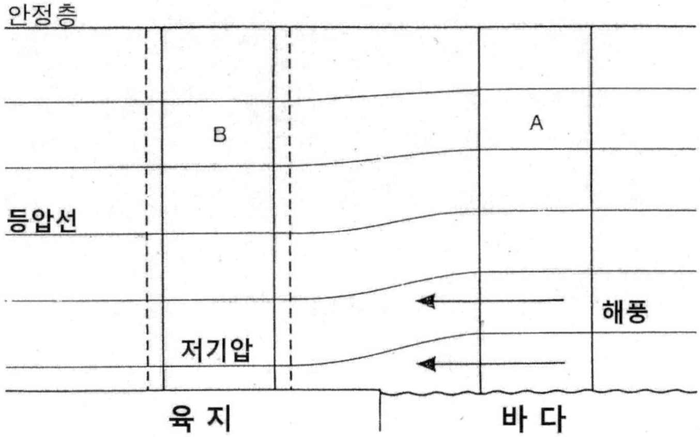

그림 3-5. 낮에 해풍이 발달하는 원리

그림 3-6. 영국 해안가에서 촬영한 해풍 순환에 수반된 하층과 상층 연기의 대조적 연기 흐름(사진, Ralph Turncote. J. Simpson(1944)의 저서에서 발췌)

해륙풍의 영향은 해안지역에 한정되어 나타나는 것은 아니다. 그림 3-7에 1999년 5월 30일에 관측된 전국의 기상관서와 기상청에서 운영 중인 자동기상 관측장치에서 관측된 기압과 바람자료를 이용하여 작성한 기압과 바람의 일변화를 제시하였다. 하루 중 지표의 냉각이 정점에 도달하였다고 간주할 수 있는 오전 6시에는 내륙지역에 소규모의 고기압(그림 3-7(a))이 해안 지역에는 저기압이 나타나고 있다. 오후 6시에는 이와 반대로 해안가에 소규모 고기압, 내륙 지역에 소규모의 저기압이 생성되어 있음을 확인할 수 있다. 이때의 바람을 그림 3-8에 나타내었다. 오전 6시에는 내륙에서 해안으로, 오후 6시에는 이와 반대 방향의 바람을 볼 수 있다. 이처럼 3면이 바다이고 해안으로부터 내륙 중심부까지의 거리가 짧은 우리나라의 경우에는 전 국토가 해륙풍 순환의 영향을 받고 있는 셈이다.

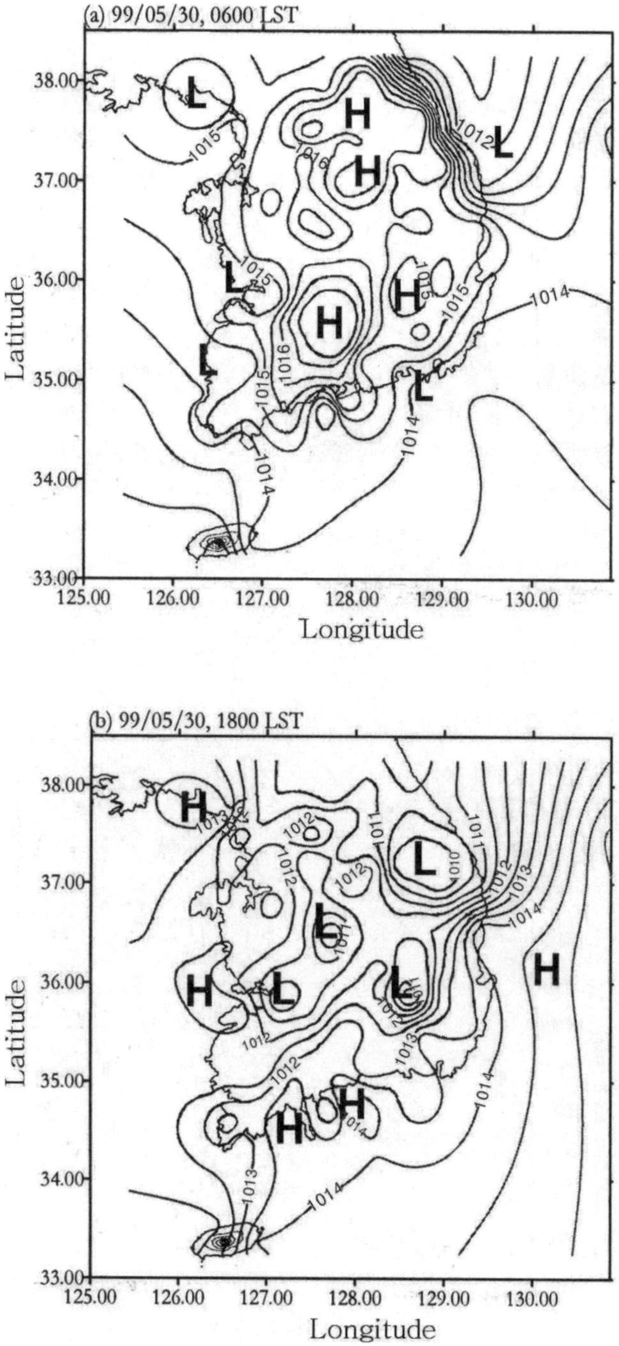

그림 3-7. 1999년 5월 30일 오전 6시(a)와 오후 6시(b)의 기압분포. (김과 정, 2002)

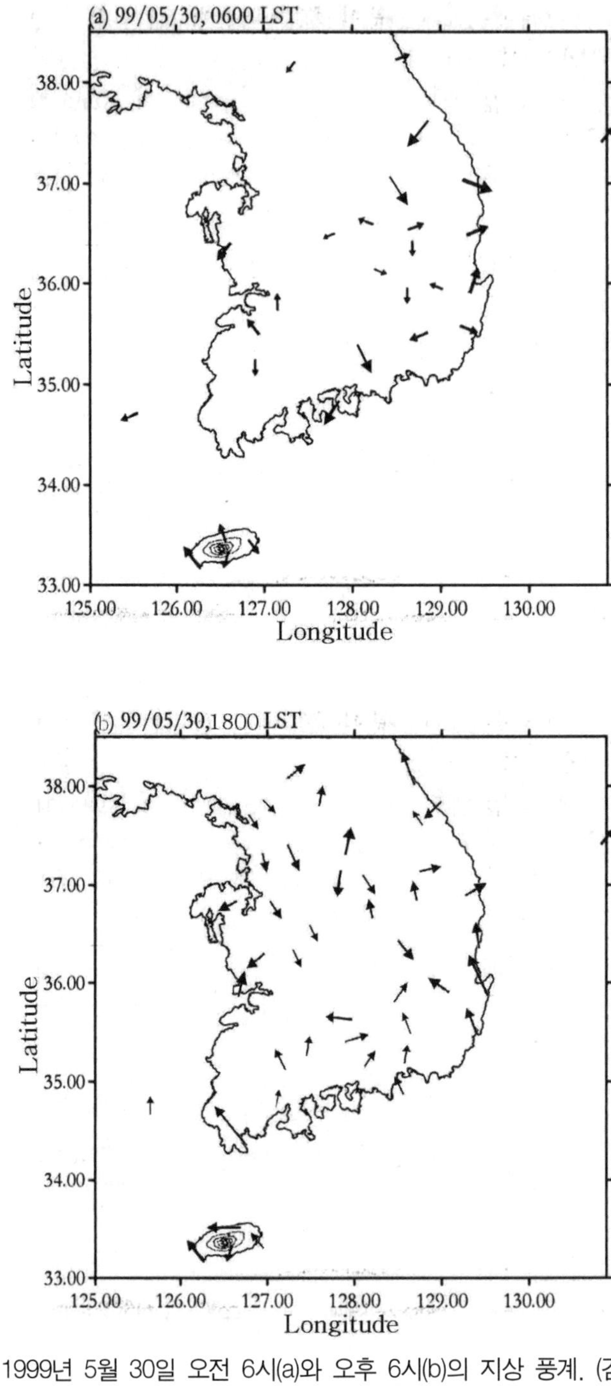

그림 3-8. 1999년 5월 30일 오전 6시(a)와 오후 6시(b)의 지상 풍계. (김과 정, 2002)

산지로 둘러싸인 내륙 분지지역에서는 산곡풍 순환이 대기 조절에 중요한 역할을 담당할 수 있다. 험준한 지형을 갖는 산지에서는 계곡을 중심으로 지형성 교대 풍(relief wind)이 부는데, 밤에는 산정에서 경사지 아래로, 낮에는 산정을 향해서 불어 올라간다. 그림 3-9에 산곡풍이 발생하는 원리를 제시하였다. 지표는 복사 방출율이 1에 가까운 흑체이지만, 공기의 복사 방출율은 제로에 가깝다. 그래서 공기는 복사에너지의 흡수와 방출이 적어 지표의 영향을 받지 않는 한 공기의 온도는 낮과 밤사이에 변화가 작다. 반면에 산의 지표는 낮에는 태양복사에너지를 흡수하여 온도가 상승하고 야간에는 장파복사를 방출하여 온도가 내려간다. 이런 이유로, 지표의 가열이 있는 낮에 동일 고도에 있는 공기는 산지 부근의 공기가 부력을 얻어 상승을 한다(그림 3-9(a)). 이를 곡풍이라고 부른다. 야간에는 산지 부근의 공기가 냉각되어 같은 고도에 있는 산지로부터 떨어져 있는 공기보다 무거워져서 음의 부력을 갖게 되어 저지대로 하강을 한다(그림 3-9(b)). 이를 산풍이라고 부른다. 이러한 산곡풍이 부는 지역에서는 낮 시간에는 곡풍이 저지대에서 배출된 오염물질을 경사지 위로 수송한다. 그리고 야간에는 복사냉각으로 무거워진 저온의 청정한 공기가 저지대로 흘러 내려와서 대기오염 농도를 희석시킨다.

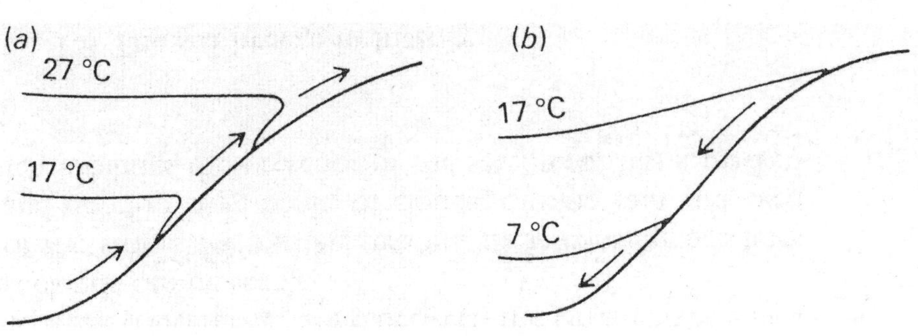

그림 3-9. 산곡풍이 발생하는 원리를 설명한 개념도. (a)곡풍은 낮에 산의 사면이 태양에너지를 받아 지표가 가열되고, 가열된 지표로부터 가열된 공기가 부력을 얻어 산정을 향해 상승해 가는 바람이다. (b)산풍은 야간 산의 사면에서 야간에 지표면의 복사냉각으로 냉각된 공기가 음의 부력을 얻어 저지대로 하강해 가는 바람이다.

최근 도시계획 분야에서는 도시의 위치에 따라서 해풍이나 산풍을 이용하여 도시의 환기 기능을 개선시킴으로서 대기오염과 도시열섬 문제를 완화시키고자 노력하고 있다. 해륙풍과 산곡풍은 지형적 특성에 따라서 발생하는 국지순환풍인데, 이들 바람이 발달하는 경로를 바람길(wind ventilation lane)이라고 부른다. 해풍, 육풍 및 산풍은 밀도류라는 사실로부터 추정할 수 있듯이 도시의 바람 길은 도시하천과 같은 저지대를 따라서 발달하는 것이 일반적이다. 연중 풍속이 약한 독일을 포함한 유럽대륙에서는 이러한 산곡풍을 이용하여 도시의 대기오염물질에 대한 환기조건을 개선하고, 청정한 냉기류(산풍)를 이용하여 도심의 기온을 낮추어 도시의 환경 쾌적성을 향상시키려는 노력이 자리잡고 있다. 냉기류의 흐름과 저온의 성질을 보전하기 위하여 바람이 지나는 길에는 도시녹지를 조성하고 고층건물의 건립을 억제하려는 노력이 도시계획에 반영되고 있다. 1990년대 이후에는 일본을 포함한 아시아의 여러 도시에서도 산풍이나 해풍을 이용하여 도시의 기후환경을 개선하려는 구체적인 움직임이 도시계획에 반영되고 있다. 한편, 우리나라에서는 서울, 대구 등지에서 도시계획에 바람의 길 개념을 반영하여야 한다는 문제제기가 있었고 기초적인 바람길 연구가 수행되기도 하였지만, 그것은 외국의 사례에 비추어 우리나라에도 도입이 필요하다는 당위론적인 수준에 머물고 있는 실정이다.

(2) 대기안정도의 영향

대기의 안정도도 대기오염의 농도를 결정하는 데에 매우 중요하다. 기온의 연직분포가 대기의 안정도를 지배하는데, 이것은 대기에서 오염물질을 더 빠르게 혼합시키는 연직기류와 관계된다. 대기오염농도는 기온감률과 관계되는데, 대기안정도가 클수록 오염물질의 혼합은 억제된다. 대기가 절대안정일 경우에는 상승기류가 존재하지 않아서 연직혼합이 거의 발생하지 않는다. 조건부 불안정 하에서는, 오후에 지면가열이 충분하여 대기가 불안정해지는 낮 시간을 제외하고는 혼합이 잘 발생하지 않는다. 절대 불안정의 조건 하에서 대기혼합이 가장 활발하게 발생한다.

역전층의 존재는 대기오염 농도를 심화시키는 요인이 된다는 것은 잘 알려져 있다. 고도에 따라서 기온이 상승하는 역전층은 대기혼합을 거의 발생시키지 않는 매우 안정한 대기조건을 만든다. 대류활동이 억제되어 대기오염물질의 확산 능력이 감쇄되는 것이다. 지표기온의 역전은 보통 그리고 종종 대기 상공 100미터까지 확대된다. 이것은 몇몇 요인으로 인하여 발생한다. 일반적으로 대류권에서의 기온은 고도에 따라서 감소한다. 하지만, 야간에 지표가 적외선을 방출하면 하층대기가 냉각되어 지표면 역전이 만들어진다. 이와 같이 야간 복사가 유발한 역전은 야간에 흐린 날보다 쾌청한 조건에서 잘 나타난다. 구름이 낮에 태양에너지의 입사를 감쇄시키는 것은 분명한데, 야간에는 구름이 지구가 잃는 복사량을 줄여주는 것도 분명하다. 그래서 역전의 발달이 감소한다.

한후기(cold climates)에는 지표부근이 복사를 얻는 것보다 잃는 것이 많기 때문에 역전이 유지되는 시간이 더 길게 나타난다. 이러한 이유로 역전은 북극이나 남극 근처에서 자주 발생한다. 다행히 이들 지역은 산업화된 곳이 아니다.

하층대기의 기온의 연직분포를 하루 동안 관측해 보면 야간과 일출 후 얼마 동안에 나타나는 역전 동안에 대기오염 확산이 억제되는 것을 잘 볼 수 있다. 맑은 날 태양광선을 지표가 흡수하면 지표가 가열되어 역전이 해소되면서 야간 동안에 적체되었던 오염물질이 지표를 벗어나기 시작한다. 역전층은 시간이 지날수록 점차 얇아지고 대기오염물질은 보다 농축되어진다. 하지만 그것이 소거되는 것은 보통 아침 10시나 11시 경이다. 기온감률은 최고온도가 나타날 때까지 증가하는데, 이에 따라서 대기오염의 확산도 증가한다. 지표역전은 해가 진후에 지표가 복사에너지를 잃기 시작하면, 다시 발달하기 시작하고 대기오염의 축적도 시작된다.

상층 역전(1에서 2km 고도)은 오래 지속되기 때문에 대기오염에 미치는 영향이 지표역전보다도 더 나쁠 수가 있다. 상층 역전은 종종 수일에 걸쳐 지속된다. 상층 대기의 역전층은 서로 다른 여러 가지 물리적 과정의 결과로 발달한다. 가장 중요한 발달기구는 고기압 영역에서의 공기의 침강과 관계있다. 침강하는 공기는 상대적으로 상부에 있던 공기일수록 더 많이 하강하여 더 많이 가열되기 때문에 상층 역전이 발생한다. 또한 상층역전은 기단의 교체로 발생하기도 한다. 해양 열대 공기의 발생원은 위도 30도 부근에 위치한 대서양과 태평양에 위치한다. 그곳에서 공기는 고온 습윤해지는데, 이 공기가 종종 미국으로 진입하여 지역을 점유하는 기단의 유형을 바꾸어버린다. 대륙성 한대(Continental Polar)기단과 대륙성 극기단(Continental Arctic)은 미국의 북쪽에 위치하는데, 종종 미국 쪽으로 확장하여 차가운 공기가 미국을 덮는다. 그 두 공기의 선단이 마주치면 차가운 공기는 따뜻한 공기의 아래쪽으로 침투하여 한랭 전선을 만들고 따뜻한 공기는 찬 공기 위로 올라가면서 비를 내린다. 이 과정에서 상층 역전이 발생한다. 차가운 공기가 따뜻한 공기 아래로 파고들면, 두 공기의 사이에서 역전층이 발생하는데 이것이 역전을 발달시키는 또 다른 메커니즘이다. 이러한 상태가 오래 지속되지 않는 한, 이로 인하여 심각한 대기오염이 발생하는 사례는 일반적으로 없다. 상층역전은 하루 동안에 발생하는 가열과 냉각의 주기로 발생하기도 한다. 낮에는 가열이 야간에는 냉각이 발생하는데, 두꺼운 구름층이 있고 그곳에서 야간 냉각보다 주간의 가열이 많으면 깊은 역전층이 발달할 수 있다. 보통은 낮 동안의 지표 가열이 하층 대기를 가열시켜서 야간에 형성된 역전층을 소거시킨다. 만약에 낮 동안에 가열이 불충분하면 상층 대기에는 야간에 생성된 역전층이 그대로 남는다.

상층역전은 대기오염물질의 확산을 결정하는 데에 큰 영향을 미친다. 역전층은 오염물질의 확산을 저하시키는 매우 안정한 층이다. 상층역전이 장기간에 걸쳐서 정체할 경우에는 대기오염을 가중시키는 치명적인 이유로 작용할 수도 있다.

읽을거리

자원순환 형 사회와 환경보전

인류가 지구상에 나타난 이래로 가장 유복한 시간을 영유하고 있는 것이 산업혁명이 시작된 최근 200여년 이라고 한다. 산업화가 본격화되면서 인류는 자연이 생산해 낼 수 있는 범위를 훨씬 초과하여 물질을 소비해 왔고, 자연이 소화할 수 없을 만큼 많은 양의 환경오염물질을 배출해 오고 있다. 그 결과 우리는 45억년의 지구역사 동안에 자연이 축적해온 자원을 불과 200여년 만에 고갈시키고 있다. 그리고 대기, 수질, 토양오염과 생태계 파괴에서 유발되는 각종 환경문제로 건강한 삶을 위협받고 있다.

산업화 사회에서의 경제발전을 설명하는 원칙 중에 모드의 법칙이라는 것이 있다. 모드의 법칙은 처음엔 패션산업에 대해서 제안된 것이지만, 일반 공산품에도 적용이 되는 것으로 알려져 있다. 이 원칙에 의하면, 특정 물건이 소모되어 쓸 수 없을 때까지 걸리는 시간에 대하여 동일 물건을 다시 구매하는 데에 걸리는 시간이 짧으면 경제발전이 이루어지고 그 반대이면 경제 불황이 온다고 설명한다. 즉, 어떤 물건이 쓸만함에도 구매행위가 이루어져야 경제가 잘 돌아간다는 얘기이다. 산업화 사회가 얼마나 물질적 과소비를 전제로 하고 있는지를 증언하는 것으로 생각된다.

이처럼 산업화 사회는 인류에게 풍요로움을 선사하였지만, 자원의 고갈과 환경오염을 전제로 할 수밖에 없기 때문에, 본질적으로 지속 불가능한 사회체제인 것이다.

이러한 배경에서 이미 20세기 후반부터 유엔을 중심으로 한 국제사회는 지속가능한 발전사회로의 전환을 추구해 오고 있다. 지속가능한 발전 사회에 대한 사전적 의미는, 미래 세대의 삶을 위태롭게 하지 않으면서 현재 세대가 필요로 하는 것을 충족시켜주는 사회를 말한다. 즉, 현 세대뿐만 아니라 후대의 사람들도 풍요로운 삶이 보장되는 사회체제를 지속가능한 발전사회라고 한다. 건강한 후손을 낳아 종을 지속시켜 가고자 하는 것이 인간을 포함한 모든 생명체들의 본능이므로 고갈 형 사회에서 지속가능한 발전사회로 전환해 가자는 주장에 반대할 사람은 없을 것이다. 그런데 문제는 어떻게 이런 사회를 구현할 수 있을 것인가 하는 구체적 실천방법에 있다.

우리 시대가 향유하고 있는 화석연료와 각종 금속류들은 예외 없이 고갈 형 원료이다. 따라서 지금의 소비생활방식을 바꾸어야 한다는 것이기에 매우 지난한 일이다. 그렇지만 이 길은 인류가 지구상에서 지속적으로 생존하기 위해서는 선택의 문제가 아니라 필수적으로 가야하는 길이다. 완전히 지속가능한 발전사회를 정착시키기에 앞서서 당장 눈앞에 닥친 자원고갈의 파고를 헤쳐가기 위해서는 자원순환형 사회를 지향하여야 한다. 자원순환 형 사회는 첫째, 폐기물의 발생억제, 두 번째로 재사용, 세 번째는 회수된 자원을 원재료로 재사용하든가 그것이 여의치 못하면 에너지로의 이용 혹은 환경보전대책에 만전을 기하여 적정하게 처리하는 체제를 구축하는 것을 말한다. 지금도 민과 관이 협력하면 상당한 수준으로 자원순환 형 사회를 달성할 수 있다. 아직도 전국의 매립장에 묻히고 있는 쓰레기의 약 75%가 재활용 가능한 것이고 한다.

"버리면 쓰레기, 다시 쓰면 자원"이라는 표어는 우리 시대 최고의 화두라 할 것이다.

김해동(계명대학교 환경대학 교수, 대구기독교방송, 2006)

제4장

수환경(水環境)

4.1 물

물이 없다면 지구상에는 어떠한 생명체도 살 수 없다. 먹이 사슬의 최하위 단계에 있는 식생의 생명유지는 기본적으로 광합성에 의존하며 이 최하층 단위가 생존할 수 없다면 상위계층의 모든 생명체 역시 생존이 불가능하여 지구상에는 생명체가 존재할 수 없게 된다. 또한 동물에게 있어서도 기본적인 대사작용은 전적으로 물에 의존하기 때문에 물의 중요성은 아무리 강조해도 지나치지 않을 것이다. 물은 토양이나 수중에서 물리화학적인 상호작용에 관여하며 수중에 생명체가 살도록 해 주어 생물상의 다양성, 군집구조, 생산성 등에 중요한 영향을 미친다. 또한 수계로부터 증발된 수분은 대기 중의 구성성분에 영향을 줄뿐만 아니라 열전달, 온도변화 등에도 영향을 주게 된다. 이렇게 물과 관련된 다양한 자연 현상은 물의 기본적인 성질을 파악하면 보다 쉽게 이해될 것이다.

(1) 물의 기본적인 성질

물은 수소 2개와 산소 1개가 전자를 분할하는 공유결합에 의한 합성물이다. 또한 물분자에서 양전하를 띠는 수소원자는 음전하를 띠는 또 다른 물분자의 산소와 상대적으로 약한 결합을 하게 된다.

이것이 소위 말하는 수소결합이다. 수소결합은 같은 분자내의 수소와 산소 결합력의 약 1/16배 정도 밖에 되지 않지만 물 분자들끼리의 단단한 결속력을 유지하도록 하는데 매우 중요한 역할을 하고 있으며 이러한 수소결합이 물이 다른 액체에 비해 다양한 특이성을 갖도록 해 준다.

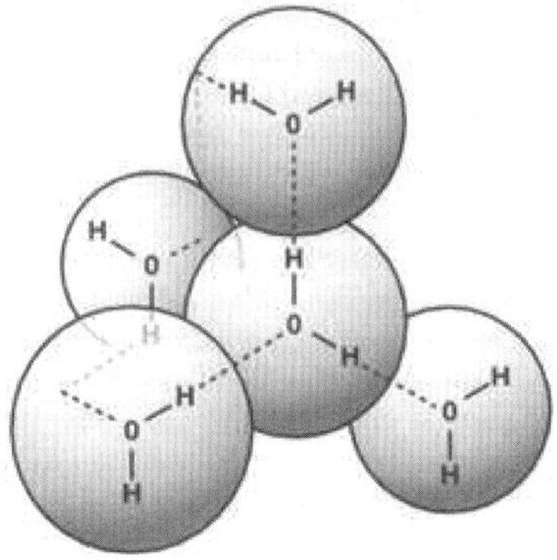

그림 4-1. 물의 수소결합

(2) 물의 밀도

물의 밀도는 생명체의 밀도와 비슷하기 때문에 생명체가 수중에서 뜰 수 있도록 하고 수중에서 자유롭게 이동하도록 도우는 역할을 한다. 그래서 대형 수서식물이나 동물들은 강한 줄기나 골격을 필요로 하지 않는다.

다른 액체와는 달리 물은 얼음으로 된 고체일 때 보다 액체상일 때 더 무겁게 된다. 이는 앞서 설명한 수소결합과 밀접한 관련이 있다. 즉, 물이 액체에서 고체상으로 변할 때 자유로운 수소결합은 상대적으로 더 단단하고 정렬된 형태를 유지하며 액체와는 훨씬 동떨어진 형태를 가지게 됨으로 얼음은 0℃의 물 (0.999g/cm) 보다 낮은 밀도 (0.917g/cm)를 가지게 되고 그 결과 얼음은 물 위에 뜨게 되는 것이다. 물의 밀도가 최대가 되는 온도는 3.94℃로서 이 때 물의 밀도는 0.99997g/cm가 된다. 이는 생태학적으로 매우 중요한 점이다. 왜냐하면 수중에 서식하는 생물들이 겨울이 되어 수표면이 얼게 되어도 수중에서 살아남을 수 있게 해 주기 때문이다.

이러한 현상은 순수한 물에 해당되며 물에 다른 물질이 용해된 경우 다른 경향을 가지게 된다. 염분이 녹아 있는 해수를 예로 들 수 있다. 해수는 염분 때문에 더욱 높은 밀도 (1.025g/cm)를 유지하며 이것은 물의 일반적인 성질인

3.94℃에서 최고의 밀도를 나타내는 것과 관계없이 온도가 올라갈수록 밀도가 낮아진다는 것을 의미한다. 염분농도 3.5g/L의 해수는 -1.96℃에서 얼기 시작한다. 또한 호수의 깊은 곳에서는 물 자체의 밀도 외에도 상부층에 있는 물의 무게에 눌려 압축되기 때문에 최대 밀도를 가지는 물의 온도가 변하게 된다.

(3) 점성도

점성은 액체의 흐름에 대한 저항을 정도를 나타내는 척도이다. 즉, 점도가 높으면 액체의 흐름에 대한 저항이 커져 흐름의 속도가 느려지게 된다. 물과 꿀의 흐름을 비교해 본다면 쉽게 이해할 수 있는 성질이다. 이러한 점성은 수중에서 물고기가 수영을 하거나 조류(algae)가 물에 뜨는 것이 가능하게 해주는 마찰저항의 원인이 된다. 물에서 동물성 플랑크톤이나 어류가 수영을 하도록 해주는 마찰저항은 대기 중의 미생물에 비해 100배 정도 더 크다. 지표수에서 점성은 온도에 크게 좌우되며 밀도에는 적은 영향을 준다. 온도가 5℃에서 25℃까지 올라감에 따라 점성도는 약 1.7배 낮아진다. 결과적으로 여름동안 흔히 발생하는 부영양화된 지역에서 조류나 다른 입자들은 온도가 낮은 계절에 비해 70% 정도 더 빨리 가라앉게 된다. 온도 변화에 따른 점성의 변화는 선형관계는 아니지만 온도가 10℃ 이하로 떨어지면 급격하게 올라간다. 따라서 점성도는 호수의 성층현상이나 물의 흐름에 중요한 영향을 끼친다.

(4) 비열

비열은 어떤 물질 1g의 온도 1℃를 높이는데 필요한 열량이다. 순수한 물 1g을 1℃ 올리는데 4.187J이 소모되는데 이를 1 calorie라고 한다. 물의 비열은 대부분의 다른 액체보다 높다. 따라서 물은 온도가 쉽게 올라가거나 내려가지 않는다. 이 역시 물의 수소결합과 관련이 있다. 즉, 물의 비열이 큰 이유는 가해지는 열의 일부를 물분자간의 수소 결합을 끊는데 소모하기 때문이다. 또한 다른 물질과 같은 양의 열을 빼앗아도 분자 간의 수소결합을 형성하면서 열을 방출하므로 온도가 쉽게 내려가지 않는다. 이렇게 물의 비열이 커서 나타나는 현상으로는 해안지방이 내륙지방보다 일교차가 작은 것을 들 수 있다. 이런 현상 때문에 해안지방에서는 낮에는 해풍이 불고 밤에는 육풍이 분다. 또한 물의 높은 비열은 대기의 급격한 온도변화로부터 수중의 생물들을 지켜준다.

(5) 표면장력

표면장력은 서도 다른 두 상의 경계면에서 발생한다. 즉, 대기와 접촉하고 있는 물의 표면은 물분자끼리의 인력 또는 반발력이 평형을 이루고 있는 수중과는 달리 상부는 물분자보다 훨씬 약한 인력과 반발력을 가진 공기와 접하고 있으므로 수표면의 물분자들은 힘의 균형을 이룰 수 없어 수면 아래쪽으로 힘이 쏠리게 된다. 즉 알짜힘이 수표면 아래로 향하게 된다. 물은 높은 표면장력을 가진다. 물분자끼리의 강한 인력은 수은의 표면장력을 능가할 정도이다. 이러한 물의 높은 표면장력은 수표면에 살고 있는 작은 생물들이 물위를 걸을 수 있게 해주며 꽃가루와 같이 가벼운 물질들이 물위를 부유하게 한다.

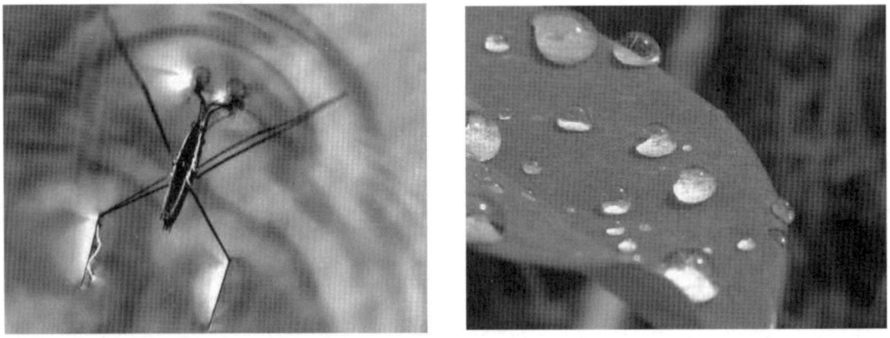

그림 4-2. 물의 표면장력

(6) 태양복사열의 흡수

순수한 물은 공기 보다 광합성 및 가시영역을 1000 배 정도의 크게 산란시켜서 수중에서 빛이 급격하게 소멸되도록 한다. 순수한 물은 또한 복사열을 흡수한다. 이것은 적외선이나 가시광선 중 붉은 색 부분의 파장대 또는 광합성 가능복사열 (PAR) 과 같은 태양복사열의 장파장을 효과적으로 산란시킨다. 따라서 수표면에 도달하는 총 복사에너지의 50%에 달하는 적외선은 수표면 층에서 즉시 흡수된다. 수표면의 가열은 상부층과 깊은 하부층의 차가운 물에 있어 밀도차이를 유발하고 호수 내 물의 혼합을 도운다. 푸른색이나 녹색의 단파장대의 복사열은 순순한 물에 의해 훨씬 적게 산란하여 수심이 깊은 곳에서도 광합성이나 가시영역을 확보하게 해준다.

(7) 극성용매로서의 물

물은 여러 가지 물질을 녹일 수 있는 용매(solvent)이다. 액체 상태의 물은 수많은 물 분자들이 모여서 이루어진 것이다. 물 분자 한 개를 놓고 보면 수소원자들은 부분적으로 양 전하를 띠며, 산소원자는 부분적으로 음 전하를 띠게 되어 한 개의 분자 안에 부분적으로 양 전하와 음전하를 가진 물 분자는 극성을 띤 분자가 되며 이러한 극성은 물 분자들이 서로 이웃하고 있는 분자들을 끌어당기게 된다. 이렇게 물이 극성을 띠고 있으므로 극성을 띠고 있는 이온이나 분자들은 물과 잘 결합하게 된다. 즉 이온이나 분자들이 물에 잘 녹게 된다. 반면 극성이 매우 약하거나 없는 분자들은 물에 녹지 않는다.

4.2 수자원

수자원이란 지구상의 물 중 인류가 자원으로 이용가능한 물을 총칭하는 말이다. 과거에는 물에 대한 자원으로서의 개념은 희박하였으나 산업이 발달하고 인구가 증가함에 따라 인류가 사용할 수 있는 물에 제한이 가해지면서 물을 하나의 자원으로 인식하게 되었다. 지구상의 물은 강우-유출 및 증발과 같은 수문학적인 과정을 통해 반복되고 있으며 이는 인류가 사용할 수 있는 물의 양은 본질적으로는 증가도 감소도 하지 않는다는 것을 뜻한다. 그러나 현대에는 과학과 공학의 발달로 인하여 물을 더욱 확보하려는 노력들이 지속적으로 이루어지고 있어 물의 수문학적 순환에 있어 인위적인 변형을 가하게 됨으로 또 다른 형태의 수자원을 확보하였으나 여러 부작용들도 발생하게 되었다. 또한 강우의 지역적 불균형, 국가 또는 지역을 가로지르는 수자원에 대한 편중된 이용, 선진국과 개도국 사이 상하수도 관망 시스템의 차이 등으로 인하여 수자원에 대한 제한은 지속적인 문제가 되고 있다. 게다가 오염된 수자원에 기인한 각종 수인성 질병은 인류에게 많은 고통을 주고 있는 것 또한 현실이다. 본 장에서는 이러한 수자원에 대한 원론적인 고찰 및 기후변화와 수자원의 연관성에 대해 살펴보겠다.

(1) 물의 수요와 공급

지구상에 존재하는 물의 약 97%는 해수이고 나머지 3% 정도만이 지표수이다. 지표수의 99.7%는 빙하나 빙설(76.4%), 심층지하수(22.8%) 로서 인간의 사용이 거의 불가능하여 인간이 수자원으로 이용할 수 있는 지표수 (하천, 호수, 습지 등)는 전체 지표수의 대략 0.3%이다. 이 중 인간의 접근이 용이한 수장원은 전체 수자원의 약 0.01% 밖에 되지 않는다.

일인당 지표수요구량은 대략 1,400에서 1,800m^3 정도이다. 이 양은 수자원 관리가 매우 발달한 나라가 아닌 대부분의 경우 가정, 공업 및 농업을 위해 요구되는 최소량이라고 할 수 있다.

표 4.1 지구상의 물의 분포

	유량 (m^3)	비율 (%)
해양	1,320,000,000	97.2
만년설	29,200,000	2015
대기 중 수분	13,000	0.001
담수호	130,000	0.009
염수호	100,000	0.008
하천수	1200	0.00009
토양에 포함된 수분	70,000	0.005
지하수	8,320,000	0.62

수자원의 소비에 있어 농업용수가 차지하는 비율이 가장 높다. 이 말은 농업에서 사용되는 물의 효율만 높인다면 일인당 지표수 요구량을 1000m^3 정도까지 낮출 수 있다 (Gleick 1990). 실제 수자원 확보를 위한 많은 연구 등 중 농업용수의 저감 또는 효율성 증진을 위한 연구들이 많이 진행되고 있다. 그렇지만 전 지구적인 관점에서 보았을 때, 인간의 의한 물의 소비는 매 년에 4~8% 정도 증가하고 있고 이들 대부분은 개발도상국에서 요구되는 양이라고 보면 된다. 급격한 인구증가와 이와 관련된 농업의 결과로 비가 적게 오는 중동지역, 중앙아시아, 북중국 및 아프리카와 같은 지역은 일인당 물 공급량이 급격하게 줄어들고 있다. 따라서 이러한 국가들은 보다 많은 수자원의 확보를 위해 댐을 건설하고 있으나 댐의 건설은 수 생태에게 많은 영향을 미치고 있어 수자원의 확보와 생태계의 교란이라는 측면에서 끊임없는 논쟁을 불러오고 있다. 따라서 사용가능한 수자원의 양과 음용수의 수질은 경제발전과 인간건강에 있

어 매우 중요한 요인이 되고 있고 때에 따라서는 정치적인 안정에도 영향을 끼친다. 사용가능한 수자원을 확보하기 위한 노력으로 물의 재사용, 안정적이고 체계적인 물 관리, 도시물공급과 농업에 필요한 물 공급에 있어 낭비 방지 등 여러 분야에서 다양한 노력들이 이루어지고 있다.

(2) 수자원의 전 지구적 분포

지표수는 지구상에 균등하게 분포하고 있지 않으며 각 나라가 가지고 있는 양의 지표수는 매우 다양하다. 아마존 유역과 일부 남아시아 또는 동남아시아는 많은 양의 계절별 강우를 가지는 반면 중동이나 아프리카의 대부분 지역, 북아시아와 중앙아시아, 호주의 상당부분 등과 같은 지역은 유출수의 양이 극단적으로 변화하는 지역이기도 하다. 또한, 미국, 러시아, 브라질, 중국 및 인도와 같은 나라들은 같은 국가 내에서도 유량이 많은 곳과 물이 부족한 곳이 공존하고 있다. 수자원의 제한은 오염에 기인하기도 한다. 농업지역에서 사용된 거름, 살충제에 의한 수질오염, 반건조지역에서는 관개수로로부터 흘러나온 염류에 의한 오염, 공업지역에서의 산업용 물질에 의한 오염 등은 수자원의 가치를 하락시켜 인간이 사용할 수 없는 물이 되게 한다.

(3) 국내 수자원의 분포

우리나라의 경우 하천의 관망관리나 수계관리가 발달되어 있고 유량도 풍부한 편이나 강수량의 지역적, 계절별 편차가 심해 대부분의 강수량이 장마철인 6월에서 8월 사이 집중이 되고 이들 집중 강수량의 대부분이 바다로 직접 유출되어 실제 이용량이 약 20% 밖에 되지 않는다. 따라서 국내 수자원의 전체 총량은 약 1,140억m^3으로 이 중 58%에 해당하는 662억m^3은 하천으로 유출되는데 유출량 중 405억m^3은 홍수 시 유출되어 실질적인 사용이 거의 어려운 현실이며 나머지 257억m^3 중에서도 약 158억m^3 만이 직접적으로 이용되고 있다. 나머지 99억m^3은 댐이나 저수지에 저장된다. 우리나라의 평균 강수량을 보면 1,245㎜로서 세계평균인 880㎜ 보다 약 1.4배나 많은 양이나 우리나라의 인구밀도가 높기 때문에 인구 일인당 연 강수총량은 2,591m^3으로 세계평균인 19,635m^3의 약 1/8에 밖에 되지 않는다. 따라서 우리나라의 수자원 부존량은 연간 1,240억m^3에 달한다.

(4) 수자원의 종류

수자원은 크게 천수, 지표수, 지하수 및 해수로 구분된다. 천수는 우수나 눈 등 강수를 총칭하는 것이며 자연수에 비해 무기염류의 함량이 낮고 광물질이 용해되어 있지 않은 연수이며 상대적으로 오염이 되지 않아 직접 사용할 수 있는 장점이 있으나 수량이 적어 수자원으로서의 가치는 낮은 편이다. 지표수에는 하천수, 호소수 등이 있고 수자원으로 가장 많이 이용되고 있으며 계절별 유량의 변화가 크고 외부요인에 의한 수질오염의 우려가 커서 수자원의 가치 하락이 쉽게 되는 특징을 가진다. 지하수의 경우 토양의 자연적인 방어벽 작용에 의해 상대적으로 오염이 되지 않아 수자원으로서의 가치가 높은 반면 접근성이 낮아 이용에 제한을 가지는 경우가 많다. 해수는 염수로서 식수나 산업용수와 같이 직접적인 사용에는 많은 제약이 있으나 최근 수자원 확보차원에서 해수담수화를 통한 해수이용에 많은 노력을 기울이고 있다.

(5) 호소

인간이 사용가능한 대표적인 수자원으로 호수, 하천, 지하수가 있으며 전 지구적인 수자원의 분포를 이야기할 때 습지 역시 중요한 수자원으로 인식된다. 이 들 중 내륙에 정체되어 있는 물을 총칭하는 말로 호소라는 용어를 사용하며 호소에는 호수, 늪, 습지 등이 포함된다. 주로 호수라 함은 최대 수심이 5m 이상이 되는 곳을 말하며 늪은 호수와 같이 최대 수심이 5m 이상인 곳 중 침수식물이 무성한 곳을 지칭한다. 습지는 호수나 늪과 달리 연중 물이 완전히 마를 수 있는 지역을 말하고 주로 습지식물이 무성하며 하천 연안에 많이 형성된다. 호소는 폐쇄성 수역으로 물의 순환이 매우 느린 특성을 가져 오염물질이 유입될 경우 극단적인 수질악화 현상이 발생할 수 있다. 그러나 호소는 인간이나 생태계에 필요한 물을 담수하여 강우로 내린 물이 단시간 내에 유출되는 것을 막아 주어 수자원으로서는 매우 중요한 역할을 한다.

약 2.1%(2.8×106 ㎢) 의 세계 면적(빙산면적은 제외)이 0.01㎢ 이상의 호수나 연못으로 덮여 있다. 그러나 호수와 습지는 지구상에 불균형적으로 분포되어 있다. 초대형 지표수 호수(>100㎢)들은 남반구와 북반구의 위도 40도와 50도 사이에 집중되어 있고 다음으로는 적도주위에 많이 분포되어 있다. 전체 지표수면적과 부피에 있어 1,522개의 초대형 호수(>100㎢)들이 매우 중요하다. 왜냐하면 이들 대형호수에 의해 전체 호수의 특성이 결정되기 때문이다. 그렇지만, 전 세계적으로 9백만 개 이상의 호수나 대형연못(>0.01㎢)이 존재하며 위도 40도와 70도 사이에 집중되어 있는 수많은 소형 수계들의 전체적인 숫자를 고려한다면 초대형 호수들은 그리 중요하지 않을 수도 있다.

그러나 호수의 불균형적인 분포는 호수의 공간적 분포에 대한 의미뿐만 아니라 전체 지표수의 95%가 단 145개의 대형호수에 집중되어 있음을 의미하기도 한다. 실례로 Caspian Sea의 경우 그 어마어마한 면적과 수심 때문에 단일호수로서 전체 염수호 부피의 75%를 차지하고 있다. 따라서 나머지 염수호의 부피나 규모는 무시할 정도가 되어 염수호의 분포는 지표면에서 거의 고려가 되지 않는 결과를 가지게 된다.

참고로 지구상에 존재하는 호수의 크기를 보면 우선 수표면적을 기준으로 가장 넓은 곳은 앞서 언급한 Caspian Sea로서 수표면적이 약 371,000㎢이다. 우리나라의 전체 국토면적이 100,188㎢인 점을 감안하면 이 수표면적은 우리나라 국토의 약 3.7배인 셈이니 그 어마어마한 면적이 상상이 갈 것이다. 두 번째로 수표면적이 큰 호수는 미국과 캐나다의 국경에 위치한 5대호 중 하나인 Lake Superior (82,100㎢) 이다. 호수에 저장된 물의 양을 기준으로 보면 러시아에 위치한 Lake Baikal 이 가장 큰 호수로 저장된 물의 양은 약 23,600㎦이고 두 번째로 큰 호수는 아프리카에 있는 Lake Tangnyika로서 저장량은 약 189,000㎦이다. 마지막으로 호수의 수심이 가장 깊은 곳은 Lake Baikal로서 그 깊이가 1637m나 되며 Lake Tanganyika (1470m), Caspian Sea (1025m) 순이다. 상기 호수의 순위나 규모면에서 볼 수 있듯이 지구상에 존재하는 지표수의 대부분이 몇몇 호수에 집중되어 있다. 실례로 Lake Baikal에 저장된 물은 전 세계 지표수의 약 20%에 해당하는 양이며 Lake Superior와 Lake Tanganyika에 저장된 물의 합은 전 세계 지표수의 약 44%에 해당하여 지구상의 수자원 분포의 불균형을 가늠할 수 있을 것이다. 그림 4-3에서 대표적 대형호수의 위치를 나타내었다. 세계지도에서 호수의 면적이 보일 정도로 큰 호수들임을 알 수 있고 오대호 위쪽이나 캐스피안호 좌측의 넓은 수역은 호수가 아니고 해양과 연결된 바다의 일부이다.

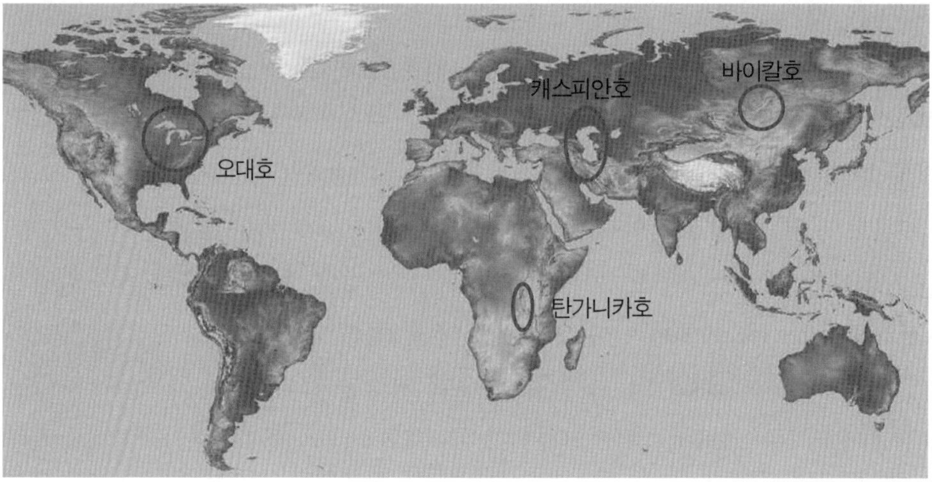

그림 4-3. 세계 대형 호수의 위치

(6) 하천

하천의 경우 호수에 비해 물의 저장량은 미비하다. 전 지구적으로 하천에 저장된 물의 양은 호수가 저장한 물의 약 2%에 불과하나 흐르는 특성으로 인하여 하천을 통해 바다로 유입되는 물의 양은 연간 약 2700km^3나 된다. 참고로 유량이나 유역면적에 있어 세계에서 가장 큰 하천은 Amazon 강으로서 유량은 약 212,500m^3/s 이며 유역 면적은 약 606,2000km^2이다. 하천은 관개, 농업, 산업, 인간에 의한 소비 및 수처리에 있어 중요한 자원임과 동시에 하천과 하천에 연결된 습지 및 지하수는 생물체에게 있어 주요한 서식처이다. 하천은 유량, 조도, 수온 등에 있어 계절별 변화가 뚜렷하다. 특히 가을에 대량의 유기물이 흘러들어 온다. 하천의 경우 생산성은 크지 않으나 배수구역으로부터 흘러들어온 무척추생물이나 수중미생물에게 공급할 수 있는 유기물질을 많이 가진다. 규모가 작은 하천들이 유기탄소를 집수구역으로 유입시키며 무기영양물질들은 상대적으로 적게 유입시킨다.

(7) 지하수

지하수란 지하에 머무르면서 천천히 흐르는 물을 말한다. 지표면 아래 존재하는 물은 두 층으로 구분이 된다. 첫 번째는 물로 포화된 부분이 있으며 이를 포화대라고 한다. 두 번째는 포화대 위에 위치한 층으로 공기와 물이 공존하고 있는 층이다. 이 층을 통기대라고 한다. 포화대와 통기대의 경계면을 지하수면(groundwater table)이라 한다. 지하수를 구성하는 물은 세 가지로 분류할 수 있는데 우선 대기로부터 내린 강수가 지표면을 침투하여 포화대에 도달한 경우(대기수), 두 번째는 암석층이 형성되면서 층사이의 공극에 끼여 있는 물(암석수), 마지막으로 화산활동에 의해 지하로부터 분출되어 올라와 지하수가 된 물(화산수)이 있다. 암석수와 화산수는 대기수에 비해 매우 적은 부분을 차지하고 있다.

지하수는 토양의 자연적인 방어벽 작용이나 포장된 지표면의 차단효과에 의해 오염이 상대적으로 적은 편이어서 수자원으로 매우 중요한 가치를 가진다. 지하수가 풍부한 경우는 1) 지표면이 깊은 모래층을 가지는 경우, 2) 지표면 아래 최하부의 바위 층에 금이 있는 경우, 3) 경사가 완만한 집수구역의 경우 등이 있다. 비록 지하수가 오염으로부터 상대적으로 안정적이기는 하지만 지표면에 가깝게 있는 지하수의 경우 무기물질 또는 유기물질에 의한 지역적인 오염은 산업화가 되는 지역에서 급격하게 증가하고 있다. 지하수 오염은 물이 지표면 아래에 있다는 이유로 정확한 수질오염 현황을 파악하기 어려우며 정화에도 많은 노력과 비용이 든다는 점에서 매우 어려운 문제이다. 지하수의 긴 체류시간은 지하수가 한 번 오염되면 지하수의 자연적인 복구는 많은 시간이 걸린다는 것을 의미한다. 지하수와 지표수 오염은 두 가지의 범주로 나눌 수 있다. 바로 점오염원과 비점오염원이다. 일부 심각한 점오염원으로는 쓰레기매립장, 산업용폐기물매립장, 발전소, 탄광, 석유이송관의 균열, 지하 가솔린 탱크, 축산폐기물장 등이 있다. 비점오염원으로는 농지에서 발생하는 농약, 거름 등이나 겨울철 고속도로 등에 뿌려지는 제설제 (염화칼슘) 등을 들 수 있다.

(8) 물의 체류시간

수자원을 논함에 있어 물의 체류시간은 매우 중요한 요소이다. 호수와 하천의 경우에서 보았듯이 물의 체류시간에 따라 물의 전체적인 양 또한 영향을 받는다고 할 수 있다. 물의 체류시간은 하나의 수계가 비어 있다고 가정하고 이 수계가 새로운 물로 100% 채워지는데 걸리는 시간을 말한다. 호수에서 물의 평균적인 체류시간은 대략 17년 정도이나 이는 대형호수의 느린 흐름에 의해 영향을 받으므로 실제 소형 호수의 경우 훨씬 짧은 시간 내에 물의 순환이 이루어진다. 호수의 체류시간은 습지(5년)나 하천(32일)보다 훨씬 길지만 지하수보다는 짧다. 하천이나 습지의 평균 체류시간 역시 호수와 마찬가지로 대형시스템에 영향을 많이 받는다. 상대적으로 소규모인 하천이나 습지의 경우 주위환경의 변화에 반응하여 계절별로 다양한 물리화학적인 변화를 가지며 특히 온도와 강우에 따라 변한다. 반면에 수량이 훨씬 더 많은 호수의 경우 이러한 변화가 상대적으로 느리게 진행된다. 결과적으로 오염물질들은 호수에 비해 강이나 습지에서 훨씬 더 빨리 변화한다.

(9) 수문학적 순환

지구상의 물은 큰 순환구조를 갖는데 강수에 의해 지표면으로 내려온 물은 하천 등을 따라 흘러 해양과 합류한다. 이 과정에서 증발과 증산에 의해 지표면이나 수표면을 떠난 물은 대기 중의 수분으로 존재하며 그 양이 강수를 유발할 정도가 되면 다시 강수의 형태로 내려온다. 이러한 과정을 수문학적 순환이라고 한다. 이러한 수문학적 순환과정에서 강수의 80% 정도는 해양에 나머지 20% 정도는 지표면으로 내려온다. 해양의 경우 강수량보다는 증발량이 더욱 많으며 지표면의 경우 강수량이 증발량보다 많다. 지표면으로 떨어지는 강수의 총량은 매년 약 111,000㎦ 정도이며 이 중 약 2/3에 해당하는 71,000㎦의 수분이 증발과 증산과정을 통해 하천에 도달하기도 전에 지표면을 떠나며 남은 양(약 40,000㎦)만이 하천이나 호수 등에 도달한다. 그림 4.4에서 전 지구적 물의 순환을 나타내고 있다.

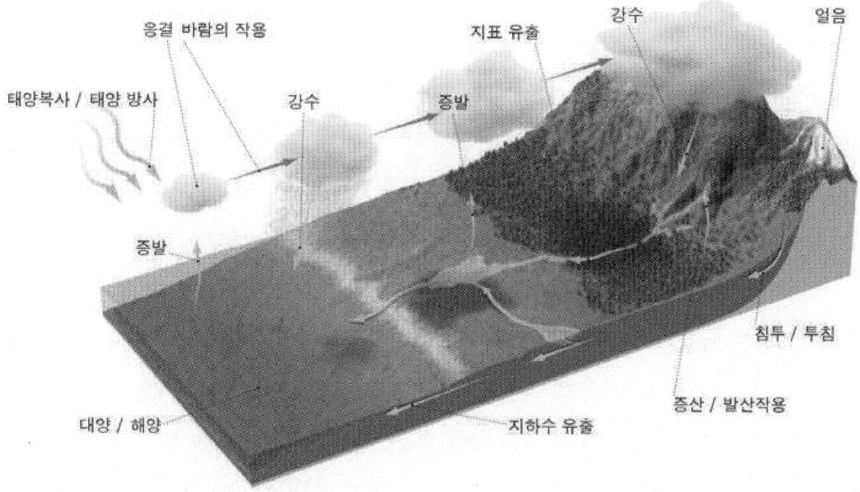

그림 4-4. 물의 순환
(출처: Britannica Visual Dictionary © QA International 2012)

지표면으로 떨어진 물들의 이동과정을 살펴보면 크게 세 가지의 경로를 가진다. 첫 째 지표면 위를 직접 흘러 하천이나 호수에 도달하는 경우가 있다. 이를 직접유출이라고 하는데 이러한 유출은 지표면이 포장되어 있거나 토양이 이미 포화상태가 되어 있어 더 이상 수분이 스며들 수 없는 경우에 발생하며 이 경우 강수로 내린 물이 가장 빠른 시간에 하천이나 호수에 도달할 수 있게 된다. 우리가 비가 온 후 주변의 하천유량이 급격하게 늘어나는 것을 볼 수 있는 것은 바로 이런 경우에 해당하는 물의 이동에 의해서이다. 이 경우 물이 이동함에 따라 여러 오염물질들도 함께 수계로 유입되는 결과를 가져와 수질 오염의 원인이 되기도 한다.

두 번째는 강우로 내린 물이 토양으로 스며들면서 지표면 바로 아래에서 지표면을 따라 측면으로 흐르는 중간유출이 있다. 이 경우에는 앞서 이야기한 지표면 위로 흐는 이동에 비해 이동 속도가 느리게 되나 지하수의 흐름에 비하면 월등히 빠른 흐름을 유지한다. 이 경우의 물의 흐름은 중력이 작용하는 방향과 토양 중 흐름에 저항이 약한 방향으로 흐르게 된다. 또한 산림이 풍부한 지역의 경우 토양으로 침투한 물들이 나무의 뿌리에 의해 흡수됨으로 흐름에 영향을 받을 수 있다. 마지막으로 지표면에 내린 강우가 토양 아래로 침투하여 지하수층까지 도달한 후 지하수의 흐름에 따라 이동을 하는 지하수유출(기저유출이라고도 한다)이 있다. 이 경우의 흐름은 극단적으로 이동속도가 느려 상기 두 경우보다 하천이나 호수 등의 수계에 도달하는 시간이 절대적으로 길어진다. 그러나 이 흐름은 수계의 유량을 유지함에 있어 매우 중요한 역할을 하고 있다. 즉, 물의 이동속도가 느려 물이 수계에 도달하는 시점이 상기 두 경우의 흐름에 의해 수계로 유입된 물들이 이미 수계에서 떠난 후 마지막으로 수계에 도달함으로 수계의 줄어든 유량을 채워주는 역할을 한다. 이 흐름에 의해 갈수기 동안 장시간 비가 오지 않아도 하천이나 호수의 유량이 일정량 이상으로 유지된다. 물론 지하수의 특성상 모든 지하수 흐름이 수계로 유입되는 것은 아니다. 심층 지하수의 경우 이동을 하지 않고 오랜 기간 동안 제자리에 머무는 경우가 종종 있기 때문이다.

이러한 수문학적 순환에 있어 인간의 활동이 영향을 주는 경우가 있다. 대표적인 경우가 대형 댐을 건설하거나 강을 막아 저수지를 건설하여 유출수를 저류시키는 경우가 있다. 이런 경우 넓은 수표면을 가지게 됨으로 더 많은 양의 증발을 가지게 하여 수문학적 순환에 변화를 가져오게 된다. 또 다른 예로는 생활용수, 공업용수 및 농업용수로 사용하기 위해 하천이나 지하수를 무분별하게 사용하는 경우가 있다. 실제 전 세계에서 인간에 의해 사용되는 물 중 약 40%만이 다시 수계로 돌아온다. 나머지 60%의 경우 증발이나 농경지에서의 사용 등으로 인하여 수계로 다시 돌아오지 않는다. 이러한 인간의 다양한 활동으로 인해 하천이나 호수와 같은 수계는 연별, 계절별 급격한 유량의 변화를 가져오게 되고 이에 따라 수질의 변화 역시 급변하는 경향을 보이기도 한다. 산림의 훼손 역시 수문학적 순환과 생태계에 많은 영향을 준다. 산림이 훼손되면 1) 더 빠른 유출로 인한 하류지역의 홍수, 2) 건기동안의 유량 감소, 3)

토사붕괴의 증가를 유발시키며 이로 인한 퇴적물의 증가에 따라 저서생물에게 공급되는 유기물량 저하, 4) 한천의 생물서식처와 어류의 포획량 감소, 5) 하류지역 호수나 저수지의 감소, 6) 수계의 탁도를 증가시킴으로 플랑크톤이나 어류에 악영향을 미치게 된다.

4.3 수질오염

수질오염이란 수계로 자연적인 정화능력을 초과하는 오염물질이 유입되어 이용 목적에 부합되지 않은 상태를 말한다. 오염물질이라고 함은 수질오염의 원인이 되는 물질로서 유기물질, 부유물질, 중금속류 및 그 화합물, 유기용제류, 유류, 세제류, 미생물류, 페놀류, 산 및 알칼리류, 기타 화합물 등이 있다. 이러한 오염물 중 일부는 자연에서 수계로 유입되기도 하지만 대부분의 오염물질은 인간의 활동으로 인하여 발생하고 수계로 유입된다. 이러한 오염물질의 유입을 최소화하기 위한 노력이 수처리 공정이다. 본 장에서는 수질오염에 대한 기초적인 내용과 수질오염을 최소화하기 위한 노력에 대해 논의한다.

그림 4-5. 수질오염의 예

(1) 수질오염의 인식

수질오염의 문제는 산업혁명 이후 급속한 산업화 및 도시로의 인구집중 등에 의해 공장폐수와 도시폐수의 배출량이 급증하면서 사회문제화 되었다. 사실 수질오염에 대한 인식은 19세기까지 미비하였다. 19세기 후반 Koch와 Pasteur가 세균이론을 발표하면서 수질오염에 대한 기본적인 개념이 생성되었다. 그러나 이전까지는 병원성 미생물이 오염된 물로 전파된다는 사실을 인식하지 못하였으므로 수질오염과 질병과의 연관성에 대해 인지하는 거의 사람은 없었다. 수질오염에 대한 최초의 인식은 19세기 초중반 영국의 런던에서 페스트와 콜레라로 많은 사람이 희생되었을 때부터이다. 당시 공중보건업무에 종사하던 John Snow는 런던의 특정 지역에서 콜레라가 극단적으로 많이 발생하는 것을 알게 되었고 근처에 있는 양조장에서 일을 하는 사람들은 콜레라에 전혀 오염되지 않은 것을 발견하였다. 이를 이상히 여겨 이 지역을 집중적으로 조사한 결과 당시 콜레라에 감염된 사람들은 브로드거리에 있는 공동 펌프장에서 물을 끌어온 반면 양조장은 사설 우물에서 물을 끌어옴으로 브로드거리의 물을 전혀 사용하지 않았다는 것을 알게 되었다. 이에 John Snow는 브로드거리의 우물 사용을 중지시켰고 그 결과 콜레라 감염환자가 급속하게 줄어들게 되었다. 이것이 물 오염과 공중보건에 관련된 최초의 인식이었다. 이 후 영국은 오물배제법을 제정하고 실시하여 하수관거를 정비하고 오염물질들을 하수도로 배출하도록 하였다. 그러나 이러한 체계는 템즈강을 심각하게 오염시켜 다시금 수인성 질병의 만연을 초래하였다. 이에 영국정부는 하천오염 방지법을 제정하고 이때부터 본격적인 수질오염방지의 노력이 시작되었다. 이러한 예는 비단 영국에서 뿐만 아니라 독일이나 일본 등의 나라에서도 발생했고 이들 나라들 역시 자국의 수질오염 예방을 위하여 연구, 법적규제, 시설투자 등을 활발히 진행하고 있으면 전 지구적인 환경보전을 위해 국제간의 협력도 활발히 진행되고 있다.

우리나라의 경우 1960년대 초반부터 진행된 국가경제개발계획에 따라 산업화가 급속하게 진행되면서 수질오염이 본격화되었다. 따라서 정부에서는 경제 개발에 따른 환경오염을 최소화시키기 위하여 1963년 공해방지법을 공포하였고 이듬해 시행령을, 1967년에는 시행규칙을 공포하게 되었다. 그러나 이러한 법규로는 날로 심각해지는 환경파괴를 규제 하는 데는 한계가 있어 1977년 기존의 공해방지법을 폐지하고 환경보전법과 해양오염방지법 등을 제정함과 동시에 환경업무를 전담하는 환경청(이후 환경부로 승격)을 발족시켰고 1990년 환경보전법을 환경정책기본법, 대기환경보전법, 수질환경보전법 등으로 세분화시키는 개정을 단행하였다.

(2) 오염물질의 발생원

수질오염의 주원인은 생활하수, 산업폐수, 농축산폐수, 가축의 분뇨 등이 있다. 생활하수는 인간이 생활하면서 발생시키는 것으로 목욕, 청소, 세탁 등에 사용된 물뿐만 아니라 분뇨까지 포함시킨다. 생활하수는 전체적인 양이 많긴 하지만 오염농도수준이나 차집시스템 등을 고려하면 산업폐수나 농축산폐수에 비해 오염도는 낮은 편이다. 산업폐수나 농축산폐수는 비록 절대적인 양은 생활하수에 비해 적은 편이나 오염도가 극단적으로 높아 수질오염에 많은 영향을 끼친다. 이외에도 태안반도의 유조선 기름유출과 같은 기름에 의한 오염, 발전소 등에서 발생하는 열수에 의한 열오염, 원자력발전소로부터의 방사능오염 등이 있다.

수질오염물질의 발생원으로 점오염원과 비점오염원이 있다. 점오염원이란 특정지역에서 집중되어 대량으로 오염물질이 배출되는 배출원으로 배출구 및 배출단위의 파악이 가능한 오염원을 말한다. 점 오염으로부터 발생되는 오염물질로는 주로 가정하수, 공장에서 발생하는 산업폐수나 특수폐수 등이 있다. 이에 반해 비점오염원은 오염물질이 배출되는 배출원이나 배출량을 정확하게 파악할 수 없는 경우의 오염원을 말한다. 비점오염원으로부터 발생되는 오염물로는 농경지로부터 발생되는 농약, 산악지역에서 발생하는 토사류 등이 포함된다.

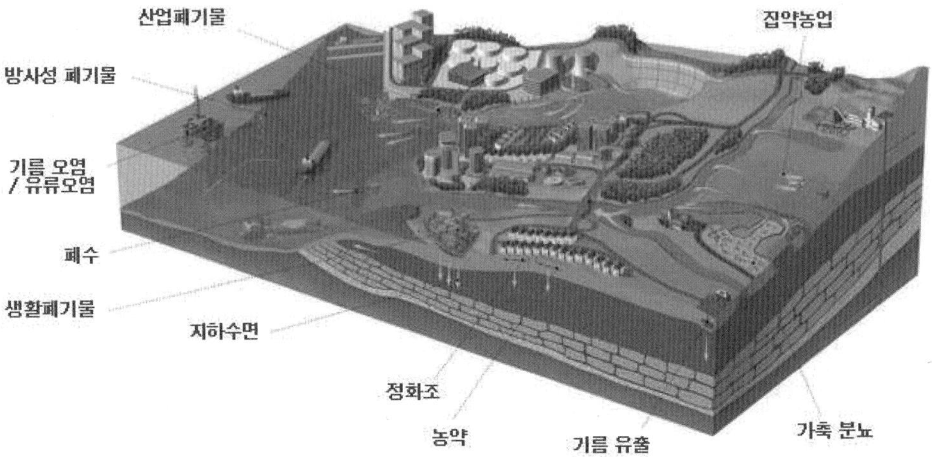

그림 4-6. 오염물질의 발생원
(출처: Britannica Visual Dictionary ⓒ QA International 2012)

(3) 주요 수질오염물질

수질오염물질은 헤아릴 수 없을 정도로 많이 존재한다. 여기서는 이들 물질 중 대표적이고 일반적인 것들을 살펴본다.

1) 부유물질 : 수계에 존재하는 입자성 물질들을 총칭한다. 이들 물질은 주로 토사류들로서 수계에 존재하는 많은 양의 미생물들이 이들 부유물질에 부착하여 생존하고 이들 물질이 침전하게 되면 하상에 퇴적층을 형성하고 혐기화되어 이들 물질이 재부상할 경우 수계의 수질을 극단적으로 저하시키는 원인이 되기도 한다.

2) 생분해성 유기물질 : 주로 단백질, 탄수화물, 지방으로 이루어진 유기물로서 BOD나 COD를 측정함으로 그 양을 가늠할 수 있다. 수계에서 충분

한 시간을 가질 경우 자연적인 정화과정에 의해 처리되나 이들이 생분해되는 과정에서 많은 양의 산소를 소비함으로 수계의 혐기화를 유발하는 원인이 된다.

3) 난분해성 유기물 : 수계에서 자연적인 정화과정을 거쳐 분해되지 않는 물질들로 계면활성제, 페놀, 살충제 등과 같은 것들이 있다. 이들 물질의 가장 큰 문제점은 기존의 수처리 방식으로는 처리가 되지 않아 하폐수처리장을 거치더라도 그대로 수계로 방류된다는 점이며 최근 고도수처리 공정의 도입 등을 통하여 이들 물질을 처리하기 위한 여러 노력들이 개발되고 있다.

4) 영양염류 : 주로 질소와 인을 지칭하며 이들은 탄소와 더불어 수중미생물의 생장에 있어 필수적인 영양소이다. 이들 물질이 과다하게 수계로 유입되는 경우 수중 생물의 과다한 번식을 초래하여 수질을 저하시킨다.

5) 특정오염물 : 유기물과 무기물 중 발암성, 돌연변이성, 기형성 또는 급맹독성을 일으키는 물질들이다. 이들 물질들은 주로 산업폐수에서 유발되고 인체에 미치는 영향때문에 특별히 주의를 요하는 물질들이다.

6) 병원균 : 수인성 전염병을 유발시킬 수 있는 미생물을 말한다.

7) 중금속 : 상업 및 산업의 활동으로 인하여 하폐수 중에 중금속이 포함되는 경우가 있다. 이들 성분 역시 수생태계나 인체에 매우 유독한 작용을 하여 이들 물질들 역시 반드시 제거되어야 한다.

8) 용존 무기물 : 칼슘, 나트륨, 황산염과 같은 무기성분은 물 소비과정에서 상수에 첨가되는 것으로 이들 물질 역시 제거되어야 한다.

(4) 수질오염지표

수계의 오염정도를 가늠하기 위해 측정하는 항목들이 있다. 다음에서 대표적인 항목들을 살펴본다.

1) 생물학적 산소요구량 (Biochemical Oxygen Demand, BOD) : 물속의 유기물량을 표시하기 위하여 가장 많이 사용되는 지표로서, 유기물을 미생물에 의해서 호기성 상태에서 분해·안정화시키는 데 요구되는 산소량을 나타낸 것이다. 이는 수중의 유기물을 영양원으로 하여 호기성 미생물이 증식, 호흡할 때 산소가 소비되는 것으로 물의 오염된 정도를 표시하는 지표로 사용되는 것이나 수중의 특정 유기물질을 정량화하기 위한 수단은 아니고 생물학적으로 분해가능한 유기물 또는 부패성 유기물의 총량을 간접적으로 파악하는데 의미를 두는 지표이다.

2) 화학적 산소요구량 (Chemical Oxygen Demand, COD) : BOD와 더불어 중요한 수질오염의 지표인 COD는 수중에 존재하는 피산화물의 간접적인 오염 정량지표로 미생물에 의해 분해 불가능한 유기물질의 분석이 가능하여 BOD 시험의 보완효과를 가지며 산업폐수, 호소수, 해수의 유기오염강도 측정에 이용될 수 있다. COD의 장점은 크롬법의 경우에는 산화력이 매우 강하여 대부분의 유기물질의 양을 정확하게 분석할 수 있으며 분석시간도 BOD에 비해 짧다는 장점을 가진다. COD는 수중의 환원성 물질, 금속이온, 아황산이온 등에 영향을 받기 때문에 수중 오염물질의 성상에 따라 측정값의 오차가 발생할 수 있는 단점을 가진다.

3) 총인 및 총질소 (Total Phosphorus, T-P and Total Nitrogen, T-N) : 질소는 미생물과 식물의 성장에 필수적이며, 영양물질 또는 생물촉진제로알려져 있다. 질소는 단백질 합성의 필수원소이므로 하수의 생물학적처리 가능성을 평가하고자 할 때 중요한 자료로 이용된다. 인은 질소와 마찬가지로 생물체 성장에 필수적이다. 인은 주로 인산염의 형태로 물에 녹아 있기 때문에 강, 호수, 바다와 같은 수권에는 상당량의 인이 존재한다. 인이 너무 많은 양이 녹아 있으면 조류나 기타식물의 성장을 촉진시켜 부영양화를 일으키며, 생물들이 필요한 산소량을 감소시킴으로써 수중 생태계를 위협하는 요인이 된다.

4) 클로로필-a(Chlorophyll-a, Chl-a) : 클로로필-a는 식물이 광합성을 하는데

필요한 빛을 흡수하는 색소로 세균을 제외한 모든 광합성 생물에 존재하며, 클로로필-a 양을 측정하면 수계 내의 식물 플랑크톤의 분포를 알 수 있기 때문에 총인 등의 화학적 성분들과 더불어 수계환경의 부영양화 지표이며 또한 BOD 농도에 직접적인 영향을 준다.

5) 부유물질(Suspended Solid, SS) : 무기물과 유기물을 함유하는 고형물질로 그 크기가 0.1㎛ 이상 2㎜ 이하의 물에 용해되지 않고 부유하고 있는 물질로서 오염된 물의 수질을 표시하는 지표이다. 하천 등 자연수역에 방류되면 물의 탁도를 높이고 외관을 더럽히며, 그 중 생물분해 가능한 유기물질이 용존산소를 감소시킨다.

6) 용존산소(Dissolved Oxygen, DO) : 물 또는 용액 속에 녹아 있는 분자상태의 산소로 DO값은 수온이나, 기압, 용질에 따라 영향을 받으며 수온의 상승 시 감소하고 대기 중의 산소 분압에 비례하여 증가한다. 또한 수온의 급격한 상승이나 조류의 번식이 심한 경우에 과포화 될 수도 있으나 순수한 물일 경우 20℃, 1기압에서 포화용존산소량은 약 9mg/L 정도가 된다. 하천 상류의 경우 거의 포화에 가까운 DO량을 보이고 있으나, 하류의 경우 하수나 공장폐수 등의 오염으로 인한 유기 부패성 물질 및 기타 환원물질에 의한 소비로 DO값이 낮게 나타나며, 수중의 DO 농도에 따라 서식 가능한 어류종이 달라진다. 따라서 DO는 유기물질의 오염지표와 수중에 서식하는 어류종의 지표로서 작용한다.

7) pH : pH는 물의 산 또는 알칼리 상태의 세기를 나타내는 지표로서 수소이온농도, 더 정확하게는 수소 이온 활동도를 나타내는 값이며, 환경공학의 거의 모든 부문에서 중요한 인자이다(김덕찬, 류명진 1998, 365). 물의 pH는 수질측정 시 반드시 필요한 기본항목으로 보통 담수일 경우 pH는 7의 중성을, 해수는 8.2를, 빗물의 경우(순수) 대기 중 CO_2로 인하여 pH는 5.6을 띄게 된다. 보통 하천은 완충능력이 있어서 pH를 중성으로 유지할 수 있는데 오염물질로 인한 pH의 급격한 변화는 수중에 서식하는 동식물에 큰 피해를 끼친다.

(5) 주요 국내외 수질오염 사고

1) 이따이이따이병 : 1910년 일본의 도야마현에서 발생한 대표적인 수질오염 사례로 도야마현 진쯔강 유역의 주민들이 허리와 관절에 심한 통증을 느끼고 심한 경우 팔, 늑골, 골반 등에 골절현상이 일어났다. 이 병에 걸린 사람은 극심한 통증을 동반하여 일본어로 '아프다'는 뜻인 '이따이'라는 용어를 사용하여 이따이이따이병이라고 불리게 되었다. 이 병은 아연의 제련과정에서 발생하는 카드뮴이 진쯔강으로 흘러들어가 이 강물을 식수나 농업용수로 이용한 주민들이 걸리게 된 것으로 밝혀졌다.
2) 미나마따병 : 1950년대 일본의 큐수지역에 있는 미나마따라는 어촌에서 발생한 수질오염 사례이다. 주민들이 손과 발이 마비되고 통증을 동반한 두통, 시각장애, 언어장애 등을 겪게 되고 아기들이 사산되거나 기형아로 태어나는 등의 문제가 발생하여 조사한 결과 인근에 위치한 신일본질료비료 공장에서 배출되는 폐수에 포함된 수은에 의한 중독으로 밝혀졌다.
3) 블루베이비병 : 1953년에서 1960년 사이 체코슬로바키아에서 태어난 수백 명의 어린아이들이 푸른색으로 변해가는 현상이 발생해 조사한 결과 질산성질소가 다량 함유된 식수를 이용한 것이 원인으로 밝혀졌다. 질산이 다량 함유된 식수를 이용할 경우 혈액의 헤모글로빈과 결합하여 산소운반을 방해하여 체내에 산소가 제대로 전달되지 못하는 문제가 발생하면서 몸이 푸른색으로 변하게 된다. 어른의 경우 체내 헤모글로빈이 충분하여 발병률이 낮지만 신체활동에 비해 산송운반 헤모글로빈의 양이 부족한 어린이에게는 체내에 유입되는 질산의 양이 적어도 쉽게 발병한다.
4) 낙동강 페놀오염 사고 : 1991년 구미공단 내 두산전자에서 페놀원액이 낙동강으로 유출된 사로로서 낙동강을 식수원으로 이용하는 대구경북지역의 여러 도시 상수에서 심한 페놀냄새를 발생시켜 많은 시민들이 수돗

물을 이용할 수 없었던 사고였다. 우리나라에서 음용수 관리와 하천관리에 경각심을 크게 일으킨 사고일 뿐만 아니라 수돗물에 대한 불신감을 극단적으로 조장한 사고였다. 이때의 영향으로 대구경북지역의 많은 시민들을 지금까지 수돗물을 음용수로 이용하는데 많은 불신을 가지고 있기도 하다.

5) 태안 기름 유출 사고 : 2007년 충청남도 태안군 만리포에서 해상크레인이 유조선과 충돌하여 원유 1만 2500여 톤이 유출된 사고이다. 이는 한국에서 발생한 기름유출사고 중 가장 규모가 큰 사고로서 기름띠가 만리포뿐만 아니라 인근 천리포, 모항, 안흥항, 가로림만 등으로 유입되어 인근 양식장, 해수욕장, 어장 등에 엄청난 타격을 입힌 사고였다.

(6) 하폐수의 구성

하폐수의 종류로는 1) 주택, 상업지구, 공용시설 등에서 발생되는 가정하수, 2) 산업지구로부터 발생되는 산업폐수, 3) 직간접적으로 하수관거에 들어오는 물, 침투수 또는 유입수라고 하며 주로 관거의 균열된 틈으로 새어 들어오는 물들 및 4) 우수 등으로 나눌 수 있다. 하폐수 및 우수를 제거하기 위해 오수관거(sanitary sewer), 우수관거(strom sewer) 및 합류식관거(combined sewer)와 같은 하수관거시스템이 있다.

(7) 수처리공정

도시, 상업지구, 산업지역 등에서 발생된 하폐수는 궁극적으로 다시 수계로 돌아가게 되어 있다. 이 점에서 하수폐수의 정화는 쾌적한 수질을 유지하기 위해 매우 중요하다. 특히 인구증가에 따른 물부족 현상의 심화는 수처리에 대한 중요성과 필요성을 확대시키고 있다. 실제 고대에도 수질을 개선하기 위한 노력은 있었다. 우수를 따로 집수하고 배수로를 설치하는 등의 노력이 여기에 해당된다. 그러나 실질적으로 수질오염이나 수질정화에 대한 개념은 1800년대까지 미비하였다. 이렇게 된 이유는 당시만 해도 도시화나 산업화의 진행이 급속해지기 이전 단계여서 오염물질들의 배출이 한정적이었으며 배출된 오염물질 역시 자연적인 정화작용에 의해 처리가 될 수 있었기 때문이다. 그러나 산업혁명이후 급속한 산업화와 도시로의 인구집중현상에 의해 수계로 배출되는 오염물질들은 급속히 늘어나게 되고 이는 자연적인 정화활동에 의해 수질을 개선하기에는 한계가 오게 되었다.

이때가 수질개선을 위한 수처리 방법론에 대해 사람들이 인식을 한 시점이기도 하다. 수처리 공정은 물리화학적 처리, 생물학적 처리, 고도 처리 및 이들 공정들의 조합으로 이루어진 처리법이 있다. 산업이 발달할수록 새로운 오염물질들이 생성되고 이러한 물질들은 기존의 처리공정으로 처리가 되지 않는 경우가 발생하여 여러 문제들을 야기시킨다.

수처리공정을 조금 더 세밀하게 살펴보면 물리화학적공정에는 상대적으로 부피가 큰 협잡물을 제거하는 스크린 공정, 자연적인 중력 작용에 의해 가라앉을 수 있는 물질들을 제거하는 침사지 및 침전지, pH를 맞추어 주는 pH조정지, 약품을 주입하여 수중의 미세한 부유물질들을 응집하는 응집공정 등이 있다. 생물학적 공정에는 산소공급을 별도로 필요로 하는 미생물을 이용하는 호기성 공정과 산소의 추가적인 공급이 필요 없는 혐기성공정이 있다. 일반적으로는 처리속도가 빠르고 상대적으로 적은 공간을 요구하는 호기성공정이 많이 이용되고 있으나 부패성이 강한 폐수나 호기성공정으로 처리에 한계가 있는 경우 혐기성공정을 도입하기도 한다. 이러한 물리화학적공정과 생물학적공정은 전통적인 수처리공정에 속한다.

그림 4-7. 폐수처리 공정시설

그러나 최근에는 오염물질의 종류가 다양해면서 전통적인 수처리공정으로는 제거가 어려운 물질들이 발생하면서 보다 고차원의 처리법들이 개발되고 있다. 이를 고도처리라고 한다. 대표적인 고도처리고정으로는 활성탄을 이용한 흡착, 오존을 이용한 산화방식, 미세한 막을 통과시키는 멤브레인공법 등이 있다. 특히 최근에는 멤버레인을 이용한 공정이 해수담수화나 하폐수처리장 방류수의 재이용 등에 도입되어 물재이용에 활발히 이용되고 있다. 또한 물속의 잠재적 미생물에 의한 오염을 막기 위해 염소 등을 이용한 소독을 부가적으로 실시하기도 한다.

최근 사회적인 이슈가 되고 있는 유해물질 처리를 위한 공정으로는 산화제투입법, 오존을 이용한 산화법, 유해물질의 극성을 이용한 전해법, 석회석이나 가성소다를 주입하는 수산화물 침전법, 황화수소 등을 주입하는 황화물 침전법, 환원처리법, 흡착법, 이온교환법 등 다양한 방법이 있다. 또한 분뇨나 슬러지의 경우 높은 염분농도와 질소농도, 다량의 토사류나 협잡물 등으로 인하여 상기 설명한 일반적인 공정 외에 소화공정이나 추가적인 소독공정 및 탈수공정 등이 추가된다.

4.4 부영양화

부영양화(eutropic)라는 용어는 “영양분이 풍부하게 공급되었다”라고 하는 그리스어에서 유래한 것으로 호소에 무기영양염이나 유기물이 과도하게 유입되어 발생하는 수질의 악화현상을 의미한다. 이러한 부영양화의 원인으로는 가정하수, 공장폐수 등의 유입, 농지에서 사용된 비료(질소비료, 인산비료)의 유입, 산림지대로부터 생물사체의 유입, 동물분뇨의 유입, 호소수의 정체현상 등을 들 수 있다.

(1) 부영양화의 메커니즘과 영향

부영양화의 메커니즘은 내부생산단계와 영양염의 재순환단계로 나눌 수 있다. 내부생산단계는 공장, 가정 등에서 다량의 영양염류가 유입되는 동안 저층의 용존산소 부족이 퇴적층의 혐기화를 유도하여 다량의 영양염류를 용출시켜 수체로 공급하게 됨으로 조류가 과다 번식하게 되는 단계이다. 영양염의 재순환단계는 수체에 공급된 영양염류가 조류의 급속한 증식에 소비되지만 번식한 조류의 사체가 침전하여 퇴적층을 이루었다 이 퇴적층이 다시 재부상하여 수체내의 영양상태를 높여 조류의 과다번식을 다시 유도하게 되는 과정이다.

이러한 부영양화가 진행되면 수중의 산소가 대량으로 소비됨으로 어류의 폐사 등을 유발하게 되며 수계의 투명도 저하, 이취미 발생 등의 문제를 가지고 온다. 또한 조류의 과다발생을 유도하여 정수처리 공정에서 스크린 폐쇄, 여과지의 막힘 등 정수처리의 효율을 저하시킬 뿐만 아니라 발암성 물질과 같은 부산물을 생성함으로 수자원의 가치를 하락시키는 문제를 발생시킨다.

(2) 부영양화와 수화현상

호소에 유입된 무기영양염이나 유기물은 식물성 플랑크톤을 포함한 조류 및 뿌리를 가진 수생잡초 등에게는 좋은 영양분이 된다. 수중에 무기영양물질이 다량 공급되면 조류나 수서식물과 같은 1차 생산자의 생육이 왕성하게 되고 먹이연쇄에 의하여 2차 생물도 증가하게 되며, 이와 함께 조류나 수서식물이 사멸하여 호소 밑바닥에 침적되는 유기물의 양도 많아지게 된다. 이러한 부영양화가 극도로 진행되면 수중의 용존산소는 모두 고갈되어 산소를 이용하는 수중생물은 모두 죽게 되는 한편 용존산소가 없는 상태에서 모든 유기물의 잔재는 혐기성세균에 의하여 부패되며 호소는 가속적으로 얕아지고 결국에는 늪으로 변하여 소멸된다. 부영양화는 식물성 플랑크톤이나 조류의 이상번식을 촉진하여 물 색깔이 변하거나 투명도를 저하시키고 나아가서는 식물성 플랑크톤이나 조류가 사멸함으로 그 잔해가 하부에 침적하여 부패되고 유하하여 댐의 배후나 하구부근에 침전함으로 하천의 수질을 악화시키게 된다. 이처럼 식물성 플랑크톤 및 조류가 대량으로 번식하게 되는 것을 수화(Water bloom)현상이라고 하는데 특히 수온이 높은 시기에는 남조류가 대량 증식하여 수표면에 수화현상을 일으킨다. 남조류에 의한 수화는 수면에 푸른 가루가 떠다니는 형태를 하여 청색가루라고도 불리는데 이러한 남조류의 발생은 호수의 부영양화 상태를 나타내는 지표로서 수자원의 가치를 하락시키므로 "nuisance algae"라 불려졌다. 이러한 문제를 일으키는 남조류들은 Microcystis, Nodularia, Anabaena, Oscillatoria 등이 있다.

수화현상은 수영이나 물놀이의 만족을 손상시키는 심미학적 문제뿐만 아니라 수화가 발생한 물이 상수원으로 쓰일 경우 조류에 의한 응집장해, 여과지 폐쇄 등 상수처리에 있어 비용이 추가로 들고 불쾌한 맛이 남게 된다. 더구나 수화현상은 일련의 생태학적 문제의 시작이다. 즉, 식물성 플랑크톤의 개체수가 최대 규모로 되어 계속적으로 높은 생산율과 사망률을 유지하게 되고 죽은 세포는 밑으로 가라앉아 영양물질 공급원이 된다. 그리고 폐수에 의한 영양물질의 공급으로 성장과 죽는 과정이 계속되어서 유기물질의 바닥침전은 상당히 누적된다. 모든 생태계에서와 같이 죽은 유기물질은 박테리아나 다른 분해생물의 먹이가 되며 이러한 생물체의 성장과 번식은 상당히 증가한다. 박테리아가 호흡할 때 필요한 산소는 물에 녹아 있는 산소로부터 얻어진다. 산소는 물속에 조금 녹아 있고 잔잔한 물에서는 매우 서서히 확산하므로 박테리아는 물속의 산소를 고갈시킨다. 그러나 산소부족이 모든 박테리아의 성장을 중지시키지는 않는다. 어떤 박테리아들은 혐기성 호흡을 하여 성장과 번식을 계속한다. 물속에 용존산소가 고갈되면 그 영향은 명백하다. 즉, 호흡할 때 산소가 필요한 물고기나 다른 생물들을 질식사시킨다. 특히 물고기들은 대량의 산소를 필요로 하며 산소부족이 먼저 발생하는 깊은 물속에 사는 경향이 있으므로 그 피해가 더욱 심하다. 이와 같이 조류의 대량증식은 수중 생태계에 대한 유해성뿐만 아니라 상수처리공정에 있어서 여러 가지 문제를 일으키며 인간의 건강에도 영향을 미친다. 따라서 상수처리에 있어 조류에 대한 세밀한 관심이 필요하다. 조류 수화에 대한 보고로는 1870년 호주에서 Nodularia가 원인이 된 수화로 인하여 동물이 폐사한 것을 시작으로 미국, 캐나다. 영국, 일본 등 많은 나라에서 현재까지도 유독 남조류 수화에 의한 피해가 많이 보고되고 있다.

이러한 보고들은 국내에서도 수화로 피해를 입을 수 있다는 것을 예측하게 한다. 지금까지 국내에서는 조류수화에 의해 인간이나 동물이 피해를 입었다는 사례는 없었지만 국내 상수원의 98%가 부영양화에 쉽게 노출되는 하천수나 저수지에 의존하고 있다는 사실을 감안한다면 피해를 쉽게 예상할 수 있다.

(3) 호수의 성층현상과 수화현상

호수의 경우 하천과 달리 정체되어 있다. 정체된 물의 경우 물의 밀도차에 의해 층을 이루는 현상이 발생된다. 이를 성층현상이라고 한다. 물의 특성에서 언급한 것과 같이 물은 약 4℃에서 가장 무겁다. 따라서 정체된 물의 최하층부에는 4 ℃의 물이 위치하게 되고 이 영역을 심수층이라고 한다. 상대적으로 가벼운 물은 수표면에 위치하게 되고 이 부분은 대기와의 접촉에 의해 잦은 난류가 발생하게 되고 이 부분은 난류에 의해 물이 균일하게 혼합되어 심수층과 같이 일정한 온도를 유지하며 고유한 층을 이루게 되고 이를 표수층이라고 한다. 표수층과 심수층 사이에는 상부층의 난류의 영향을 받지 않으며 심수층의 물보다는 가벼운 물들이 위치하는 영역이 존재하게 되며 이 층을 변수층이라 한다. 변수층에서는 수심의 깊이에 따라 온도의 변화가 발생한다. 이렇게 정체된 수계에서 층을 이루는 현상을 성층현상이라고 한다. 이 성층현상은 계절에 따라 영향을 받게 된다. 즉, 가을이 되어 대기의 온도가 내려가면 수표면의 온도 역시 내려가게 된다. 그러다 수표면의 온도가 4℃ 부근까지 내려가게 되면 물의 무게가 가장 무거워져 수계의 하부로 가라앉게 된다. 이렇게 되면 층을 이룬 수계는 상부의 물이 하부로 이동하는 과정에 의해 심수층에 고정되어 있던 물들이 상부로 올라와 수계 전체의 물이 뒤섞이게 되는 현상이 발생한다. 또한 봄이 되면서 겨울동안 얼어 있던 수표면이 녹으며 수표면의 수온이 서서히 상승하게 된다. 이 과정에서 물의 온도가 4℃에 접근함에 따라 다시 수표면의 물들이 하강을 하게 되며 수계는 전체적인 물의 순환이 이루어진다. 이러한 과정을 전도현상(turnover)이라고 한다. 따라서 성층현상은 여름, 겨울에 역전현상은 봄, 가을에 일어나게 된다. 전도현상이 일어나는 경우 수계내의 물만이 순환을 하는 것이 아니라 하상에 침적한 퇴적층들이 물의 순환과 함께 부상하게 된다. 따라서 수계내의 영양상태는 매우 높은 상태가 되며 이 시기에 수화현상이 발생하게 된다. 그림 4-8에서 호수의 성층현상을 도식화 하였다.

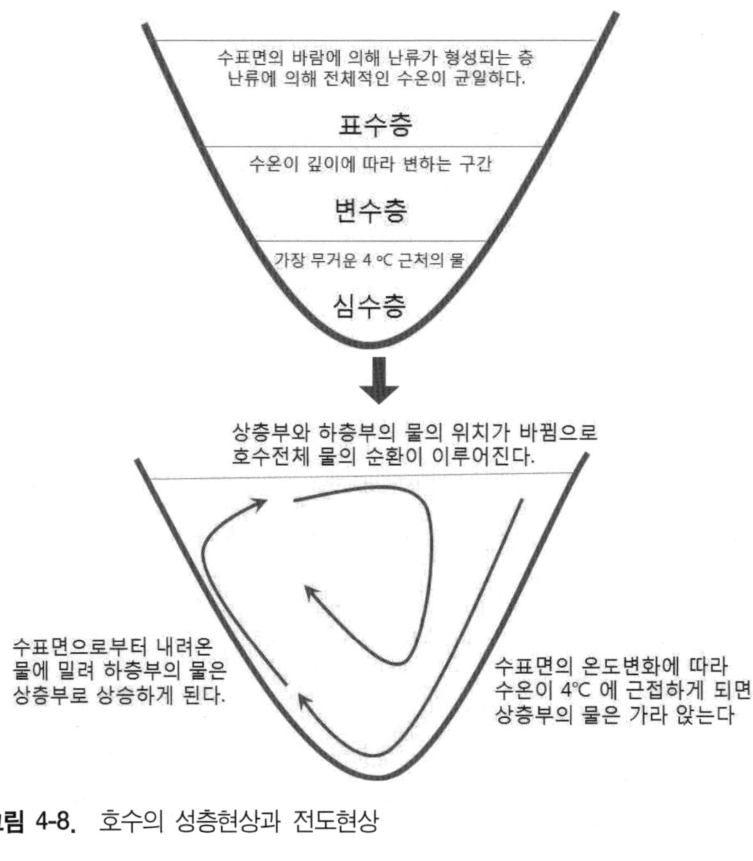

그림 4-8. 호수의 성층현상과 전도현상

(4) 조류

조류는 광합성을 하는 진핵생물의 다양한 그룹을 통칭하는 명칭이다. 예외적으로 남조류(blue-green algae)는 원핵생물이다. 그러나 남조류는 광합성을 한다는 점에서 진핵생물인 다른 조류와 같고 원핵생물인 박테리아와는 차이가 있다. 남조류는 구조상으로 진핵조류와 서로 다르지만 생리적으로 호기성 신진대사를 하며 전자수용체로 물을 사용한다는 점이 진핵조류와 비슷하다. 또한 단세포조류는 총괄적으로 식물성 플랑크톤이라고 부른다. 해초 등은 다세포조류에 속하는데 단세포조류와는 달리 길이가 수 미터에 달하는 것도 있으며 그 대표적인 예가 태평양 해안에서 발견되는 해양성 해초인 Macrosystis이다. 이러한 해초는 표면에 부착하기 위해서 흡착기관을 가지고 있으나 이것은 특별한 별도의 구조를 가지고 있는 것이 아니고 단지 똑같은 진핵세포가 연결되어서 한 면을 이루고 있는 것에 불과하다. 진핵조류는 분리된 핵(nucleus)을 가지고 있으며, 광합성 색소로는 엽록체를 보유하고 있다. 모든 진핵조류는 색소로 클로로필 a를 가지고 있다. 녹색식물이 저장물질로 녹말(starch)을 이용하는 것처럼, 조류도 저장물질을 가지는데 녹조류의 경우 녹말을 저장하고 다른 조류들은 글루캔(glucans)이나 다른 다당류를 저장한다.

(5) 조류의 분포

조류는 성장을 위해서 빛이 필수적으로 필요하기 때문에 자연수계에서는 투광대(euphotic zone)에서 발견된다. 이 투광대는 광합성을 하기에 적합한 정도의 빛이 투과되어지는 영역을 의미하는데 깊은 바다의 깨끗한 빈 영양 수역에서는 투광대가 약 45m정도의 깊이까지 이르기도 한다. 반면 혼탁하고 오염된 수역에서는 투광대가 30~60cm에 불과한 경우도 흔히 있다. 조류는 수중뿐만 아니라 수분이 있는 토양이나 바위의 표면에서도 발견된다. 그러므로 이것들은 생물권 전역에 존재함을 알 수 있다. 또한 고온성조류와 저온성조류가 모두 존재하고 있다. 이렇듯 조류집단은 그 존재규모가 아주 다양하다. 즉 심해에서는 조류세포를 ml당 100개 정도밖에 찾아볼 수 없으나 영양이 풍부한 해변 수역이나 부영양화된 호수에서는 ml당 105개까지도 발견된다. 또 열대의 토양에서는 g당 104개, 온화한 기후의 토양에서는 g당 500~1,000개 정도가 발견된다.

(6) 조류의 종류

통상적으로 조류는 광합성을 하는 색소를 중심으로 분류를 한다. 표 4.1에서는 색소에 따라 진핵조류를 분류하였다. 그러나 남조류는 원핵생물로서 진핵생물인 다른 조류와는 차이가 있다. 이러한 차이를 표 4.2에 나타내어 남조류와 진핵조류를 비교하였다. 또한 그림 4-9에서 몇몇 조류의 예를 보여준다.

표 4.2 조류의 분류

그룹	색소	기타 특성	대표종
1. 녹조류(Green algae) - Chlorophyta(녹색)	클로로필 a, b	단세포, 다핵체 혹은 세포	*Chlorella,* 단세포 *Ulva,* 다세포
2. 규조류(Diatoms) - Chrysophyta(황색)	클로로필 a, c 엽황소, 크산토필 (Xanthophyll)	단세포, 사상성 혹은 다핵체; 규산염, 세포벽	*Asterionella*
3. 쌍편모조류 (Dianoflagellates) - Pyrophyta(황갈색)	클로로필 a, c 카로티노이드	대부분 단세포; 쌍편모에 의한 운동성	*Noctiluca*
4. 갈조류(Brown algae) - Phaeophyta(갈색)	조갈소 (Fucoxanthia)	다세포; 대부분해양성	*Fucus*
5. 홍조류(Red algae) - Rhodophyta(홍색)	조홍소 (Phycoerythrin)	일부단세포, 대부분 다세포; 해양성	*Polysiphonia*

표 4.3 남조류와 진핵조류의 비교

특 성	남조류 (Blue-green algae)	진핵조류 (Eucaryotic algae)
엽록체(chloroplasts)	없음	있음
색소(pigments)	α 및 β-엽록소, 카로티노이드 색소	α 및 β-엽록소
세포벽(cell wall)	박테리아성	진핵성
전자수용체	H_2O	H_2O
성장	호기성	호기성

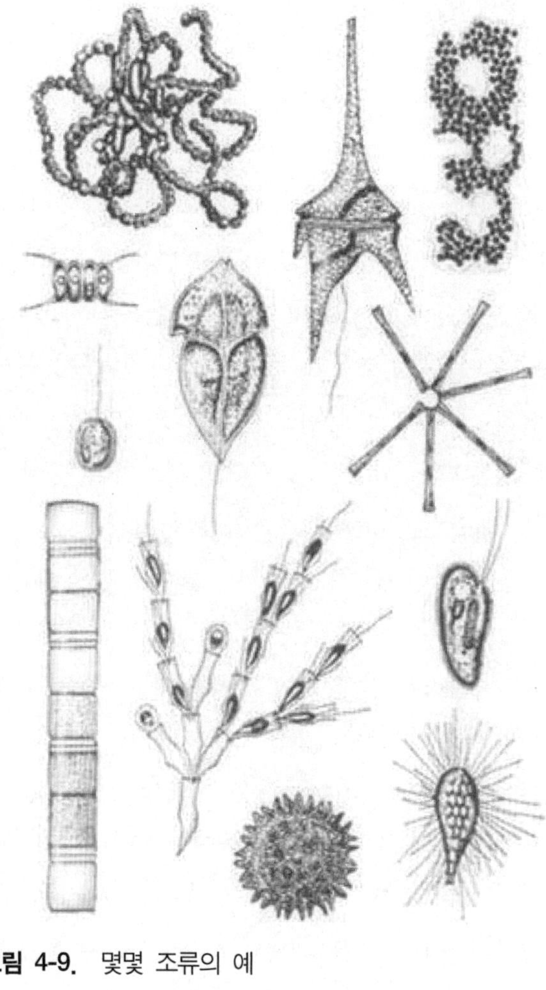

그림 4-9. 몇몇 조류의 예

1) 녹조류(Green algae) : 조류 중 가장 큰 문(division)은 녹조류이다. 이 집단은 엽록소 a와 b를 가지고 있다는 것이 중요한 특징이다. 세포벽은 섬유소이고 저장물질은 녹말이다. 녹조류는 단세포이거나 사상성 세포이다. 운동성이 있는 세포는 두 개의 똑같은 편모를 가지고 있으며, 해양과 담수에서 모두 발견이 된다. 대표적인 녹조류로는 Dunaliella가 있다. 이 조류는 두 개의 편모를 가지고 있어 운동성이 있다.

2) 규조류(Diatoms) : 규조류는 단세포이며 황조류로 엽록소 a, c와 크산토필의 색소를 가지고 있다. 규조류의 세포벽은 형태상으로 독특하여, 일반적으로 규토를 포함하고 있다. 이러한 특성 때문에 세포벽의 형태로 규조류를 분류한다. 저장물질은 다당류의 일종인 라미나린(laminarin)이다. 이들은 찬 물속에서 잘 자라기 때문에 북극지방에서나 겨울철에 번성하는 것을 발견할 수 있다.

3) 쌍편모조류(Dianoflagellates) : 쌍편모조류는 단세포이며, 색소로 엽록소 a, c와 카로티노이드를 가지고 있다. 세포벽은 섬유소이고 저장물질은 녹말이다. 이들은 운동성이 있으며, 하나는 길고 하나는 짧은 두 개의 편모로 다른 운동성이 있는 조류와 구분을 한다. 따뜻한 물에서는 이 쌍편모조류가 중요하다. 따라서 쌍편모조류는 열대지방의 해수에서 번성하는 식물성 플랑크톤이다. 이것들은 독특한 세포벽의 형태로 분류된다. 대표적인 쌍편모조류로는 Gonyaulax가 있는데 이것은 온수에서 자주 관찰되는 적조현상을 일으키는 조류이다. 이 조류는 적조발생시 어류를 폐사시키는 내생독소(endotoxin)를 내는 것으로 알려져 있다.

4) 갈조류(Brown algae) : 갈조류는 다세포 해초류(seeweeds)이며 색소로는 엽록소 a, c와 특정한 카로티노이드를 가지고 있다. 세포벽은 섬유소와 알긴산으로 되어 있으며, 저장물질은 포도당 중합체인 라미나린이다. 갈조류는 무성 및 유성포자를 모두 만들어서 비교적 복잡한 생활사를 가지고 있다. 이 부류는 주로 해양성으로 Fucus, Macrosystis 및 Laminaria가 대표적인 속이다. 이들 조류는 바다 연안에 넓은 층을 이루어서 근해어

류의 번식 및 서식지로서 중요한 역할을 한다.

5) 홍조류(Red algae) : 홍조류는 색소로 엽록소 a와 홍색소인 피코빌린을 함유하고 있다. 세포벽은 섬유소로 되어 있고 저장물질은 녹말이다. 일반적으로 단세포 혹은 다세포이며, 대부분이 해양성이다. 이들은 아열대성 지역의 수중에 서식하며 조간대에서는 잘 자라지 못한다. 대표적인 홍조류로는 Polysiphonia가 있다.

6) 남조류(Blue-green algae) : 남조류는 원핵생물로서 다른 조류들이 진핵생물인 것에 비해 약간의 차이가 있다. 이들은 절대적인 광합성 독립영양균(photoautotrophs)으로서 탄소원으로 이산화탄소를 사용하고, 에너지는 태양광선으로부터 공급받는다. 그리고 H_2O를 전자수용체로 사용하여, 다음의 화학식에서 보여주는 것처럼 유기탄소 화합물을 생성하기 위한 전통적인 힐 반응(Hill reaction)을 수행한다.

$$6CO_2 + 6H_2O \longrightarrow \text{포도당}(C_6H_{12}O_6) + 6O_2$$

위와 같은 광합성 반응은 모든 녹색식물과 진핵조류에 의해 수행되어 진다.

남조류는 광합성 색소인 α -엽록소(chlorophylla), 조홍소(phycoerythrin), 카로틴(carotene), 엽황소(xanthophyll) 등에 더해 특별히 남색소인 남조소(phycocyanin)를 가지고 있다. 이외의 다른 점은 남조류는 구조적으로 박테리아와 유사하다. 즉, 남조류는 독립된 세포핵이 없으며, 광합성 색소가 엽록체 안에 들어가 있지 않고, 세포벽의 구조는 박테리아와 흡사하다. 이러한 남조류는 진핵조류와는 달리 형태상의 구조에 의해 분류된다. 즉, 구상(coccoid)이거나 사상성(filamentous)으로 그림 4-10에서 몇 가지 예를 나타내었다. 사상균은 모두 운동성을 가지고 있고, 이동을 하기 위해서 활강메카니즘(gliding mechanism)을 사용한다. Anabaena와 Nostoc은 일반적으로 구상이며 세포는 사슬형태로 되어 있다. 사상균으로는 Oscillatoria가 있다. 남조류는 해수와 담수에서 모두 발견된다. 특히 부영양상태에서는 남조류의 급작스러운 번식(bloom)이 관찰되어지는

데, 아직도 그 원인은 충분히 설명되지 않고 있다. Nostoc 같은 남조류는 대기 중의 질소를 고정시키는 능력이 있어 질소부족으로 진핵조류의 성장이 둔화될 때 오히려 우세해지기도 한다. 남조류는 유기물이 거의 없는 화산지대나 사막 지대에서 최초로 번식하는 미생물이다. 이들은 진핵조류가 자랄 수 없는 30℃ 이상의 높은 온도에서도 무기영양분과 태양에너지로 성장한다.

그림 4-10. 일부 남조류

(7) 조류의 독소

조류가 번성하면 물에서 나쁜 냄새가 나고 수중에 산소가 부족하게 되어 어류들이 죽게 된다. 이와 같이 조류가 번성하면 심미학적, 경제적 문제를 발생시킬 뿐만 아니라 사람의 건강에도 심각한 위협이 되는데 이러한 문제는 조류의 독소에 기인한다. 많은 조류가 독소를 생성하는데 쌍편모조류인 Gonyaulax catanella는 대서양과 태평양에서 적조를 일으키면서 많은 피해를 주고 있다. 이 조류가 생산하는 독소는 맹독성인 botulism 독소에 맞먹을 정도로 독성이 강하다. 어류가 죽는 것은 Gonyaulax와 또 다른 몇가지 독성이 있는 쌍편모조류와 관련이 있다. Prumnesium parvum은 어류양식의 다량 파괴를 가져온다. 이것은 내독소(endotoxin) 때문인데 내독소란 세포가 죽은 후에 방출되는 독소를 말한다.

보편적인 남조류의 대부분이 내독소를 생산한다. 섬유상 남조류인 Anabaena flos-aquae, Microcystis aeruginosa와 Nostoc은 모두 독소를 생성한다. 남조류는 표적기관에 따라 나뉘어지는 신경독, 간장독과 세포독 등의 독소를 생산하는데 신경독은 anatoxin-a, saxitoxin, neosaxitoxin 등이 있고, 간장독은 microcystin, nodularin, cyrindrospermopsin 등이 있으며 세포독은 scytophicinol, hapalindol A 등이 있다. 이들 모두는 강이나 호수에 존재하는 것으로 쉽게 분리 가능하다. 조류가 번성하면 이러한 독소에 의해 물고기가 사멸하기도 한다. 이들 조류를 제거하기 위해서는 생질량이 커지기 전에 자연적 처리를 수행하여야 한다. 왜냐하면 독소를 생성하는 조류의 농도가 클 때 화학적으로 처리하면 세포가 용출되어 다량의 내독소가 방출되기 때문이다.

간장독인 microcystin은 Microcystis에 의해 생산되는 독소로서 Microcystis는 일본, 중국, 러시아 등 극동아시아 지역의 부영양상태의 호소에서 출현하는 대표적인 종이다. Microcystin은 특히 포유류의 간에 큰 영향을 미치는 것으로 알려져 있는데 외국의 경우 소나 양과 같은 대형 포유류들이 Microcystis가 발생한 물을 마시고 사망했다는 보고가 있고 Microcystis가 발생한 물을 주민들이 상수원으로 장기간 복용함으로 간암이 증가했다는 보고도 있다. 또한 microcystin 중 microcystin-YR, -LR, -RR 등은 매우 강한 독성을 가지고 있다고 알려져 있는데 실례로 microcystin-YR, -LR은 mouse에 대한 LD50이 70μg/kg 전후, -RR의 경우 600μg/kg 정도라는 보고가 있어 독성이 매우 강함을 알 수 있다. 또한 몇몇 종은 microcystin 뿐만 아니라 anatoxin-a를 동시에 생산한다는 보고도 있어 여름철 남조류가 번식한 물을 상수원으로 사용하게 될 경우 이에 대한 처리가 주의 깊게 고려되어야 한다. 그러나 microcystin의 포유류에 대한 독성과는 달리 어류에는 큰 영향을 미치지 않는 것으로 알려져 있다. 실제 microcystin을 이용한 실험에서 물고기에 대한 독성을 증명하지 못한 보고가 있다. 즉, 부영양화시 어패류의 폐사는 microcystin의 독성보다는 조류에 의한 아가미 패쇄, Microcystis 세포의 분해로 인한 용존산소의 부족이 원인인 것으로 사료된다.

실제 일본의 Suwa호나 Kasumigaura호에서 어류가 사망한 원인은 Microcystis의 세포분해에 의한 용존산소 고갈로 밝혀졌다(김은정 1996; Watabe와 Harada 1993). 남조류의 독소에 의해 사람이 사망한 사고는 없었지만 접촉에 의해 피부염이나 복통, 두통, 알러지 등을 일으킨 보고가 있었으며 간암발생의 증가원인이 된다는 보고도 있었다.

(8) 조류에 의한 이취미

남조류는 독소를 생성할 뿐만 아니라 음료수의 맛과 냄새의 원인이 된다. 남조류 Symploca muscorum과 Oscillatoria tenuis는 제오스민이라는 흙냄새가 나는 유기화합물을 만들어 낸다. 냄새와 맛의 원인이 되는 다른 조류로는 Anabaena, Aphanizomenon, Aynura 등이 있다. 규조류인 Asterionella는 음료수에 존재하는데 이것도 불쾌한 맛의 원인이 된다. 물이나 침전물 중의 유기물질을 먹고 자라는 방선균류는 여러 가지 흙냄새가 나는 생성물을 내는데 매우 낮은 농도인 ppm 또는 ppb 단위로도 맛과 냄새를 유발한다. 음료수에 맛과 냄새의 원인이 되는 가장 일반적인 조류를 Table 4에 나타내었다. 맛과 냄새의 문제는 활성탄을 이용하여 흡착시킴으로 제거할 수 있다.

(9) 수계의 영양정도에 따른 발생조류

수계의 영양상태에 따른 조류종의 변화를 표 4.4에 나타내었다. 조류는 빛과 무기영양원의 양에 따라 그들의 생산성이 좌우되므로 수계의 영양상태에 따라 발생하는 조류도 다르다.

표 4.4 영양상태에 따른 조류

	빈영양(빈부수)성	중영양(중부수)성	부영양(강부수)성
남조류	Calotrix parietina	Oscillatoria tenuis Osdcilatoria princeps Oscillatoria formosa Microcystis aeruginosa Anabaena flos-aquae Anabaena spirodes Aphanizomenon flos-aquae	Spirulina yenneri
규조류	Cyclotella comensis Cyclotella bodanica Synedra acus var. angustissima Cymbella cesati Pinnularia nobilis Surirella spiralis Nitzschia linearis Diatoma hiemale Tabellaria flocculosa	Stephanodiscus carconensis Cyclotella maneghiniana Nitzschia palea Melosira varians Melosira granulata Melosira italica Fragilaria craotonensis Synedra acus Asterionella formosa Nitzchia acisularis Surirella biseriate Surirella ovata	
접합조류	Closterium diarae Staurastrum punctulatum Euastrum oblongum Spirogyrafeuviatilis	Cosmarium botrytis Closterium ehrenbergii Closterium monoliferum Spirogyra crasa	
녹조류	Gioeococcus Schroeteri Ulothrix zonata Microspora amoena Draparnaldia glomerata Bulbochaete mirabilis Cladephora glomerata Vaucheria Debaryana	Pediastrum boryanum Ankistrodesmus falcatus Scenedesmus quadricauda Selenastrum bibraianum Dictyosphaerium lunaris Oedogonium capillare Hydrodictyon Eudorina clegans Claoephora crispate	

제5장

지구규모의 온난화와 식물

지구환경학 입문

약 30억 년 전, 얕은 해양내에서 탄생한 광합성세포 시문군은, 광합성활동을 통해서 지구대기를 변모시켜왔다. 그리고, 약 3~4억 년 전에 성층권오존층(stratospheric ozone layer)을 완성시켜, 태양에너지(solar energy)가 풍부한 육지표면을 태양의 유해자외선(UV-B, 315mm~280mm; UV-C, 280mm 이하)으로부터 해방시켰다. 해안에 가까운 바다에서 상륙을 시도하고 있던 식물들은, 그 형상과 생활스타일을 바꾸어 가면서 육상으로 진출을 시작하였다. 그것은 약 4억 년 전인 Silurian(실루리아기)이었고, 최초의 식물은 현재의 석송과 매우 닮은 것으로 추정되고 있다.

그 이후, 해양과 비교될 수 없는 극심한 환경변화 속에서 식물들은 진화를 계속해서, 현재 우리가 볼 수 있는 풍부한 식생(vegetation)을 만들어 내었다. 그 사이 많은 광합성산물(photosynthate)을 유기탄소로서 지각권내에 저장하여, 근대문명의 근원인 화석에너지(fossil energy)를 준비하였다. 이런 긴 시간의 경과 중에서도 식물은 지구상에 발달하는 모든 환경조건, 특히 기후조건에 적응하는 것이 불가능하였다. 그것은 혹한의 남극대륙 중앙이나 거의 수분이 없는 혹독한 사막에 식생이 없다는 것에서 알 수 있다.

그렇지만 식물은 지구상의 상당한 영역의 환경조건에 적응하여 가면서 진화하여 "이 환경에, 이 생명의 존재양식"이라고 일컬어지듯이, 각각의 환경조건 중에서 환경으로부터 효율적으로 생존하기 위하여 에너지를 획득하는 체제, 조직 그리고 생리활동을 만들어내고 있다. 이 때문에, 지구상에서의 환경조건의 성대적변화(成帶的變化, zonal change)에 따라서 특징 있는 식생대(vegetation zone)가 형성되고 있다.

이 식생대는 그 위에 구축되고 있는 생태계(ecosystem)로의 생존에너지를 유입(input)하므로, 식생이 고정(固定)하는 태양 에너지량은 생태계의 다양성(diversity)을 포함해서, 그 복잡함과 활동도를 결정하고 있다. 그래서 식물의 영위는 행성지구의 생물부양능력(carrying capacity)을 결정한다. 그리고 식물은 지구상의 생물군을 유지하는 "그린 아트라스(green Atlas)"라고 불리운다. 그린 아트라스=식물은 태양의 힘을 빌려서 스스로를 포함해서 지구상의 전생물의 생존을 과거로부터 현재로 그리고 미래에로 계속 지속시켜 간다.

그린 아트라스의 거대한 힘의 원천은 1.5억km 떨어진 우주로부터 오는 태양에너지인데, 이것은 식물을 통해서 생존에너지로 바꾸어진다. 이 변환효율은 식물과 환경조건과의 상호작용의 함수로, 시간적으로도 공간적으로도 변동하고 있다. 특히, 기후조건의 변동·변화에 지배되어 가면서 장·단의 다양한 주기로 변동을 반복하여 왔다. 지금 인류활동에 의해 발생할 가까운 미래의 지구규모에 걸친 기후온난화는 그 규모와 속도 양쪽에서 과거에 생긴 기후변화를 넘어서서, 그린 아트라스에 강한 영향을 미칠 가능성이 높다. 이러한 영향은 식생분포의 급변·붕괴를 통해서 지구의 생물부양능력에 현격한 영향을 미칠 것으로 우려된다.

그래서 이 장에서는 최근의 연구 성과를 참조하여 그린 아트라스에 미치는 기후의 영향을, 인위적인 기후온난화(anthropogenic climatic warming)에 역점을 두고 설명하고자 한다.

5.1 기후변화와 식생의 분포

지질학적 및 고생물학적인 연구에 의하면, 지구환경은 표 5.1에 나타낸 것과 같은 원인으로 현저하게 변화하였다.

그리고 변화가 어떤 역치(閾値, threshold)를 넘었을 때, 많은 생물종의 장대(壯大)한 집단멸종(massive extinction)이 발생되었다. 특히 유명한 것은 약 6,600만 년 전인 백악기 말기에 발생한 공룡의 절멸이다. 이것의 원인에는 몇가지 설이 나와 있지만, 소행성(직경 약 10km)의 지구로의 낙하 ⇒ 대폭발 ⇒ 대기의 대규모 오염 ⇒ 태양일사량 저하 ⇒ 한랭화 ⇒ 식물생산력의 저하 ⇒ 공룡류의 절멸이라는 가설이 유력하다고 한다.

표 5.1 지구환경에 변동·변화를 가져온 요인(Uchishima, 1991)

<table>
<tr><td colspan="3">지 구 환 경 의 변 동·변 화</td></tr>
<tr><td colspan="2">자 연 적 요 인</td><td rowspan="2">인 위 적 요 인</td></tr>
<tr><td>우 주 적 요 인</td><td>지 구 적 요 인</td></tr>
<tr><td>- 태양에너지의 변화
- 지구궤도의 변동
- 소행성의 충돌</td><td>- 대륙의 이동
- 조산운동의 윤회
- 수권(水圈)의 출현·발달
- 대기 중 이산화탄소의 탄산연으로서의 침전
- 대규모 화산활동
- 지자기역전
- 육상·해양내의 식물의 발달
- 기후시스템의 내적 변동</td><td>- 지표면의 변화(농경지 개발에 의한 삼림파괴, 대도시·거대 댐 등의 건설, 대규모적인 관개·배수의 실시)
- 화석연료의 대량사용
- 온실효과가스의 대량방출
- 오존층파괴 가스의 방출</td></tr>
</table>

(1) 빙하기에 있어서 기후변화와 식생

그렇게 긴 과거가 아니더라도, 제4기의 빙하시대(ice age)에 있어서, 빙기(glacial age)와 간빙기(interglacial age)의 교대에 수반된 지구환경의 변화와 식생의 이동(migration)과의 관계는 화분학(花粉學)이나 동위체(同位體)분석에 의한 편년(編年, chronology)과 고온도(古溫度)복원에 의해, 최근 상당히 밝혀지게 되었다. 최후의 뷔름빙기(약 3 만 년 전부터 1 만 년 전까지)에는, 거대한 대륙빙하가 북아메리카대륙의 북쪽 반, 유럽대륙의 북부 반을 덮고 있었다. 또한 유럽 알프스산맥으로부터 산악빙하가 흘러내리고 있었다. 이 때문에 많은 식물이 빙하에 덮여 절멸하였다. 특히, 유럽에서는 식물의 남쪽으로의 이동이 알프스 산악빙하에 저지당했기 때문에 온난한 남쪽으로의 이동이 용이하였던 북아메리카대륙보다는 많은 식물종이 절멸하였다.

광대한 지역을 덮고 있었던 뷔름빙기(氷期)의 빙상(氷床)·빙하도 약 1만~1만5천 년 전을 경계로 급속히 쇠퇴하여 보다 북쪽으로 축퇴(縮退)되었다. 그리고 약 1만 년 전에는 일부산악빙하를 제외하고는 광대한 지역의 얼음이 녹아

내렸다. 이에 따라서 기후대 그리고 식생대의 북쪽으로의 이동이 시작되었는데, 그 움직임은 약간의 중단, 말하자면 소빙기(小氷期, 서력 1550~1850년)를 건너뛰어, 현재에도 계속되고 있는 것으로 생각된다. 뷔름기후부터 현재까지의 기간은 후빙기(postglacial age)로, 지구의 기후, 식생 그리고 토양 등이 급변하면서 보다 현재에 가까운 색채를 강화하여온 기간이다.

이 후빙기를 통하여 지구평균온도는 약 5℃ 상승한 것으로 추측되고 있다. 그러한 모습을 고·중위도 대에서의 여름철 온도를 예로해서 나타내면 그림 5-1과 같이 된다. 그림 5-1에는 각각 시대구분과 유럽중부에서의 우점종(優占種, dominant)의 변화도 함께 나타나 있다. 이것으로부터 알 수 있듯이 약 1만 5천 년 전부터 현저한 변동을 반복하여 가면서도 경향적으로는 승온하고 있으며, 특히 힙시서멀(hypsithermal interval)이라는 6,000±3,000년 전의 기간은, 현재보다도 평균해서 약 2℃ 높아져 있었다. 이 기간은 신석기시대에 해당하는 것이다.

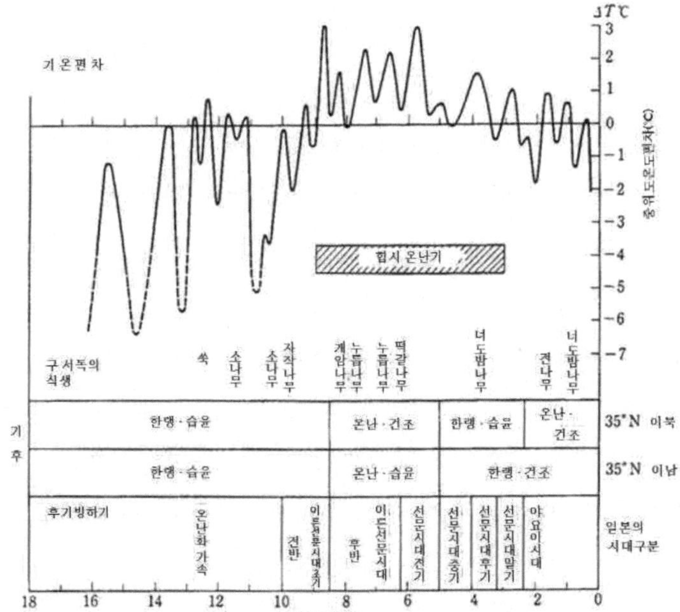

그림 5-1. 과거 1.8만년간에 있어서 기후치와 식생의 변화 (Vorenkova and Zubakov, 1984; Monin and Shiskkov, 1979; Yasuda, 1980으로부터 작성)

이러한 기후온난화에 따라서, 중앙 유럽의 식생은 쑥이나 소나무와 같이 한랭을 좋아하는 종으로부터 개암나무, 느릅나무, 떡갈나무 등의 온난함을 좋아하는 종으로 변하여 왔다. 그리고 4,000~5,000년 전부터 한랭·습윤기후에 알맞는 너도밤나무가 널리 분포하게 되었다. 기후변화에 의한 생육환경의 변화는 어떤 지역의 우점종을 현저히 변화시킬 수 있다는 것이 후빙기의 화분분석(pollen analysis)으로 밝혀졌다. 이러한 우점종의 변화는 지역적으로 보면 식물종의 분포한계(南限, 北限 그리고 高距限界)가 기후조건에 따라서 이동함을 의미한다.

이미 설명하였듯이 뷔름빙기에 해당하는 위스콘신 빙기의 최성기에는 북아메리카대륙은 라프라도르, 키웨친 및 코르질레라에 중심을 둔 거대한 대륙빙하에 덮여 있었다. 이 때문에 대륙상에는 한랭기후가 탁월하여, 많은 식물은 추위를 피하여 북위 35도 이남인 알라바마와 미시시피 그리고 조지아주 부근까지 퇴각하여 있었다. 이들 식물은 온난화가 시작된 약 1만5천 년 전부터 북쪽으로 이동을 시작하여, 2,000년 전 쯤에 현재의 북한(北限), 즉 센터로랜스강변까지 도달하였다고 판단된다. 데이비스(1981)는 북아메리카대륙 각지의 호수 밑바닥의 토양 채취물에서 화분을 분석하여, 북쪽으로 이동함에 따라서 아메리카 밤, 너도밤나무의 화분 출현연대가 젊어지는 것을 발견하였다. 이런 결과는, 기후의 온난화를 배경로 대륙규모에서의 식생이동이 생겼음을 증명하고 있는 것이다.

그렇다면 많은 식물 종은 후빙기를 통하여 어느 정도의 속도로 북진하였을까? 식물의 이동속도는 기후온난화의 속도와 식물의 종자산포법(散布法) 및 지리적 장해(말하자면, 강과 산맥, 해협 등)의 유무가 밀접히 관계한다. Huntley and Birks(1983)은 화분분석법과 동위체 연대법에 의한 자료를 이용해서 유럽평원에서 식생이동속도를 평가하였다. 그 요약이 표 5.2에 나타나 있다.

표 5.2에 나타나 있듯이, 연간이동속도는 수십 미터 이하에서 2,000미터까지 넓은 범위에 걸쳐있다. 일반적으로, 견과(堅果)를 갖는 식물 종들은 작고, 바람에 실려 운반되는 종자를 갖는 식물 종은 크다. 이 결과는, 자연조건 하에서의 목본식물의 이동속도가 의외로 작음을 나타낸다.

표 5.2 식물의 이동속도(Huntley and Birks, 1983; Maeda, 1977에서 요약)

분류군	이동속도(m/year)
전나무	40～300
오리나무	500～2,000
개암나무	1,500
너도밤나무	200～300
소나무	1,500
참피나무	50～500
느릅나무	100～1,000
북가시나무	2～50

(2) 후빙기에 있어서 일본의 식생변화

세계의 다른 여러 지역과 마찬가지로, 일본의 기후도 긴 시간 속에서 현저한 변동을 겪고 있다. 그에 따라서, 선문인이나 야요이인 주변의 자연경관도 크게 변화하였다는 것이 최근의 다양한 발굴조사로 밝혀졌다. 그중에서도 자연생태계를 지탱하는 그린 아트라스는, 기후의 온난화나 한랭화에 따라서, 서서히 일본열도의 북쪽 혹은 만 쪽으로 이동하였었다. 이것도 전국에 걸쳐 이루어진 발굴, 화분분석 그리고 탄소 연대결정법 등의 성과이다.

이러한 접근으로 복원된 일본의 식생분포 변천을 나타내면 그림 5-2와 같다.

지금부터 약 2만 년 전인 뷔름빙기는 대단히 추웠던 시대로, 연평균기온은 현재보다 약 5℃나 낮았던 것으로 추정된다. 만약 이것이 타당하다고 생각한다면 동경의 기후는 현재의 Sapporo에, Sapporo는 Saharin중부의 기후에, 그리고 큐슈남부는 동북지방 북부의 기후와 닮아있었던 것으로 간주된다. 이러한 한랭기후 때문에 북해도에는 Tundra, Forest-Tundra 그리고 Borael Forest가 우점(優占)하여 있어, 현재의 시베리아에 가까운 경관이었다고 생각된다. 그리고 일본열도의 전역이 아한대 침엽수림과 냉온대 낙엽활엽수림(cool temperature decedious forest)에 덮여 있었다. 현재 관동 이남 평야부에 있는 절터에 그 흔적을 남기고 있는 난온대 상록활엽수림(照葉樹林 ; warm temperature evergreen forest)는 해수위 저하 때문에 큐슈와 육지로 연결지어진 種子島와 屋久島에까지 퍼져 추위를 참아 견디고 있었다(그림 5-2(a)).

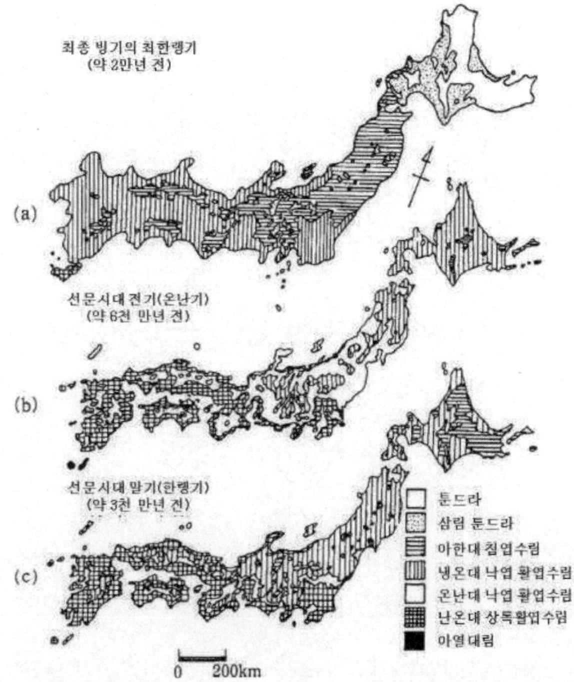

그림 5-2. 과거 3만 년 동안에 있어서 일본의 식생대 이동과 기후(安田, 1985)

그후, 온난화는 급격히 진행하였다. 그리고, 약 6,000년 전을 중심으로 하는 힙시서멀(hypsithermal) 시기에는 기온이 현재보다 약 2℃ 높았다. 이것을 반영하여 보다 남쪽으로 진출하고 있었던 한랭계의 식생들은 일제히 북쪽으로 이동하였고, 큐슈의 남단으로 쫓겨가 있던 난온대 상록활엽수림은 그 북한(北限)선을 급속히 북상시켰다. 가장 온난하였던 선문해진시대의 식생분포가 그림 5-2(b)에 복원되어 있다. 현재의 관동지방 이남으로 퍼져있던 냉온대 활엽수림(그림 5-2(a))이 조엽(照葉)수림으로 완전히 교대하고 있었음을 알 수 있다. 이것은 선문인의 주요 식량이었던 나무열매가 도토리에서 떡갈나무류와 구실잣밤나무류의 열매로 바뀌었음을 의미한다.

약 3,000만년전 선문시대의 말기가 되면, 기후는 힙시서멀(hypsithermal) 보다 냉랭·습윤화하여 온다. 이 시대의 식생분포는 거의 현재에 가깝게 되어 그림 5-2(c)와 같이 복원되고 있다. 이것에 의하면 힙시서멀(hypsithermal)에 비하여 밤을 중심으로 하는 난온대 낙엽활엽수림의 분포역에 너도밤나무를 주로 하는 냉온대 낙엽활엽수림이 진출하여 이 임대(林帶)와 조엽활엽수림이 경계를 접하는 분포를 이룬다.

이러한 식생분포의 이동은 기후의 장기적 변화에 기인하고 있다. 강수량이 풍부한 일본열도에서 식생유형의 지역적변화는 각지역의 온도자원의 다소에 밀접히 관계하고 있다. Yoshiro(1954)는 일본 및 동아시아의 식생유형 변화를 다음과 같은 온량지수(warmth index, WI ; degree month)를 이용하여 평가하고 있다.

$$WI = \sum_{i=1}^{n} (\overline{T_i} - 5.0) \tag{5.1}$$

여기서, $\overline{T_i}$는 월평균기온(℃). 윗식에 의한 적산은 월평균기온이 5℃를 넘는 기간에 대해서 행한다. 이 WI와 주요 식생 유형과의 관계가 표 5.3에 요약되어 있다.

최근, Ueno(1990)는 일본의 기후치 mesh자료를 이용해서, WI를 연평균기온(T_m ; ℃)과 연교차($\Delta T = T_7 - T_1$;7과 1은 1월과 7월의 월평균기온 ; ℃)로부터 추정하기 위하여 다음 식을 얻고 있다.

$$WI = 7.64\,T_m + 1.84\Delta T - 36.83 \tag{5.2}$$

이 관계가 후빙기의 일본에도 적용할 수 있다고 가정하면, 그림 5-2와 표

5.3의 자료로부터 일본의 주요 지역의 연평균기온은 표 5.4와 같이 근사적으로 평가할 수 있다.

표 5.3 주요 기후대·식생대와 온량지수
(Yasuda,1980; Horikoe and Aoki,1985; Uchishima and Kiyono(1988))

기후대	식생대	온량지수 (degree months)	주요식물	순일차생산력 (톤(乾物)/ha·년)
한대	툰드라대 산림툰드라대	0~15	쑥속, 비자나무과	0~3
아한대	아한대 침엽수림대	15~45/55	가문비나무, 일본개분비	3~7
냉온대	활엽수림대 (냉온대낙엽활엽수림대)	45/55~85/100	호도, 개암나무	7~15
난온대	난온대낙엽활엽수림대 난온대상록활엽수림대 (조엽수림대)	85/100~ 170/180	상수리나무, 졸참나무, 떡갈나무	15~20
아열대	아열대림대	170/180~ 240	구실잣밤나무, 떡갈나무	18~23

표 5.4 일본 각지의 기후(기후, ℃)의 복원(그림 5-2와 식(5.2)로부터)

	2만년전	6,000년전	3,000년전	현재
石狩평야	2	10	6	7
宮城평야	7	15	11	12
關東평야	9	17	13	14
九州평야	12	20	16	17

이것에 의하면 2만 년 전의 빙하 최성기에는 현재보다 5℃ 낮고, 힙시서멀(hypsithermal, 縄文海進시대)에는 3℃ 높았다고 추정된다. 이 값은 일반적으로 일컬어지고 있는 뷔름빙기는 현재보다 약 5℃ 낮았다는 설과 상당히 잘 일치하고 있어, 당시의 기후를 나타내는 하나의 기준으로 이용할 수 있을 것이다.

약 5℃ 이하라는 일상의 감각으로부터 말하면 그다지 크지 않은 기온변화라고 하더라도 긴 기간을 거쳐 식물에 작용하면 각각의 생육지의 북쪽 또는 남쪽으로의 이동을 일으킨다. 그러나, 기후변화의 속도가 커서 각 식물의 호적(好適)기후역이 표 5.2에 나타나 있는 이동속도를 넘어서는 조건에서는, 대규모적인 식생의 붕괴가 생길 가능성이 있다. 후빙기의 어느 시기에는 그러한 붕괴가 생겼었을 같은 증거가 동북지방의 일부에서 발견되고 있다.

5.2 인위적인 기후변화

표 5.1에 나타낸 바와 같이, 적어도 1,000만 년 전까지는 지구환경은 자연적 요인의 영향 하에서 변화하였다. 그러나 약 300만 년 전에 지구상에 나타난 인류는, 험난한 자연과의 투쟁 속에서, 기능을 닦고, 언어와 문자를 발명하였다. 그리고, 시간과 거리를 넘어서 정보를 교환할 수 있게 되어, 지식의 집적은 시간과 함께 지수 함수적으로 비대화하고 있다. 이 중에서, 기능은 기술로 되고, 지적활동은 과학을 만들어 내어, 자연의 깊은 곳에 숨어있는 법칙성을 차근차근히 밝혀왔다.

이 덕분에 고대로부터 인류가 멀리하고 싶어 하였던 2명의 친구 - 질병과 기아 - 와는 점차 멀어지게 되어 지구상의 인구는 급격히 증가하기 시작하여, 수십 년 전부터 그야말로 인구폭발이라고 불리는 엄청난 속도로 인구가 늘어나고 있다. 현재 연간 약 1억 명 이라는 비율로 증가하고 있어, 2050년 쯤에는 100억대에 도달할 것이다. 증가하는 사람들은 생존과 보다 풍부하고 편리한 생활을 위해, 지구상의 모든 것을 자원으로서 소비하고 있다.

(1) 기후의 온난화

이 때문에, 옛날부터 지구대기에 작용해온, 그리고 많은 생물을 그 속에 품어온 삼림은 서서히 사라져 갔다. 또한 지질시대인 수 억 년이라는 긴 기간 동안에 식물군이 축적하여 둔 화석(태양)에너지는 놀라울 정도로 발굴되어 사용되고 있다. 이러한 움직임은 약 200년 전인 제1차 산업혁명부터 활발해졌는데, 특히 1950년대 이후의 제2차 산업혁명에 의해 가속화되고 범지구화 되어 현재에 이르고 있다.

그에 따라서 지구에 유지되던 지질순환망은 여러곳에서 불균형을 보이고 있다. 그 증거 중의 하나가 이산화탄소, 메탄, 프론가스류 등의 온실효과기체(greenhouse effect gas) 농도의 급상승이다. 약 150년전, Tyndall(1820-1893)이 논문을 발표하였을 때는 SF라고 생각하였던 대기온실효과의 증가에 따른 기후온난화가 현실의 문제로 되어 인류에 직면하여 왔다. 가까운 미래에 대한 지구기후의 온난화 예상은 기후변화 충격의 장대함과 복잡함을 생각한다면, 현재 우리들이 당면하고 있는 다양한 과제 중에서도 제1급의 문제이다.

이미 설명되고 있듯이, 기후온난화의 예상에는 2가지 방법이 이용되고 있다.

① 대기대순환 모델(General Circulation Model ; GCM)

② 고기후복원(reconstruction of paleoclimate)

1990년 10월 말부터 11월초에 걸쳐서 제네바에서 열린 제2회 세계기후회의에 제출된 "기후변동에 관한 정부간 패널"(IPCC)로부터 작성한 지구온난화 시나리오가 그림 5-3에 나타나 있다.

이 그림의 y축은 1990년부터의 기온상승 시나리오를 나타내고 있다. 인구증가와 소비수준향상을 고려하면, 가장 현실성이 높을 것으로 예상되는 "버려둠(business as usual)" 시나리오에서는 2050년에 1.5℃, 2100년에 2.0℃의 기온상승이 예상된다. 화석연료를 전부 재생에너지(renewable energy)와 핵에너지로 대체하더라도 2100년에 약 1℃의 상승이 예상된다.

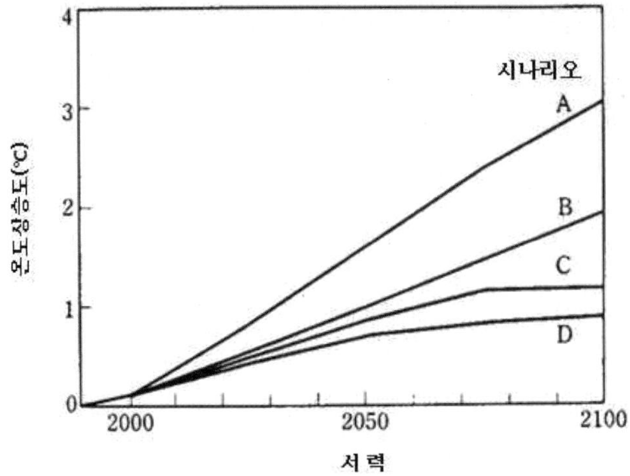

그림 5-3. 21세기에 있어서 지구평균기온의 상승예측 시나리오(IPCC Report, 1990 로부터). A: 버려둔 경우의 시나리오, B: 화석연료 사용과 삼림벌채를 엄격히 규제, C: 2050년 전후에 대체에너지·핵에너지로 전환, D: 2050년 전에 대체에너지·핵에너지로 전환

고기후복원에 의한 시나리오제작은, 주로 구소련의 연구자들에 의해 충격평가(impact assessment)에 이용되고 있다. 그들의 시나리오는 다음과 같다.

서력 2000년 ~ 完新世氣候最良期(+1℃)

서력 2030년 ~ 엘름 간빙기(+2℃)

서력 2050년 ~ 鮮新世氣候最良期(+3 ~ +4℃)

그러나, 지질시대의 온난기 기후상태가 미래의 기후예상에 이용가능한 것인지에 대해서는 아직도 의문이 많다.

그림 5-3의 각 시나리오를 이용해서 1990년부터 2100년까지 사이의 평균 온난화 속도(℃/년)를 구하면 다음과 같다.

A: 0.027 ; B: 0.016 ; C: 0.011 ; D : 0.007

이미 설명한 후빙기간의 평균 온난화속도(0.0003～0.0005℃/년)의 15～90배로 현저히 크다. 이처럼 현저한 온난화는 기후대의 급격한 북으로의 이동을 가져오고, 많은 식물에 영향을 주어 쇠퇴를 가져올 가능성이 있다.

(2) 토양수분의 변화

뿌리권(root zone)의 토양수분(soil moisture)은 식물의 생명활동을 지탱하는 중요한 요소이다. 일반적으로 뿌리권의 토양수분(W)는 아래의 물수지식(water balance equation)으로 주어진다.

$$W_2 = W_1 + R - (E + F_s + F_d) \quad (5.3)$$

여기서, W_1과 W_2는 수지기간의 처음과 마지막의 토양수분, R과 E는 그 기간동안의 강수량과 實증발산량(actual evaportranspiration), F_s와 F_d는 그 사이의 表面流去量(Run-off)과 심층침투량이다.

기온상승에 따라서 연간 강수량은 증가하지만, 비가 내리는 양태와 시기는 크게 변할 것으로 예상되고 있다. 최근의 GCM 실험으로부터, 온난화에 따라서 호우가 많아져, 강우강도가 증가하여 지하로의 침투가 줄고, 表面去(Run-off)가 증가할 것으로 예상된다.

한편, 온난화는 지표면과 식피면의 온도상승을 가져오는데, 증발과 증산은 기온상승 1℃당 4～5% 증가할 것으로 예상된다. 이 때문에, 작물생장이 활발한 여름에는, 뿌리권의 토양수분이 현재보다 감소할 가능성이 높다.

식(5.3)에 닮은 bucket model과 GCM을 조합한 실험결과로부터 작성한, 2×CO_2 하에서의 여름철 뿌리권의 토양수분 변화(현재보다 몇 %나 증가 혹은 감소할까?)가 그림 5-4에 나타나 있다. 그림 상에서 세점(細点)이 그려져 있는 구역은 현재보다 토양수분의 감소가 예상되는 지역을 나타낸다. 유라시아대륙과 북아메리카대륙의 거의 전부에서, 뿌리 권 토양수분이 10% 이상이나 감소할 가능성이 있다. 한편 남반구에서는 거꾸로 수분증가가 예상되는 지역이 많다.

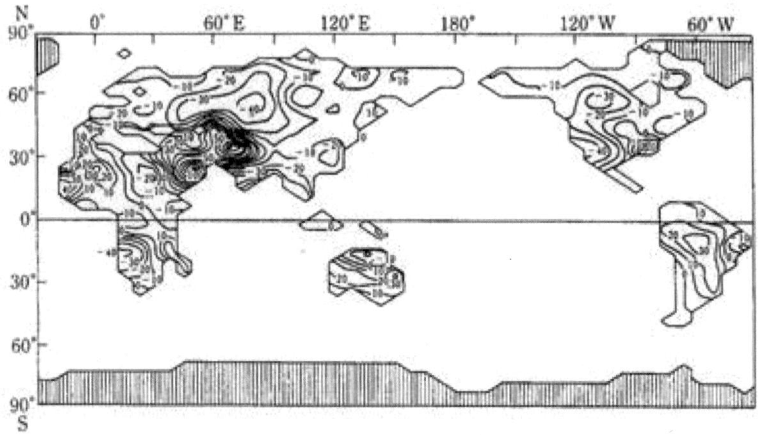

그림 5-4. 2×CO_2 기후온난화에 의한 뿌리권 토양수분의 증감 (Manabe and Wetherald, 1987로부터)

강수량, 증발, 토양수분등의 수문학적 조건(hydrological condition)에 관한 GCM 실험결과는, 기후변화에 관한 결과보다 정확도가 상당히 떨어진다고 일컬어진다. 그렇지만, 그림 5-4의 토양수분 증감에 대한 패턴은 고기후자료로부터 복원한 온난기의 토양건습 패턴과 유사하다. 이러한 토양수분의 감소는 자연식생과 농업대(農業帶)의 분포 및 그들의 생산력에 큰 영향을 줄 것이다.

5.3 온난화의 impact

대기 중의 온실기체 농도상승 및 그것에 의한 기후온난화는 지구와 생물권이 지금까지 경험한 바가 없을 정도로 빠른 속도로 진행할 염려가 있다. 이것은 완만한 자연환경의 변화에 적응하여 가면서 진화하여 온 생물군에 엄청난 영향을 줄 것이다. 예상되는 다방면적인 영향을 흐름도로 정리하여 보면, 그림 5-5와 같이 된다. 이것으로부터, 하나의 직접 루터(이산화탄소 농도상승에 의한다), 3개의 간접 루터(온도상태와 수문상태의 변화, 해수위의 상승)를 통해서, 식물자신 및 주변 환경에 영향이 파급되어 올 것임을 알 수 있다. 영향의 몇 개는 긍정적 효과도 가져오지만 많은 영역에서 부정적 효과가 유발될 것으로 예상된다.

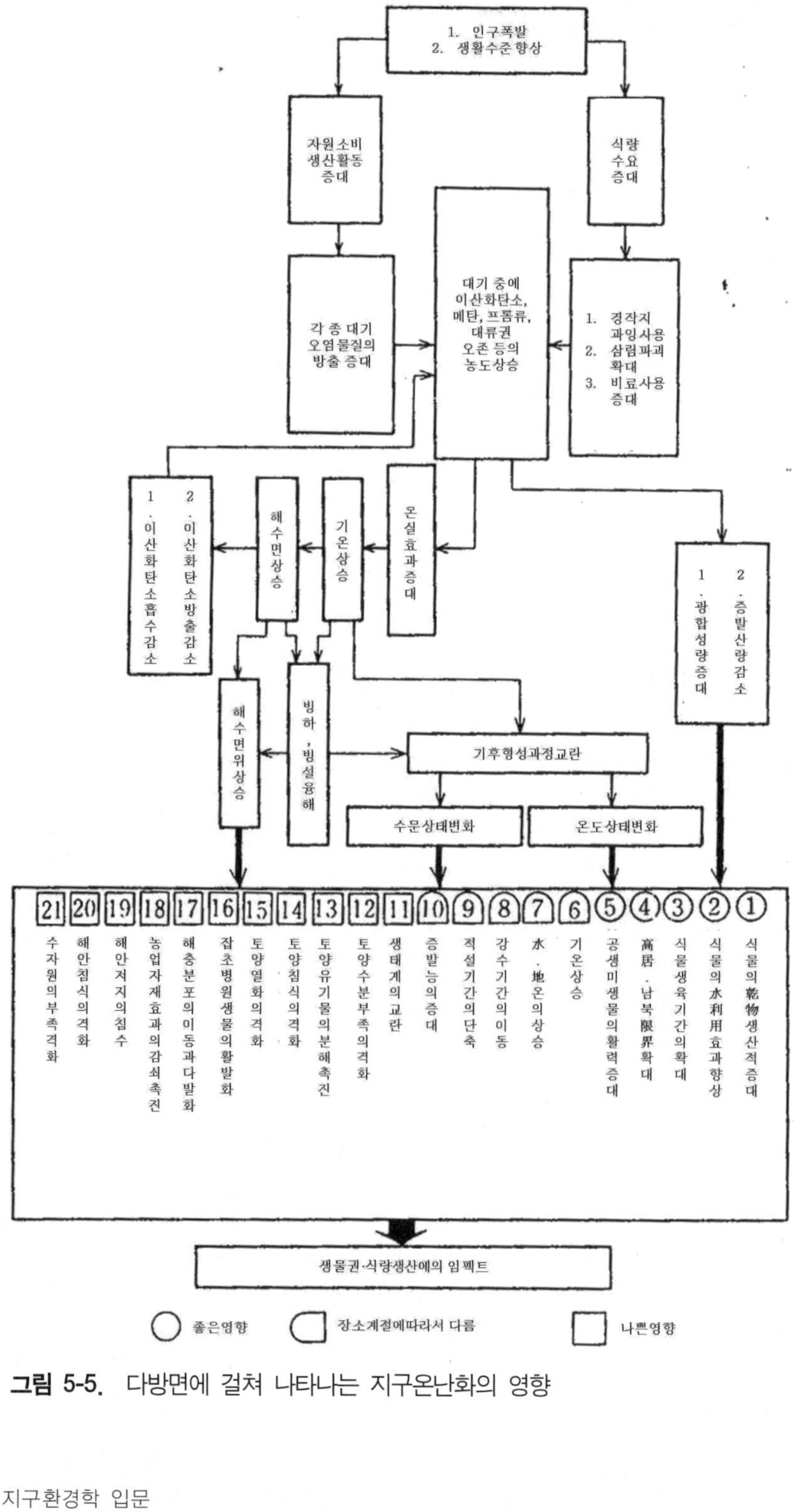

그림 5-5. 다방면에 걸쳐 나타나는 지구온난화의 영향

(1) 이산화탄소 농도상승의 직접효과

확산저항이론(theory of diffusion resistance)에 의하면 개개 잎의 광합성 속도(P ; gCO_2/cm^2 · sec)와 증산속도(E ; gH_2O/cm^2 · sec)는 각각 다음과 같이 표현된다.

$$P=\frac{C_a-C_m}{\gamma_m+\gamma_s'+\gamma_f'} \tag{5.4}$$

$$E=\frac{a_s-a_a}{\gamma_s+\gamma_f} \tag{5.5}$$

여기서 γ_m, γ_s', γ_f'는 이산화탄소 확산에의 메소필, 기공, 엽면경계층 저항(초/cm), γ_s, γ_f는 수증기확산에의 기공, 엽면경계측저항(초/cm), C_a, C_m은 엽면경계측(foliage boundary layer)상과 광합성 중심점에서의 이산화탄소농도(gH_2O/cm^3), a_a, a_s는 경계층상과 기공저(氣孔底)에서의 절대습도(absolute humidity ; gH_2O/cm^3).

기공저항(stomatal resistance)은 기공의 밀도와 개도(開度)에 따라서 변하지만, 이산화탄소농도에 잘 반응한다. 이산화탄소농도의 상승에 따라서 기공의 개도가 좁아지기 때문에, 기공저항은 점차 증대하여 온도. 이산화탄소농도에 대한 기공저항의 반응은 쌀·보리·대두 등의 C_3식물과 옥수수·사탕수수등의 C_4에서 서로 다르다. 그 한 예가 그림 5-6에 나타나 있다. C_4식물인 옥수수에서, 이산화탄소농도 상승에 수반되어 기공저항이 현저히 증가하는 것을 볼 수 있다.

이 때문에 대기중의 이산화탄소농도가 증가하여도, 광합성속도의 증가는 점차 억제되어, 소위 말하는 포화형곡선이 된다. C_3식물인 쌀에서는 800ppmv

까지는 광합성농도가 증가하지만, C_4식물인 옥수수에서는 400-500ppmv에서 포화에 도달한다. 그래서, C_3식물에 있어서는 이산화탄소농도가 비료(肥料)로 작용하지만, C_4식물에 대해서는 비료적 효과가 약하다. 330/660ppmv라는 이산화탄소 배증실험에 의하면, C_3작물의 수량은 26±9% 증가한다. 이러한 증수효과(增收效果)를 얻기 위해서는 무기비료 특히 질소와 인산의 증투(增投)가 필요하다. 기공저항의 증대에 따라서 증산속도는 당연히 저하하지만, 엽면열수지의 변화 → 엽면온도상승 → 기공저(氣孔底)수증기농도의 상승이라는 일련의 움직임 때문에 상당히 보상된다. 330/660ppmv에서의 대두실험에 의하면, 일중 잎의 기공저항은 25% 증가하고, 엽면온도는 1-2℃ 상승한다. 이 때문에 증산속도의 감소는 약 10% 내외가 된다. 이 열수지변화는 식피면에서의 Bowen비의 변화를 가져와서, 국지기후와 중규모기후의 변화를 야기할 가능성이 있는데, 이 문제에 관한 연구는 거의 이루어지고 있지 않다.

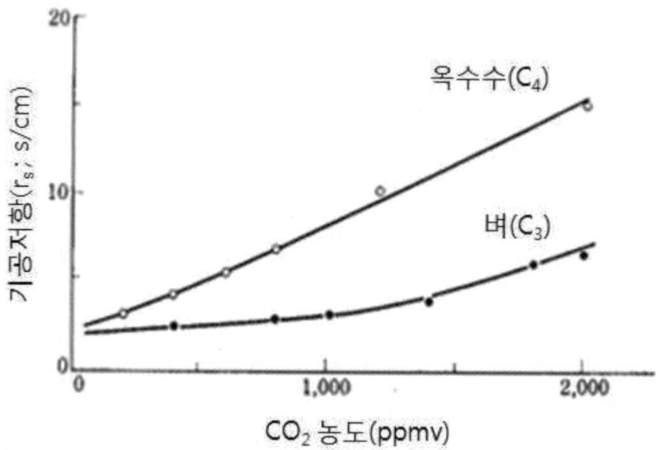

그림 5-6. 기공저항과 이산화탄소 농도
(Imai and Murata, 1978로부터)

(2) 이산화탄소농도 상승의 간접효과

1) 식생분포에 대한 기후온난화의 영향

현재의 GCM 시나리오에 의하면, 지구평균기온은 온실효과기체의 증가에 따라서 0.3-0.6/10년의 비율로 상승한다. 기온상승은 고위도에서는 이것의 약 2배로, 저위도에서는 약 1/2로 대폭 다를 것으로 예상된다. 이 때문에, 중·고위도에서는 기후대가 200-300km/℃의 속도로 극방향으로, 또 150-200m/℃의 속도로 높은 곳으로 이동할 것이다. 북반구에서 기후온난화가 현저하였던 1920-1940년대에, 시베리아 북부에서는 툰드라와 소림(疎林)과의 경계가 상당한 속도로 북진하였다는 사실이 보고된 바 있다. 이 예로부터 생각하면, GCM의 결과로 예상되는 가까운 미래의 온난화는, 식생대의 현저한 북진과 고지대로의 이동을 유발할 가능성이 높다.

이 가능성에 대해서 GCM 결과와 식생역에 관한 정보를 이용해서, 몇가지 연구가 이루어졌다. Emanuel 등(1985)은 Manabe and Stouffer(1980)의 초기 GCM 결과와 Holdridge의 생명대분류 시스템(life-zone classification system)을 이용해서, 2×CO_2 기후온난화에 의한 식생대 이동을 전지구적으로 연구하였다. 그 결과로부터 추출한 북부 산림대(林帶)의 이동이 그림 5-7에 나타나 있다. 그들은 현재 시베리아에서 카나다 북부에 걸쳐 주극적(周極的)으로 분포하고 있는 북부 숲이 북빙양연안으로 쫓겨나고, 나중에는 스탭프대가 넓게 분포하게 될 것으로 예상하였다. Kauppi and Posch(1988)은, 유효적산기온의 변화로부터, 현재의 북부 숲의 남반분(南半分)이 2×CO_2 온난화로 붕괴될 것으로 예상하였다. 이것은 주로 계산에 이용한 GCM의 결과에 기초한다.

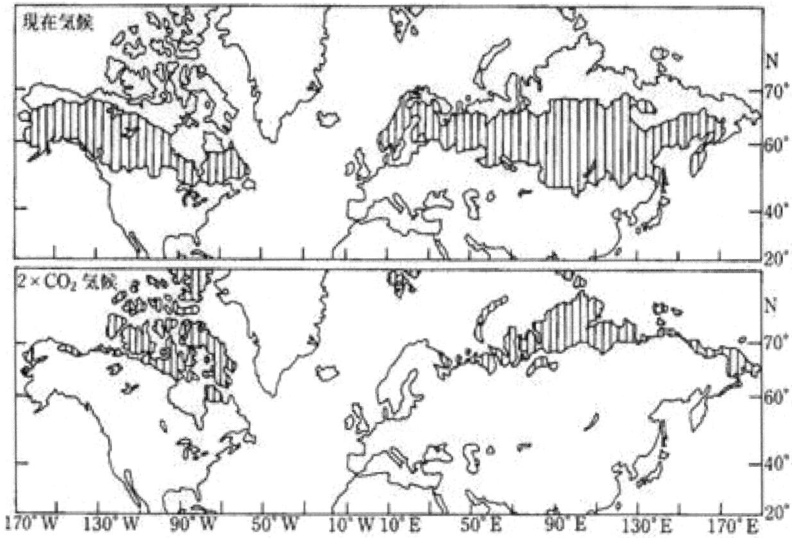

그림 5-7. 이산화탄소 두배 증가에 의한 북부 산림대(사선부)의 북진 (Emanuel et. al., 1985로부터).

그림 5-7의 결과를 이용해서 북부 산림대의 남한(南限)의 이동속도(2100년에 그림 5-7과 같은 기후가 출현한다고 가정)를 평가하면, 14~18km/년이 된다. 이것은 표 5.2에 나타낸 후빙기의 실제값과 비교하여 현저히 크다. 이미 지적하였듯이, 표 5.2의 값이 각 식물의 최대이동속도일까 어떨까에 대해서는 약간의 의문이 있다. 그렇지만, 예상되는 기후변화에 따라가려면, 후빙기의 그것에 비하여 적어도 10배 이상의 속도로 이동하여야만 한다. 그래서, 상당히 심각한 스트레스를 지역생태계에 주게 될 것이다.

북부 산림대의 남반분(南半分)의 쇠퇴는 단지 임분(林分)의 문제만이 아니고, 지구상에서의 탄소 균형에 극적인 임펙트를 줄 가능성을 감추고 있다. 북부 산림대와 툰드라대에는 육지 토양중의 유기탄소량의 약 1/3(7,750억 톤)이 포함되어 있다. 이것은 대기 중에 이산화탄소로서 현존하는 탄소량(7,300억톤)에 거의 필적하여, 현재 인공적으로 대기 중에 방출하고 있는 탄소량(약 60억톤)의 약 130배라는 막대한 양이다.

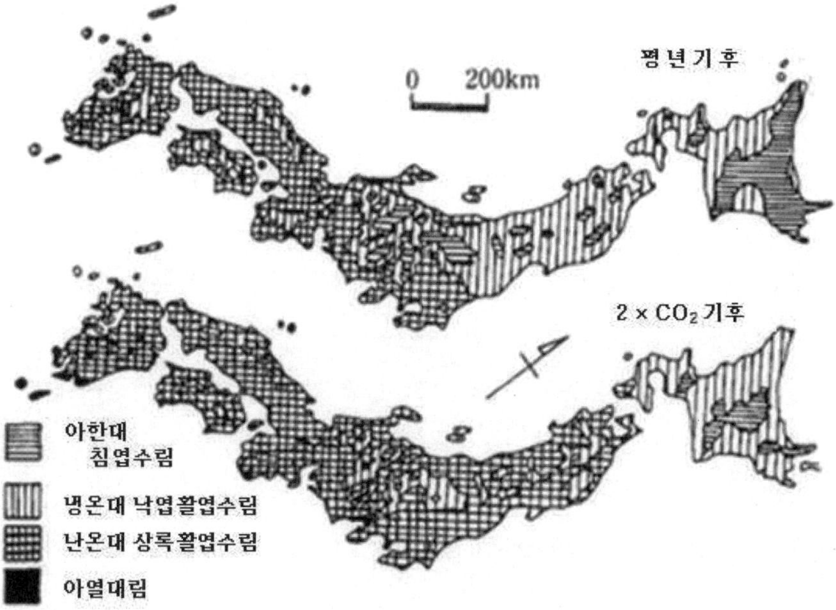

그림 5-8. 식생대 분포에 대한 이산화탄소 두배 증가에 의한 기후온난화의 영향 (Uchishima and Kiyono(1989)).

북극 산림대의 쇠퇴와 연구 동토대의 융해가 진행되면, 토양 미생물의 활동이 활발하게 되어 이산화탄소와 메탄으로 형태로 서서히 대기중에 방출될 것이다.

식생대의 이동과 쇠퇴는 보레아르 숲에 한정되지 않고 중위도 대에서도 생길 것이다. Davis(1988)는 미국에서 건축·제지에 널리 이용되는 베이쓰가의 분포역에 대한 2×CO_2기후온난화에 대한 영향을 연구하여, 현재 북미 대륙 동부의 북위 35～45도에 있는 분포역의 南쪽 2/3 이상이 기후적 부적지로 되고, 기후적지는 카나다의 로렌시아 큰 평지대로 이동할 것으로 발표하였다.

약 북위 24도에서 46도의 범위에 분포하는 일본의 식생대는, 과거에 지구기후의 변화에 대응해서 남북으로 대폭적으로 이동한 바 있다(그림 5-2). 그래서, 인위적인 온난화가 진행되면 식생대는 이동을 강요받게 될 것이다. GODAD 우주연구소의 GCM결과(이산화탄소 배증에 의한 기후 평형 시나리오), 식(5.1)

의 자료를 이용해서 추정한 현재 기후(1951/1980 평년치)와, 이산화탄소 배증 온난화 기후(서력 2100년의 기온상승에 대응)에 상당하는 식생대분포가 그림 5-8에 나타나 있다.

이것으로부터, 서력 2100년에는 기후온난화로 각 식생대가 1 크라스씩 북쪽으로 이동할 것으로 예상할 수 있다. 말하자면, 관동·중부·호쿠리쿠의 삼림을 만들고 있는 냉온대 낙엽수림의 남한선(南限線)이 기후온난화로 쓰가루해협까지 북상하고, 혼슈 평야부는 전부 난온대 상록림이 생육가능하게 된다. 그리고 현재의 기후 하에서는 류우쿠 열도의 중부에 있는 아열대 상록림의 북한(北限)이 큐슈·기이반도의 남부로 북상하여 올 것이다. 한편, 북해도의 북·동지역에 있는 보레아르 임역은 산악부를 제외하고는 소실되어 버려, 현재 동북지방 북부와 같은 상관(相觀, physiognomy) 또는 경관(landscape)로 될 가능성이 있다.

그렇지만 이미 지적하였듯이 새로운 기후적지가 형성되어도, 새로운 식물이 정착(estabilishment)하여, 그에 합당한 상관(相觀)을 형성하는 데에는 긴 시간이 필요할 것이다. 그 원인으로서는, 식물종의 이동속도가 느리다는 사실, 새로운 기후적지에는 선주종(先住種)이 존재하고 있어 경쟁이 생긴다는 사실, 또 토양조건의 차이 등을 생각할 수 있다. 이 때문에 기후적 적지의 형성과 그것에 합당한 상관형성 간에는 상당한 시간차가 생겨, 현재 식생의 일시적인 쇠퇴·붕괴 그리고 새로운 적응종의 침입·정착이라는 과정이 예상된다.

그래서, 기후온난화는 지역생태계의 기반으로서의 식생만이 아니라, 삼림자원, 수자원 그리고 레크리에이션 자원의 급변을 유발하여, 지역사회에 큰 영향을 줄 것으로 염려되고 있다(IPCC보고, 제2장 impact assessment, 1990).

2) 순일차 생산력에의 영향

생물권을 지지하는 그린 아트라스에 대한 힘은, 식생의 순일차생산력(net primary productivity, NPP, 건물중량 톤/(헥타르·年)으로 표현된다. 이것은 1헥타

르상의 식물군이 1년간에 생산하는 식물체를 건조화 시킨 양이다. NPP는 다음 식으로 주어진다.

$$NPP = GPP - R \tag{5.6}$$

여기서 GPP와 R은 식생의 총일차생산력(gross primary productivity)과 호흡손실(respiration)로, NPP와 같은 단위를 갖는다. GPP는 지역의 기후조건(일사량, 기온, 강수량)에 따라서 대폭적으로 변화한다. 또한 R은 주로 기온의 함수로, 기온상승에 따라서 많아진다. 그래서 기후의 온난화와 수문조건의 변화는 NPP에 현저한 영향을 줄 것이다.

이산화탄소농도 상승에 의한 기후온난화가 NPP에 미치는 영향을 올바르게 평가하기 위해서는 이산화탄소의 비료적 효과, 기온상승과 수문조건변화의 영향을 동시적으로 고려할 수 있는 모델이 필요하다. 현재, 그러한 모델은 아직 개발되어 있지 않다. 그렇지만 삼림 개체군(forest population)에 기초를 두는 생장예측 모델이 현존량(biomass)에 대한 기후변화의 영향을 연구하는데에 이용되고 있다. 그것에 의하면, 싹틈에서 출발하여 하나의 기후하에서 극상림(climax forest)에 달하는 데에는 100~200년을 요함을 알았다. 또한 최적기후역의 북으로의 이동을 반영하여, 중위도 삼림의 南半分에서는 현존량이 감소하고, 북반분에서는 증가한다는 결과가 얻어졌다(Solomon, 1988).

이외에, 극상림 상태로 된 경우, 각지역 식생의 순일차 생산력의 변화도 연구되고 있다. Pittock and Nix(1986)는 GISS의 GCM모델에 의한 2×CO_2 기후시나리오와 Leith(1975)의 NPP모델을 이용해서, 호주 대륙의 NPP변화를 연구하였다. 그것에 의하면 온난화에 수반되는 강우량의 증가에 따라서 대륙의 거의 전역에서 NPP는 증가하였는데, 특히 NPP모델과 GISS의 GCM 시나리오를 이용해서, 일본의 NPP분포에 미치는 이산화탄소 2배증 기후온난화의 영향을 연구하고 있다. 그림 5-9는 그 결과를 나타낸다.

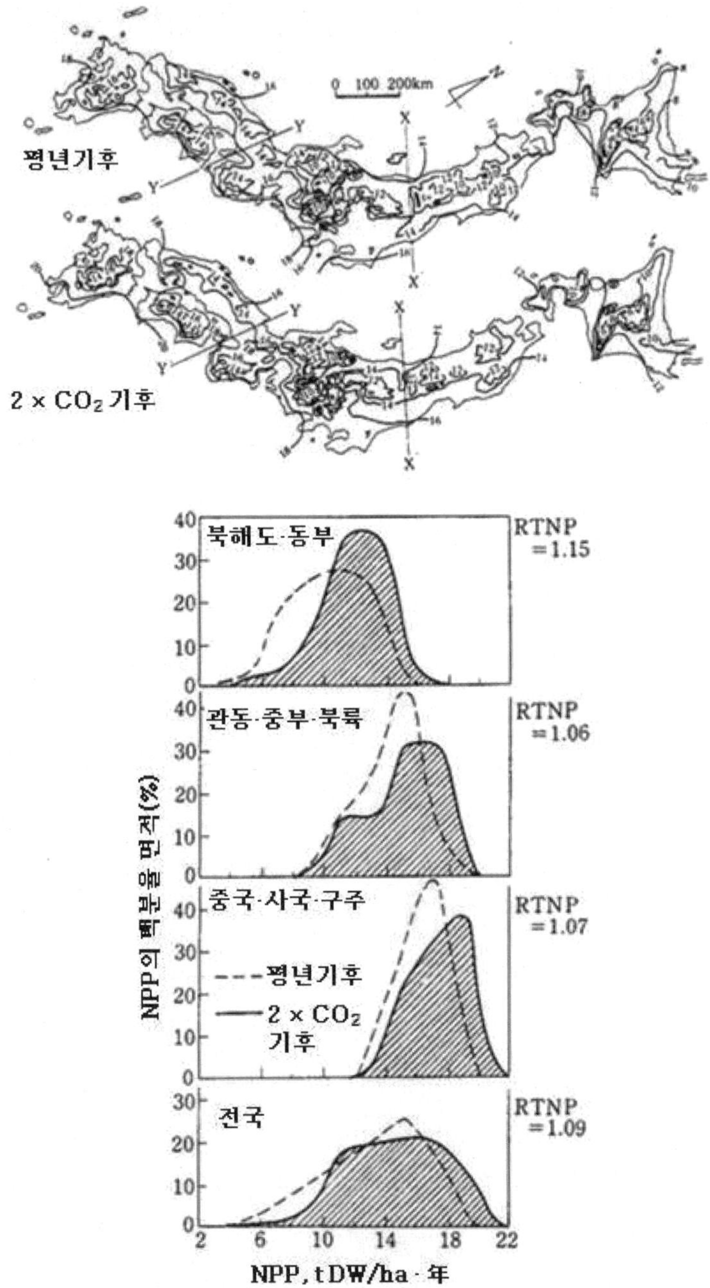

그림 5-9. 자연식생의 순일차생산력(NPP, tDW/ha·year)에 미치는 이산화탄소 2배 증가의 영향(Uchishima and Kiyono, 1988)
RTNP: 상대순일차생산력

$$NPP = (0.29\ xep\ (-0.216 RDI^2)) R_n \quad (5.7)$$

여기서 $RDI(= R_n/lr)$은 복사건조도, R_n은 연간순복사량($kcal/cm^2$), r은 연간 강수량(cm), l은 물의 증발잠열, 평년기후와 온난기후에서의 NPP 등치선의 비교로부터, 일본 전역에서 NPP가 증가함을 알 수 있다. 이것을 정량화하기 위하여, 그림 5-9의 아래에 각지역과 전국에서의 상대 순일차 생산력(RTNP)를 계산하여 나타내었다. 온난기후하에서는 NPP분포곡선이 NPP가 높은 쪽으로 이동하고, RTNP는 북해도·동북지역에서의 1.5에서 中國, 四國, 九州에서의 1.07에로 감소하고 있다. 이것은 북쪽일수록 NPP 증가가 크다는 것을 나타내고 있다. 전국에서는 RTNP =1.09로 되어, 9%의 증가가 예상된다.

이런 평가는 극상상태를 예상하고 있으므로, 금후 진행하는 기후의 온난화에 동반하는 식생 생산력의 천이적 변화를 예상하는 데에는 더 많은 연구가 필요하다.

2) 농업생산력에 대한 영향

종종 지적되고 있듯이, 농업은 자연의 환경자원(기후·토양)에 따라서 준비된 식물생산력을 작물과 가축을 이용해서 식량으로 변환하는 산업이다. 그래서, 근대적인 농업기술을 이용하더라도, 환경자원과 작물·가축과의 적합성이 깨어지면 식량생산은 현저히 감소한다. 그것은 이상기상에 의한 수량과 생산량의 변동을 보면 쉽게 이해할 수 있다. 따라서 농업은 옛날부터 적지적작(適地適作)에 따라서 전개되었고, 기술은, 기후조건은 평균에서 크게 벗어나지 않으며, 한쪽 방향으로 진척하는 일은 없다는 암묵적인 이해의 위에서 개발되어 왔다.

그러나, 인위적인 기후온난화는 극방향 및 산정방향으로의 기후대 이동, 따라서 작물재배대의 급격한 이동을 야기할 것이다. 또한 우기, 강우강도, 증발속도 등의 변화를 통해서 경작지의 토양수분을 현저히 변화시킬 것이다.

이 외에, 21세기 말에 약 1m 상승할 것으로 예상되는 해수위 상승은, 비옥한 해안저지대의 수몰, 육수와 지하수에의 염수 혼입등을 야기하여, 많은 사람들의 생활기반을 소실시킬 가능성이 있다. 이것은, 큰하천 델타역에 전개되어 많은 인구를 부양하고 있는 동남아시아의 논지대에 심각한 문제를 던지게 될 것이다.

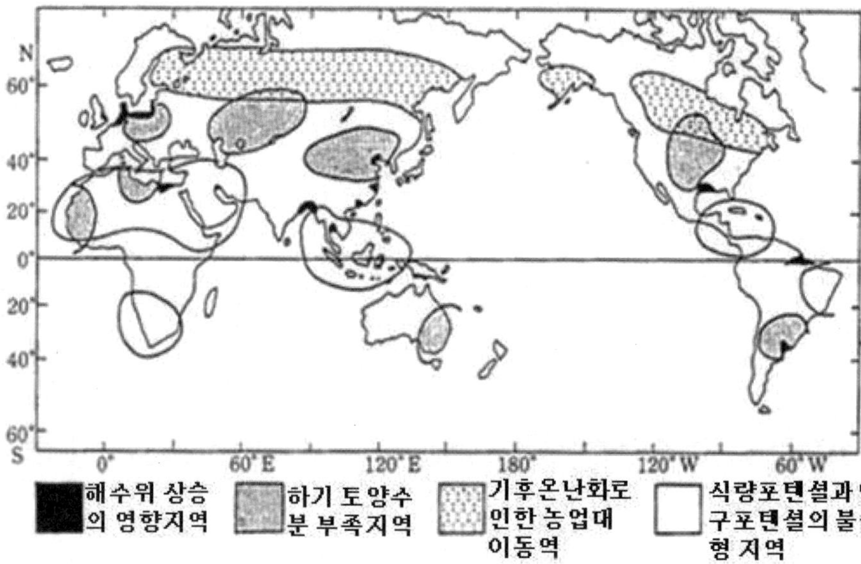

그림 5-10. 인위적인 기후온난화가 농업생산력에 미치는 임펙트 (IPCC Report, 1990)

농업생산력에 대한 기후변화의 영향에 관한 연구는, 빈의 국제응용시스템 분석연구소(IIASA)에 의해 조직적으로 개시된 이래, 세계적으로 활발화되어 왔다. 이들 성과는 IPCC보고서(1990)에 정리되어 있다. 이 보고서의 내용을 도식화하여 보면 그림 5-10과 같이 된다. 수몰 위험지역은 동남아시아에 한정되지 않고, 나일, 아마존, 미시시피, 파라나강의 하구역 및 북해연안으로 넓게 존재한다. 가장 중대한 영향은, 중위도 곡창지대로 예상되는 토양수분 부족지대이다.

우기의 이동과 고온화는 경작층의 수분손실을 촉진하여, 밭작물 농업의 최대 적인 한발(drout)을 빈발시킬 위험성이 높다. 또한 작물의 고온장해도 걱정되고 있다.

이러한 고온, 한발 피해가 다발하는 조건하에서, 세계의 주요 식량수출국의 수확량 변화를 IPCC보고서로부터 요약하면 표 5.5와 같이 된다. 미국의 옥수수와 대두에 30% 감수를 필두로, 모든 작물에 대해 생산량 감소가 예상된다.

미국의 환경보호국(EPA)은, 이 결과로부터 온난화로 미국의 식량생산은 큰 타격을 받게 되지만, 국내수요에는 영향이 없고, 수출력은 저하한다고 결론짓고 있다.

표 5.5 전 세계 주요 식량수출국과 수입국의 작물 수확력에 대한 $2 \times CO_2$ 기후변화 영향(%) (Parry, 1990)

지 역		보 리	옥수수	대 두	쌀	기 타
주요 수출국	미국	-15	-30	-30	-10	-20
	캐나다	-20	0	0	0	-20
	EU제국	-10	-10	-10	0	-10
	호주	-5	0	0	0	0
주요 수입국	구소련	-10	-5	-5	-5	-10
	일본	5	0	0	0	0
	중국	-10	-10	-10	-10	-10

이 외에 고위도대에 농업이 가능한 기후역이 생겨 국지적인 식량기지가 될 수 있을 것으로 예상하고 있다. 그렇지만, 이 지역의 토양은 회백토(산성토양)이어서 화학·물리성이 열악하여, 중위도 곡창지대의 감수를 보상할 만큼의 큰 농업지대로 될 수가 없다고 지적받고 있다. 아열대·열대역에는, 식량생산 포텐

셜의 시장과 인구증가가 균형을 맞추지 못하여, 국지적인 식량부족-기아다발의 지역이 널리 분포하고 있다. 이것은 세계적 레벨에서는 식량생산이 수요에 충분하지만, 국지적 레벨에서는 부족이 발생함을 시사한다.

또 하나의 중요한 문제는, 기후대의 이동에 따라서 농업대를 재구축하기 위하여, 선진국과 개도국에 관계없이, 식량생산을 위한 인프라 구축과 기술개발에 거액의 자금을 요한다는 것이다. 이것은 식량생산 소요비를 상승시킬 뿐만 아니라, 남북격차를 절망적인 곳까지 확대시켜, 사람들의 대이동을 유발할 위험성을 내포하고 있다.

중간에 생태계 그리고 인류사회를 떠받치는 식생의 활동과 분포는 지구상에 전개된 환경, 특히 기후조건 변화의 산물이다. 현재 진행하고 있는 기후온난화는 과거의 기후변화속도를 대폭 뛰어넘는 것이어서, 식생에 현저한 임펙트를 줄 가능성이 높다. 현재, 대기대순환모델로부터의 기후변화 시나리오를 이용해서 임펙트 평가를 시도해보고 있는데, 시나리오의 많은 것은 400～500km mesh로 분해도가 낮다.

그러나 식생활동과 분포는 보다 작은 국지기후에 현저하게 영향을 받는다. 특히 지역에 밀착하여 운영되는 농업은 그러하다. 그래서, 50～100km mesh라는 고분해능의 모델을 이용한 시나리오가 필요하다.

또한 식물의 활동과 농업생산력은 기후조건의 성대적 분포뿐만 아니라, 소위 말하는 위험기후의 출현빈도에 따라서 강하게 영향을 받는다. 평균기후의 변화와 위험기상과의 관계는 비선형적이어서, 기온상승에 따라서 열파기후(더운기단이 밀려오는 현상)의 출현이 급증할 것으로 예상되고 있다.

그렇지만, 현재까지의 임펙트 평가는 이러한 비선형효과를 거의 고려하고 있지 않다. 50～100년 후라는 시점에서의 임펙터 평가를 위해서는, 인구의 증가와 다양한 기술개발 등도 고려하여야 한다.

이상과 같은 것을 생각하면, 온난화와 식물 간에 관련된 현재의 연구수준은 아직도 매우 낮다고 말할 수 밖에 없다. 많은 식물이 인간 활동에 의해 완전히 소실하기 전에, 식생이 갖는 귀중한 역할을 과학적으로 규명하여, 지구규모의 기후온난화 및 그 임펙트를 경감시킬 방책을 확립하는 것이 중요하다. 이러한 연구는 지구환경과 많은 생물과 그리고 인류와의 상생발전(symbiotic development)의 길로 접어드는 제1보가 될 것이다.

제6장

독성물질과 환경호르몬

지구환경학 입문

6.1 환경독성학(Environmental toxicology)

(1) 환경독성학이란?

파라셀수스(스위스, 의사)에 의하면 "모든 화학물질은 독성물질이며 이 세상에 독성물질이 아닌 화학물질은 없다. 그러나 적절한 양을 사용하면 인체에 유익한 약이되지만 정도가 지나치면 독이 된다." 하였다. 우리가 알고 있는 화학물질은 적절한 양을 사용하면 무해한 물질이 될 수 있으나 위험농도를 초과하면 독성물질로 작용할 가능이 커진다. 유해화학물질은 보건학적 측면에서 인체의 정상적인 생화학적 항상성(homeostasis)을 파괴하고 비가역적으로 조직기능을 저하시키는 결과를 초래하기 때문에 독성물질(toxic substance)의 의미를 강하게 내포하게 된다.

환경독성학(environmental toxicology)은 우리 주위의 독성물질을 연구하는 학문으로 정의되며, 독성물질들이 인체건강에 미치는 해로운 영향을 포함한다. 'Toxicology'란 단어는 화살촉에 잠겨진 독성물질이란 뜻의 그리스 단어 toxikon으로부터 유래되었으며, 어미 -logy는 학문 혹은 논문의 뜻을 나타내는 그리스 단어 logos로 부터 유래되었다.

독성학은 독(poison)과 관련된 과학분야이다. 생물체가 고의나 사고에 의해 물질을 복용했을 때 해로운 영향을 주는 것을 뜻하며, 방사능 및 소음 등의 물리적인 현상에 의해 나타나는 해로운 영향도 포함하고 있다. 즉, 독성학은 넓은 의미에서 '독성물질의 검출, 사고, 특성, 영향 그리고 독성물질의 규제'까지도 포함하는 학문이다.

독성학에서는 유사한 용어들이 같이 사용되어 지는데 각각의 특이성을 가지고 있으므로 정확한 의사전달을 위해 적절히 선택해서 사용해야 한다. 예로서, 독(毒, 독물, poison) 이란 비교적 적은 용량으로 생명을 파괴하거나 세포기능을 심각하게 손상시키는 물질을 말한다. 다양한 독물들이 식물, 동물 혹은 광물로서 자연에 존재하며 사람에 의해 합성된 인공독물도 있다. 독소(toxins)는 식물(phytotoxins), 동물(zootoxins) 또는 미생물(bacteriotoxins)에 의해 생성되는 유독한 물질이다. 세포기능을 파괴하거나 손상시킬 때 독성(toxin)의 물질이라고 말하며 벌, 거미, 뱀과 같은 특정 동물에 의해 분비되는 유독한 물질을 독액(venom)이라 한다. 일반적으로 중독증상을 나타내는 물질을 독성물질(toxicants)이라 하며 자연적으로 존재하는 독성물질은 물론, 과학기술이 발전되면서 산업과 농업에서 제조 사용되는 독성물질도 있다.

여러 용어 중에서 가장 일반적으로 사용되는 단어는 독성물질(toxicant)로서 독성을 나타내는 물질로 정의된다. 독성물질이란 생물체가 섭취 또는 흡수하면 유해작용(독작용)을 일으키거나 죽음을 초래할 수 있는 유해화학물질(인체나 생명체에 해로운 효과를 주는 화학물질이나 radiation)로 정의된다.

일반적으로 유해화학물질이라 함은 그 물질이 가지고 있는 고유의 위험성과 독성으로 인하여 인간과 동식물, 그리고 자연환경의 항상성을 깰 수 있는 잠재적인 위험성이 높은 물질을 통칭하는 것으로 정의된다. 특히 미국의 노동관련 분야에 대한 안전과 보건업무를 책임지고 있는 OSHA(occupational safety and health administration)에서는 유해물질에 대하여 건강에 유해하거나 물리적인 위험성을 갖고 있는 모든 유해화학물질을 지칭하며, 통상적으로는 "물리적 위험성 또는 건강상 위해를 가진 화학물질"로 간략하게 정의한다.

(2) 독성학의 역사

독성학의 초기 역사에 대한 기록은 충분하지 않다. 고고학이나 문화·인류학적 연구기록으로부터 선사시대에 동물의 뱀독(L. veneum, venom)과 식물 독을 사용한 기록들을 발견할 수 있다. 고대문명에서는 자연적으로 존재하는 독성물질들을 의약, 사냥, 전쟁에 실용적으로 사용하였으며, 지금까지도 자연적인 독성물질들을 사냥과 의약 목적으로 사용하는 토착 원시인들이 있다.

유독물질을 사용했던 가장 오래된 문서기록은 약 B.C. 1500년 경 출간된 이집트 약전 'Ebers papyrus'이다. 8쪽으로 된 이 고문서는 800개 이상의 의약 및 독약의 수집, 조제, 처방들에 대한 지식들을 포함하고 있다. 고문서 중에서 통증을 완화시키기 위해서 아편을 사용하였다는 기록은 명백히 의약적 의미를 갖는다. 반면, 식물인 Conium maculatum의 설익은 마른 열매로부터 뽑아낸 독당근(hemlock)과 같은 독물질의 처방기록은 의학적 가치가 의심스러우나 관심을 끄는 부분이다.

그리스 사람들은 식물과 동물의 독소(toxins)를 사용했다. 로마의 네로 황제 시절에 근무하던 그리스 군의관 Dioscorides(A.D. 50 ~ 100)는 독물을 분류하는 책임을 가졌다. 약 600가지 이상의 식물, 동물, 광물성 독물(poisons)을 독성물질과 치료제로 나누어 분류한 그의 연구는 오늘날까지도 유효하다. 그리스 사람들은 사형의 방법으로 독물(poisons)을 사용하였는데 소크라테스, 데모스테네스, 클레오파트라는 모두 독물중독(poisoning)으로 희생되었는데 한 사람은 독살, 두 사람은 자살이었다.

사형선고를 받은 범인에게 독물을 먹인 후, 곧 이어 해독제를 투여함으로써 독물의 효과를 중화시키는 물질인 해독제를 발견하였다. 독물을 먹은 범인이 치사시험 후에도 생존하게 되면 새로운 해독제로서 목록에 추가시켰다.

로마인(A.D. 50 ~ 400)들은 주로 정치적 목적으로 독물(poisons)을 사형집행과 암살에 사용하였으며 A.D. 4세기 까지 독물의 사용은 유행병처럼 증가하였다. 로마의 황제가 되기 위해서 네로는 숙적인 Claudius를 죽이고 다시 비소를 섞은 스프를 먹여 Claudius의 아들인 Brittanicus를 잇달아 죽였다.

고대 중국 문헌들에서 많은 식물들의 의학적 가치와 일부 물고기의 해로운 특성에 관한 자료들을 발견할 수 있다. Shen Nung 황제(B.C. 2700)는 식물의 약효와 독성에 관해서 시험을 한 것으로 보고되며, 실제로 도롱뇽과 불도마뱀으로부터 추출한 독물을 치료제로 사용했던 기록이 있다.

B.C. 800에서 A.D. 1000까지, 인도의 힌두 의약은 독물과 해독제에 관하여 언급하고 있다. 의약에 관한 많은 저술들이 Ayurveda에서 발견되었으며 그리스

인들이 힌두로부터 유래된 의약들을 가지고 사용하였다는 증거들이 있다.

중세기를 통해서 독물들이 재정적 이익은 물론 정치적, 사회적 이익을 추구하는데 사용된 기록들이 있다. 이탈리아의 Borgia 집안, 즉 Cesare와 그의 이복자매 Lucretia는 시기적으로 적절하게 와인에 비소를 사용함으로써 부를 얻었다. A.D. 1198년 스페인의 목사인 Maimonides는 독물중독치료의 지침서가 되는 '독물과 해독제'라는 책을 저술하였다.

서언에서 나왔듯이 Paracelsus(1493 ~ 1541)는 현대독성학 후기 발전의 토대를 만든 인물이다. 그는 화학물질의 용량-반응관계를 인식하였으며 용량에 따른 치료효과와 독성효과를 잘 정립하였다. "모든 물질은 독성이 있으며 독성물질이 아닌 것은 하나도 없다. 오직, 용량만이 독이냐 아닌가를 결정짓는다. 용량을 초과한 모든 화학물질은 독성물질이다." 즉, 화학물질의 용량을 증가시켜서 독성작용을 나타낼 때의 양을 독성물질이라고 정의하였으며, 이런 그의 이론들이 현재 독성학의 기초가 되었다.

이탈리아 의사 Ramazzini는 환경독성학에 각별한 관심을 가진 인물이다. 1713년에 저술한 '근로자들의 질병'이란 책을 저술하면서 작업장에서 독성화학물에 폭로되었을 때 발생되는 만성질병을 다루었다. 현대독성학의 아버지라 불리는 Orfila(1787 ~ 1853)는 루이 18세의 법정 군의관이며 파리대학에서 강의를 하였다. 독성학을 독립된 과학으로 정립한 그는 동물을 사용하여 독성물질의 증상들을 연구하여 시험독성학의 분야를 열었다.

1962년에 발표되면서 베스트셀러가 된 '침묵의 봄(The Silent spring)'을 저술한 레이첼 카슨(Rachel Carson, 1907 ~ 1964)은 환경독성학의 시대를 연 인물이다. 그녀는 인공살충제가 만들어낸 시급한 위험들을 경고하고 잔류화학물질들이 자연계를 오염시키는 과정을 기술한 '침묵의 봄'이 출간되어 사람들에게 큰 반향을 일으켰으며 미국은 DDT의 판매를 금지하였다. 해양생물학자이며 작가인 레이첼 카슨은 현대인들에게 환경문제의 중요성을 인식시키고 '현대적 환경운동'을 촉발시킨 인물로 기록되고 있다.

1960 ~ 70년대 이후, 독성학은 빠르게 발전단계에 들어섰으며 묘사하고 설

명하는 과학에서 메커니즘(기전)을 연구하는 학문으로 변화하였다. 이것은 1945년 이후 새로운 분석방법이 발달되면서 thalidomide 비극 이후에 강조되는 약에 대한 시험, 레이첼 카슨의 '침묵의 봄' 출판 이후 강조되는 살충제 시험, 그리고 유해폐기물 처리에 대한 대중의 관심들이 뒷받침되었기 때문이다.

'당신의 정자가 위협받고 있다'의 가제를 달고 1996년에 출간된 '도둑맞은 미래(Our Stolen Future)'는 미국인 테오 콜본 외 2인에 의해 저술된 책이다. 이 책은 광범위한 인공 화학물질들이 섬세한 호르몬 시스템을 방해하여 각종 질병을 일으키는 것에 대해 설명해주고 있다. 환경독성학에서 최근 가장 큰 이슈(issue)인 환경호르몬(내분비계 장애물질)이 생물체에 미치는 위험한 영향들의 사례들을 포함하고 있다.

참고 사항

Thalidomide의 비극

Thalidomide는 1950년대 말에서 1960년대 초, 임산부들이 임신초기(3 ~ 8주)의 입덧을 완화시킬 목적으로 복용한 진정제이다. Thalidomide. 를 복용한 산모에게서 해표지증(phocomelia)이나 사지결손증과 같은 선천성 기형으로 태어난 아이들이 7,000~8,000명으로 추산되었다. 이 사건으로 인해 화학물질이 태반을 통과하여 태아를 손상시킬 수 있다는 사실이 알려지게 되었다.

(3) 독성학의 분야

독성학은 우리들의 일상생활과 긴밀한 관계를 가진다. 의사에게 진단을 받아서 방사선을 찍는다면 사진영상을 향상시키기 위해 명암 향상제와 같은 화학물질을 사용할 것이다. 또한 질병을 방지하거나 치료하는 의약품을 처방받을 것이다. 그러나 과용량의 이러한 화학물질들은 당신의 건강에 위험을 줄 수 있다. 우리들이 먹는 채소들은 성장을 촉진하기 위한 촉진제와 저장시에 저장수명을 연장시키기 위한 화학물질들을 포함할 수 있고, 고기를 제공하기 위해 도살되는 동물들은 성장촉진을 위하여 위해화학물질을 섭취할 수 도 있다. 집안의 부엌 씽크 아래 혹은 차고를 살펴보면 정원의 벌레를 죽이기 위한, 또는 목욕 타일에 자라는 곰팡이를 제거하기 위한 살충제를 발견할 수 있다. 우리가 숨쉬는 공기 혹은 당신이 마시는 한 컵의 물들은 다양한 산업장, 자동차, 농업, 가정용품 혹은 자연으로부터의 독성물질들을 함유하고 있을 것이다.

현대독성학은 크게 세 분야로 나눌 수 있다.

1) 평가독성학(Descriptive toxicology)

화학물질의 독성시험을 하는 것이다. 초기에 안전성과 규제가 발표되기 전에 화합물의 독성 유무를 먼저 결정해야 한다. 독성시험은 일반적으로 시험동물을 사용하여야 한다.

2) 이론독성학(Mechanistic toxicology)

독성기전의 생화학적 과정을 고찰함으로써 어떤 기전에 의해 생물체에 영향을 주는가를 규명한다. 평가독성학자들에 의해 물질의 독성이 밝혀져도 유기체 내에서 독성작용이 어떻게 일어나는가 하는 정확한 기전(mechanism)을 지속적으로 연구하는 과정이 필요하다.

3) 규제독성학(Regulatory toxicology)

화학물질들의 판매에 의해 생태계에 부과되는 위험은 물론, 특정화합물의 합법적 사용을 결정하기 위해 평가독성학과 이론독성학의 데이터를 평가한다. 독성학을 이해하기 위해서는 많은 학문들이 기초가 되기도 하고 관련이 있다. 그 중 특히 임상독성학, 법독성학, 산업독성학이 주목을 받고 있다.

① 임상독성학(Clinical toxicology) : 화학물질의 중독영향과 중독증상의 치

료효과를 연구하는 학문이다.

② 법독성학(Forensic toxicology) : 독성물질의 해로운 영향과 관련된 의학적, 법률적인 연구하는 학문이다.

③ 산업독성학(Industrial toxicology) : 작업장에서 유해한 물질에 폭로된 작업자들의 장애를 연구하는 학문이다.

본 장에서 다루고자 하는 영역은 독성물질이 인간을 포함한 생태계에 주는 영향, 즉 우리 주위의 독성물질이 사람들 건강에 미치는 위해성을 다루는 환경독성학이다. 이 책에서는 주로 인간에 대한 독성물질의 효과에 초점을 맞추고 있지만, 우리 생태계는 복합적이며 식물, 동물을 포함한 모든 형태의 생물체들이 잠재적으로 독성물질에 의해 영향을 받고 있다.

(4) 환경독성 물질들

1) 독성(Toxicity)이란

독성(toxicity)이란 유독한 상태를 말하며, 독이나 독성물질에 의해 유기체에서 나타나는 해로운 효과 또는 해로운 증상을 나타내는 용어이다.

예전에는 물질을 이로운 물질(음식이나 약)과 해로운 물질(병이나 죽음을 초래하는 물질)로 구분하였는데, 특히 생체의 조직이나 장기 혹은 생리작용에 악영향을 유발하는 물질을 독성물질(toxin, poison, toxicant)이라 하였다. 독성물질의 어원은 희랍어인 toxikon과 라틴어인 toxicum과 potio에서 유래되었다.

2) 독성물질의 분류

독성물질을 분류하는 방법에는 배출원에 따른 분류, 사용목적에 따른 분류, 작용 메커니즘에 따른 분류, 표적 장기에 따른 분류, 독성 발현기간에 따른 분류 등 여러 가지 방법이 있다(표 6.1). 여기서 대표적인 분류법에 대하여 간단히 설명하면 다음과 같다.

① 작용 메커니즘에 따른 분류 : 세포내에서 독성을 일으키는 생화학적 원리를 기준으로 분류하는 방법이다. 예를 들어, 세포의 정상기능에 필요한 효소활성을 억제할 경우에는 억제제, 유도할 경우에는 유도제로 구분한다.

② 표적 장기에 따른 분류 : 독성물질의 물리화학적 특성(예를 들면, 친화도)으로 인하여 장기에 따라 독성 발현정도가 달라지는 원리를 기준으로 분류하는 방법이다. 즉, 간독성을 일으키면 간독성물질, 신장에 독성을 일으키면 신장독성물질로 구분한다.

③ 독성 발현 기간에 따른 분류 : 독성물질에 노출된 후부터 독성이 나타나기까지의 시간을 기준으로 분류하는 방법이다. 일반적으로 독성 발현기간이 2주일 이내면 급성 독성물질로 1년 이상 장기 기간이면 만성 독성물질로 구분한다.

④ 작용범위에 따른 분류 : 독성작용이 생체의 일부분에 국한되면 국소 독성물질로 전신에 걸쳐 나타나면 전신 독성물질로 구분한다.

표 6.1 독성물질의 다양한 분류법

분류기준	독성물질의 종류	분류기준	독성물질의 종류
물리적 상태	가스상, 액상, 고상	독성의 세기	무독성, 중간정도, 맹독성
사용 목적	농약, 용매, 의약품, 식품첨가물	표적 장기	간독성, 신장독성, 폐독성
화학적 구조	방향족, 지방족	독성발현 기간	급성, 아급성, 만성
작용 메커니즘	유도제, 해독제, 길항제	작용범위	국소, 전신

그러나 이러한 다양한 방법에도 불구하고 정확하게 독성물질을 분류한다는 것은 어려운 일이다. 왜냐하면 대부분의 화학물질이 노출량에 따라 이로운 작용부터 치사 작용까지 광범위한 작용을 나타내기 때문이다. 따라서 현대에는 독성물질을 분류하는 기준의 경우, 양적인 개념을 매우 중요하게 생각하여 정량적 독성지표를(예를 들면, LD_{50}) 활용하여 상대적 독성을 표시하는 경향이 보편적이다(표 6.2).

또한 화학물질을 관리하는 실제적 방법으로서 다양한 독성지표를 기준으로 그룹별로 묶어서 표시함으로써 관리의 편의성을 도모하고 있는 실정이다. 대표적인 예를 표 6.3에 제시하였다.

표 6.2 대표적 화학물질의 LD_{50}(mg/kg)과 환경 중 배출원

화학물질	*LD_{50}(mg/kg)	배출원 또는 용도
Ethyl alcohol	10,000	술
Sodium chloride	4,000	소금
Ferrous sulfate	1,500	바위
Morphine sulfate	900	식물(꽃)
Phenobarbital sodium	150	약품(수면제)
Picrotoxin	5	식물(종자)
Strychnine sulfate	2	식물(종자)
Nicotine	1	담배
Tetrodotoxin	0.1	복어(난소)
Dioxin	0.001	소각장
Botylinus toxin	0.00001	미생물(통조림)

*LD_{50}(mg/kg) : 실험동물의 50%가 치사하는 용량

표 6.3 현장관리를 위한 LD_{50}에 따른 화학물질의 분류

독성의 정도를 나타내는 용어	LD_{50}(mg/kg)	대표적 화학물질
실제 무독성물질	15,000 이상	음식물
저독성물질	5,000 ~ 15,000	술, 소금
중간독성물질	500 ~ 5,000	Ferrous sulfate
고독성물질	20 ~ 500	Phenobarbital sodium
맹독성물질	5 ~ 50	Picrotoxin
초 맹독성물질	5 이하	Dioxin

그러나 화학물질들의 독성은 얼마나 많은 양이 생체에 유입되었나 하는 측면뿐만 아니라 생물종, 신체의 크기, 영양상태, 노출경로 및 관련된 여러 인자들에 의해 영향을 받는다는 점을 염두에 두어야 한다. 대표적인 예로서 알코올의 경우 소량을 섭취하면 무해한 것으로 인식되고 있으며 경우에 따라서는 의학적으로 권장하기도 한다. 그러나 과다한 섭취는 간독성은 물론 심하면 죽음에까지 이를 수 있다. 비슷한 예로서 비타민 A의 경우, 대부분 고등동물의 정상적인 생리기능유지(특히 눈)에 필수물질이지만 과량으로 섭취하게 되면 신장의 배설기능 저하와 피부건조증 등의 독성이 발생된다.

마지막으로 독성물질을 분류함에 있어서 주의해야 할 사항은 외견상 같은 종의 생물일지라도 독성작용이 다를 수 있다는 점을 염두에 두어야 한다는 것이다. 왜냐하면 동종교배의 경우에도 한 개체에서 나타난 화학물질의 독성이 반드시 다른 개체에서도 나타나는 것이 아니기 때문이다. 따라서 어떤 화학물질의 독성을 평가하기 위해서는 자료에 대한 통계적 평가기술이 선행되어야 한다.

3) 독성용량의 표현

해당되는 생물학적 반응을 나타내는데 필요한 독성물질의 양을 동물의 체

중(kg)으로 표현할 수 있다. 즉, mg/kg, μg/kg 등의 방법으로 표기한다.

① LD_{50}(50% Lethal dose) : 반수치사량, 시험동물 중 50%를 치사시키는 독성물질의 용량

② LC_{50}(50% Lethal concentration) : 반치사 농도, 시험동물 중 50%를 치사시킬수 있는 시료. 또는 물에 녹아 있는 독성물질의 농도

③ HNTD(highest nontoxic dose) : 최대 무독성 용량

④ TLD(toxic-dose low) : 최저 독성 용량

⑤ MTD(maximum tolerated dose) : 최대 허용량

4) 환경독성 물질

환경독성물질이란 사람들이 생활하는 주위에 존재하면서 건강에 해로움을 주는 물질들을 말한다. 우리는 공기와 물을 오염시키는 몇몇 물질들의 독성작용은 이미 잘 알고 있다. 즉, 누구라도 황산이 오염된 공기를 호흡하거나 살충제가 포함된 물을 마시지는 않을 것이다. 그러나 우리 생활에서 흔하게 사용되는 많은 화학물질들이 사람의 건강에 해롭고 심각한 독성작용을 갖고 있다는 사실을 깊이 인식되지 못하고 있다. 많은 사람들이 천연독성물질들의 유해성은 비교적 잘 이해하고 관심을 갖고 있는 반면, 생활에 많이 사용되는 합성된 산업화학물질의 독성이 심각하다는 사실은 최근에 와서야 알려지고 있다.

생명체를 포함하여 사람들에게 해로운 독성물질들의 배출원인을 합성유기물질, 천연독성물질, 무기화학물질 등의 세 가지로 크게 분류할 수 있다.

① 합성유기물질

ⓐ 대기 및 수질오염물질

대기오염물류는 주로 교통이 혼잡한 대도시나 석탄화력발전소 및 산업지역에서 발생되는 일산화탄소(CO), 이산화탄소(CO_2), 질소산화물(NO_x), 황산화물(SO_x), 탄화수소(hydrocarbon), 오존(O_3) 등이 있다. 벤조피렌(benzo[a]pyrene)은 대표적인 탄화수소로서 자동차에서 불완전 연소 되면서 많이 발생되는 발암물질이

다. 광화학 대기오염물질은 자외선(UV)이 있을 때 질소산화물과 탄화수소가 반응하여 생성되는 PAN(peroxyacetylnitrate), acrolein, 포름알데히드(formaldehyde). 오존(O_3) 등이며 호흡기의 폐를 자극한다. 대기오염 입자들은 다양한 성분들이 혼합되어 스모그 형태로 존재하며 탄화수소에 흡착되어 호흡 기관을 자극한다.

수질오염은 도시 생활하수, 농업지역으로부터 흘러온 농업화학물질, 공장폐수를 포함한 산업배출원 등에 의해서 일어난다. 수질 오염물질의 배출원들은 분산되어 있으므로 관리하기 어려우나 산업폐수, 축산폐수와 같이 특정 점오염원인 경우에는 발생지에서 오염을 관리할 수 있다. 염소탄화수소, 유기인, 카바메이트 등의 대표적인 살충제들과 제초제, 곰팡이 방지제, 선충제 등의 많은 농업용 화학물질들이 물 속에서 발견된다. 비료의 경우 독성은 약하나 부영양화와 같은 환경문제를 일으킨다.

널리 알려진 미국 버지니아 제임스강의 수질오염은 농약제조공장에서 제조한 염소계 유기화합물인 Kepone이 무더기로 강에 버려지고 강바닥에 침전되면서 일어난 환경사건이다.

그리고 물을 염소화 살균할 때에 물속 유기물질과 반응하여 생성되는 할로겐 화합물 THM (trihalomethane)은 발암성이 있어서 경계하는 물질인데 클로로폼이 그 중의 대표적인 물질이다. 그 외에도 PCBs(polychlorinated biphenyls), TCDD (2,3,7,8-tetrachlorodibenzo-p-dioxin)와 같이 독성이 매우 큰 방향족염소화합물과 di-2-ethylhexylphthalate, di-n-butylphthalate 같은 가소제들이 물에서 쉽게 검출된다. Alkyl benzene sulfonates 같은 세탁제는 가정하수에서 발견되는 수질오염물질이며, 중금속과 같은 무기물질들도 물에서 흔히 발견된다.

ⓑ 식품첨가물질

세균 및 곰팡이 방지, 산화방지를 위한 보존제, 맛 색채 냄새를 위한 화학물질 등 많은 화학물질들이 식품에 첨가되어 사용되고 있다. 많이 사용되는 식품첨가제들이 표 6.4에 소개되어 있다. 일반적인 식품첨가제는 독성시험을 거친 안전한 것들이지만 일부는 독성이 늦게 나타나기도 한다. 전세계적으로 많은 식품첨가제들이 사용되면서 올바른 시험을 거치치 않고 사용되는 경우가 있는데, 매우 우려되는 사실이다. 특히 화학물질들 간의 상승적 상호반응에 대한 연구는 되어있지 않은 현실이다. 첨가되는 화학물질 이 외에 자연적으로 발암물질과 돌연변이 물질이 음식에서 생성되기도 한다.

표 6.4 많이 사용되는 식품첨가제들

기 능	종 류	예
보존제	산화방지제	Butylatedhydroxyanisole Ascorbic acid
	곰팡이 방지제	Metyl-p-benzoic acid Propionates
	세균살균제	Sodium nitrite
가공보조제	Anticaking agents	Calcium silcate Sodium aluminosilcate
	부화제	Propylence glycol Monoglyceride
	킬레이트제	EDTA Sodium tartrate
	안정화제	Gum ghatti Sodium alginate
	Humectants	Propylence glycol Glycerol
향과 맛의 변조		Saccharin Mannitol Aspartame Piperonal Vanillin
색깔 변화	인공 염료	Tarrazine (FD&C Yellow5) Sunset Yellow
영양분 보조제	비타민	Thiamin Vitamin D
	아미노산	Alanine Aspartic acid
	무기질	Manganese sulfate Zine sulfate

ⓒ 작업장의 화학물질

공장 등 작업장에서 사용되어지는 화학물질은 종류가 많으며 생물체에 해로운 영향을 준다. 2005년에 화성시에서 발표된 태국 여성노동자들에게 '다발성 신경장애'를 일으켜 주목을 받은 노말-헥세인은 대표적인 사슬형 탄화수소의 용제이다. 방향족 탄화수소(벤젠, 톨루엔, 자일렌), 할로겐화탄화수소(디클로로메탄, 트리클로로에탄, 트리클로로에틸렌, 비닐클로라이드 등), 알코올(메탄올, 에틸렌글리콜 등) 외에도 2-디에틸헥실프탈레이트, 아닐린, 나이트로 벤젠 등을 포함하여 많은 물질들이 사용되고 있다.

ⓓ 남용되는 의약품과 치료제

모든 화학물질은 일정 용량 이상에서는 독이 되며 사람에게 해로운 영향을 준다. 올바르게 처방된 것을 복용하면 효력을 나타내어 도움이 되나, 필요량보다 많은 양을 취할 때에는 대부분의 약들이 해를 준다. 흔히 남용되는 약으로는 중추 신경 진정제, 환각제 등이 있다. 또한 남용되는 많은 약들의 제조과정이 비위생적이고 품질관리가 제대로 되지 않음으로써 위험한 물질이 오염될 수도 있다.

약의 효력은 모든 신체조직과 관련되기 때문에 대부분의 약들은 치료효과와 함께 부작용을 가진다. 또한 치료제로 사용되는 의약품일지라도 각 개체의 차이, 음식섭취, 나이, 다른 화학물질의 존재여부 등에 따라서 약이 생물에 미치는 효과와 독성이 다르게 나타날 수 있다. 특히 치료효과를 나타나는 용량과 독성이 나타나는 용량의 차이가 적은 경우에는 사용시 용량에 틀별한 주의를 하여야 한다. 그러나 치료제 사용으로 인한 독성과 부작용이 빈번히 일어나는 것은 아니고 단지 예민한 개인이나 집단에서 발생할 수 있다는 것이다.

암(cancer)을 치료하는 항함제들은 치료를 하는 동시에 가장 강력한 발암작용을 일으킬 수 있다. 한때 유산방지제로 널리 사용되었던 DES(diethylstilbesterol)는 사용하였던 여자들의 딸들이 사춘기가 되면서 자궁경부와 질에 암을 발생시키면서 사용이 중지되었다. 설사 방지제인 클로로퀴놀(chloroquinol)은 치료효과를 주는 동시에 시각신경 손상과 관절경직 등의 독성 부작용을 가진다. 1956년경, 임신 초반기의 오심 구토를 진정시키기 위해 thalidomide를 섭취했던 임산부들은 팔다리가 없는 기형의 태아를 출산했으며, 코티코스테로이드(corticosteroid) 사용시에는 피부염을 일으키는 부작용이 있다.

치료제를 사용하면서 혈액에 독성효과가 나타난 경우도 있다. 예로서 메틸도파는 사용시에 용혈성빈혈이 생기며, methotrexate에 의한 megaloblastic 빈혈(거대적아구 빈혈)이 발생하였다.

ⓔ 살충제

살충제는 해충을 제거하여 수확량을 늘리기 위해 농사에 주로 사용하는 화학물질이다. 근래에는 도시생활에서도 화초재배나 해충박멸을 위해 분무제 형태로 많이 사용되고 있다. 제거하려는 표적 생물체에 대해 선택적인 작용을 목표로 하지만 사용되는 과정에서 사람들을 포함하여 원치 않는 생물체에까지 확대되어 영향을 준다. 세계생태보전기금(WWF)이 분류한 내분비계 장애물질(환경호르몬) 목록 67종 가운데 농약류가 45종을 차지하며, 호르몬계를 교란하여 생식기장애는 물론 신경장애를 일으키는 독성을 나타내고 있다.

우리가 농사를 지을 때 과량의 농약을 마구 뿌려대는 것은 심각한 문제이다. 경제협력개발기구(OECD) 발표에 따르면 일정면적에 사용되는 우리나라의 농약사용량은 뉴질랜드의 48배에 이른다고 한다. 2004년 부산, 울산 등지에서 유통되는 채소류를 검사한 결과 기준치를 초과한 농약이 검출되었으며 일부 채소는 60배 이상 초과하였다. 농약을 사용할 때에는 적절한 시기에 알맞은 양만 사용함으로써 해충의 농약 내성을 줄여나가도록 해야 할 것이다. 또한 살충제의 등록과 사용에 관한 법과 규제가 마련되어야 할 것이다. 표 6.5에 많이 사용되는 살충제를 나열하였다.

표 6.5 살충제의 종류

종류	기본화학물질종류	예 상품명
살조제	Organotin	Brestar
살균제	Dicarboximide Chlorinated aromatic Dithiocarbamate Mercurial	Captan Pentachlorophenol Maneb Phenylmercuric acetate
제초제	Amides, Acetamides Bripyridyl Carbamates, Thiocarbamates Phenoxy Dinitrophenol Diniroanilline Substituted urea Triazine	Propanil Paraquat Barban 2,4-D DNOC Trifluralin Monturon Atrazine
구충제	Halogenated alkane	Ethylene dibromide(EDB)
연체동물살충제	Chlorinated hydrocarbon	Bayluscide
살충제	Chlorinated hydrocarbon DDT analogs Chlorinated alicyclic Cyclodiene Chlorinated terpenes Oragnophosphate Carbamate Thiocyanate Dinitrophenols Fluoroacetates Synthetic pyrethroids Juvenile hormone analogs Growth regulators	 DDR BHC Aldrin Toxaphene Parthion Carvaryl Lethane DNOC Nissol Fenvalerate Methoprene Dimilin
살충제상승제	Methylenedioxyphenyl Dicarboximides	Piperonyl butoxide MGK-264
진드기살충제	Organosulfur compounds Formamidine Dinitrophenols DDT analogs	Ovex Chlordimeform Dinex Chlorobenzilate

종류	기본화학물질종류	예 상품명
쥐약	Anticoagulants	Warfarin
	Botanicals	
	Alkaloids	Strychnine Sulfate
	Glycosides	Scillaren A and B
	Fluorides	Fluoroacetate
	Inorgnics	Thallium sulfate
	Thioureas	ANTU

ⓕ 용매(용제)

용매는 주로 산업장에서 사용되며 가정에서도 일부 사용된다. 벤젠은 혈액 성분에 영향을 주어 백혈병을 일으킨다. 어떤 용매는 피부에 영향을 주어 탈지방이 되게 한다거나 국부적으로 자극을 준다. 화학구조에 따라서 다음과 같이 분류한다.

- 사슬모양의 탄화수소 : 헥세인
- 할로겐화된 사슬모양의 탄화수소 : 염화에틸렌이 가장 많이 사용되며 디메틸디클로라이드, 클로로폼, 사염화탄소 등이 있다.
- 사슬모양의 알코올 : 메탄올, 에탄올
- 글리콜과 글리콜에테르 : 부동액, 절연체에 많이 사용되며 일반 대중에 많이 노출되어 있다.
- 방향족 탄화수소 : 벤젠이 가장 대표적인 물질이며, 이 외에 톨루엔 등의 용매들이 있다.

ⓖ 다환방향족 탄화수소(Polycyclic aromatic hydrocarbons)

다환방향족 탄화수소는 석탄, 석유 등의 일부 천연물질에 함유되어 있으나 일반적으로 유기물질이 불완전 연소되거나 탄음식물, 나무, 석탄, 담배 등의 연기에서 발견된다. 다환방향족 탄화수소의 일부는 발암물질이므로 DNA와의 상호작용이나 화학적 발암성 측면에서 많이 연구되었다. 이들 물질들의 일부는 고리에 질소원자를 함유한 heterocyclic 화합물이다.

ⓗ 화장품

화장품이 일으키는 흔한 부작용은 알러지 반응과 피부염이다. 파마의 중성제로 사용되던 브롬염(bromate)과 향수에 사용되던 에탄올을 먹으면 급성독성을 일으킨다. 파마액과 탈모용으로 사용되던 티오글리코레이드와 티오글리세롤 및 직모제로 사용되던 수산화나트륨은 먹으면 해로운 물질이다.

② 무기화학물질

대기오염물질인 질소산화물과 황산화물 외에 가장 중요한 무기독성물질은 중금속 화합물이다. 철강산업에 사용되는 베릴륨, 용접과 담배연기를 통해 방출되는 카드뮴, 전자산업과 살균제에 사용되는 수은들이 있다. 배터리, 페인트에 사용되며 유연휘발유에 들어있는 납은 이미 물과 공기에 널리 퍼져 있다. 빈민가의 어린 아이들이 납에 중독되기 쉬우며 가축에서도 발견되고 있다. 테트라에틸납 등의 유기납 성분은 호흡기나 피부를 통하여 쉽게 흡수된다. 음식물과 가축사료에 함유되어 있는 방부제인 질산염과 아질산염은 가장 관심을 끄는 독성 무기화학물질이다.

5) 독성물질의 환경에서의 이동

환경으로 유출된 오염화학물질은 대개의 경우 한군데만 머물러 있지 않는다. 자연에 노출된 후 물, 공기, 토양을 통하여 널리 퍼지기도 하지만, 동시에 생물체 간의 전이를 통해 확산되면서 농도가 증가되거나 생물학적으로 축적이 된다. 특히 지용성 독성물질의 경우, 대기 수질 토양 중에 배출되면 생물에 의해 쉽게 흡수되며 일단 흡수된 후에 대사되지 않고 지방에 축적되어 있다가 먹이사슬을 통해서 다른 생물로 이동되기도 하며, 지방에 축적이 되면서 독성 농도를 증가시키기도 한다. 예로서, 농약을 비행기를 이용해 분무제로 뿌리면 대기오염을 일으키면서 이동하다가 물에 떨어지면서 수질오염을 일으키고 다시 미생물에 의해 분해되기도 한다. 살충제인 DDT(dichloro dibenzo trichloro ethane)의 대사산물인 DDE도 먹이사슬을 통해서 식품에 오래 잔류되기 때문에 DDT 사용을 중단해도 많은 지역에서 여전히 발견된다. 다른 예로서, 일본의 미나마타만에 수은폐기물 수 톤이 버려진 후, 수은은 박테리아에 의해서 해로운 메틸수은으로 바뀌고, 물속의 플랑크톤들이 메틸수은을 먹고 다시 고기들이 플랑크톤을 먹어서 메틸수은은 물고기 지방에 축적되었다가, 사람들이 요리를 해서 먹으면서 메틸수은의 중독증상(마비증세, 정신이상증세)이 '미나마타' 지역에 살고 있던 수천 명의 사람들에게 나타난 경우이다. 독성물질의 이동은 수중이나 내륙의 먹이사슬을 통하여 모두 일어날 수 있으며, 물고기 같이 먹이사슬의 상위 단계에 있는 생물의 경우에는 매체를 통하여 많은 양의 독성물질이 직접 축적될 수 있다.

(5) 독성반응의 종류와 메커니즘

1) 독성반응의 종류

독성물질의 생체에 대한 독성작용의 종류와 독성의 세기는 물질자체 요인들(물리화학적 특성, 생체내변환 비율)과 환경요건(노출조건), 그리고 생체의 조건(방어체계의 존재유무) 등에 따라 달라진다. 독성물질로 인하여 발생되는 대표적 생체 독성반응을 설명하면 다음과 같다.

① 염증반응 : 자극성 혹은 조직에 손상을 유발하는 독성물질에 의하여 노출부위가 부어오르는 현상을 말한다. 이것은 급성의 국소반응과 만성의 전신반응으로 나눌 수 있다. 염증반응의 결과 섬유증(섬유조직이 증식하는 현상)이 생길 수도 있다.

② 괴사 : 독성물질에 의하여 세포나 조직이 사멸하는 현상을 말한다.

③ 효소억제 : 독성물질이 생리기능을 담당하는 효소활성을 억제하여 정상적인 작용을 저해 하는 현상을 말한다.

④ 지질과산화 : 독성물질의 체내 대사과정에서 발생한 자유라디칼이 세포막의 인지질을 산화시켜 세포막의 기능을 방해하는 현상을 말한다.

⑤ 유전자 이상 : 독성물질이 체내 대사과정 중에 친전자성물질로 전환되어 세포내의 거대분자 단백질(DNA, RNA)과 결합하여 암, 기형발생, 유전자 변이 등을 초래하는 현상을 말한다.

⑥ 알레르기 반응 : 독성물질이 면역계에 작용하여 면역체계를 교란시켜 발생하는 과민자극 현상을 말한다.

2) 독성물질의 상호작용

두 가지 이상의 독성물질이 함께 생체내로 유입될 경우의 독성물질들 간에 일어나는 상호작용을 고려하여 독성을 평가할 필요성이 있다. 왜냐하면 상호작용으로 인하여 독성물질의 흡수율이 변하거나 생체내 변환비율이 변하여 체내 대사형태가 달라지기 때문에 하나의 독성물질에 노출되는 경우와는 근본적으로 다르기 때문이다.

일반적으로 독성물질의 상호작용을 표시하는 용어에 대한 설명은 다음과 같다. 설명의 단순화를 위하여 2가지 물질(A물질과 B물질)에 동시 노출되는 경우의 상호작용에 관한 예를 설명하고자 한다.

① 협동작용(Incorporation)

협동작용은 두 종류의 독성물질에 동시 노출될 경우, 전체 독성이 개별적으로 노출된 독성을 합한 것보다 큰 경우를 말한다. 여기에는 다시 상가작용, 상승작용, 가승작용 등으로 나눌 수 있다.

a. 상가작용(Additive effect) : 두 물질에 동시 노출될 경우, 전체 독성이 정확히 개별적으로 노출될 때 나타나는 독성을 합한 것과 같아지는 현상을

말한다. 예를 들어, A물질의 독성이 2, B물질의 독성이 3이라고 가정하면 상가작용 결과의 전체독성은 2+3=5가 되는 경우이다. 상가작용을 활용하는 예로서는, 살충제 사용시 두 가지 농약을 함께 사용함으로써 살충능력을 증가시키는 경우를 들 수가 있다.

b. 상승작용(Synergistic effect) : 두 물질에 동시 노출될 경우, 적어도 개별적으로 노출될 경우에 나타나는 독성을 합한 것보다 커지는 현상을 말한다. 예를 들어, A물질의 독성이 2, B물질의 독성이 3이라고 가정하면 상승작용 결과의 전체독성은 적어도 5보다는 큰 경우이다. 이에 대한 예로서는 사염화탄소와 알코올에 동시에 노출되면 독성이 현저하게 증가되는 경우를 들 수가 있다.

c. 가승작용(Potentiation) : 단독으로 노출될 경우에는 독성이 전혀 없거나 혹은 거의 없는 물질(A물질)이 다른 독성물질(B물질)과 함께 노출되면 독성물질(B물질)의 독성이 현저하게 증가되는 현상을 말한다. 예를 들어, A물질의 독성이 0, B물질의 독성이 3이라고 가정하면 가승작용 결과, 전체 독성이 10이 되는 경우이다. 실제적인 예로서는 간독성물질인 사염화탄소와 무독성인 isoproterenol에 동시에 노출되면 사염화탄소의 간독성이 현저하게 증가되는 경우를 들 수가 있다.

② 길항작용(Antagonism)

길항작용은 두 가지 독성물질에 동시 노출될 경우, 한 물질이 다른 물질의 독성작용을 방해함으로써 전체 독성이 개별 독성물질들을 합한 것보다 오히려 작아지는 현상을 말한다. 길항작용은 주로 어떤 독성물질의 독성을 낮추거나 없애는 해독작용의 기본 원리로 활용된다. 길항작용은 다시 화학적, 기능적, 배분적, 수용체 길항작용 등으로 구분된다.

a. 화학적 길항작용(Chemical antagonism) : 일명 불활성화(inactivation) 과정이라고도 부르며, 두 물질에 동시 노출될 경우 상호반응하여 독성이 감소되는 현상을 말한다. 실제적인 예로서는 중금속 독성이 dimercaprol(BAL)

과 동시에 노출 되면 감소되는 경우를 들 수 있다.

b. 기능적 길항작용(Functional antagonism) : 일명 생리적 길항작용이라고도 부르며 두 물질이 생체에서 서로 반대되는 생리기능을 갖는 관계로 동시 노출시 독성이 상쇄 혹은 감소되는 경우이다. 실제 임상분야에서 응용되는 사례로서는 barbiturate 중독으로 인하여 혈압이 저하되는 현상을 혈관 수축제인 metaraminol을 투여하여 방지하는 경우를 들 수가 있다.

c. 배분적 길항작용(Dispositional antagonism) : 이는 독성물질의 생체내 대사 과정(흡수, 분포, 생체내변호나, 배설)을 변화시켜 독성을 낮추어 주는 경우이다. 실제적인 예로서는, 유기인 농약의 독성을 활성탄을 사용함으로써 낮추는 경우를 들 수가 있다. 이 경우 독성저감 메커니즘은 유기인 농약의 경우 원래 형태보다는 대사과정에서 발생하는 중간 대사체가 독성이 심하기 때문에 활성탄을 이용하여 유기인계농약의 생체 내 흡수를 방해하는 원리이다.

d. 수용체 길항작용(Receptor antagonism) : 일명 차단제(blocker)에 의한 길항 작용이라고도 부르며 두 종류의 독성물질이 생체 내 같은 수용체에 결합하는 특성으로 인하여 동시 노출시에는 서로 경쟁관계가 성립되어 독성이 감소하는 현상을 말한다. 실제적인 예로서는, 일산화탄소에 중독되었을 경우 산소를 이용하여 일산화탄소의 독성을 감소시키는데 원리를 들 수가 있다. 여기서 일산화탄소와 산소 둘 다 혈액 내 헤모글로빈에 결합하는 특성을 이용하는 것이다.

3) 독성의 측정 및 표시

어떤 물질의 생체에 대한 독성을 측정하기 위해서는 관찰이 가능하면서 정확하게 정의할 수 있는 최종적인 결과, 즉 종말점(end point)이 확인되어야 한다. 종말점 확인을 위하여 다음과 같이 다양한 생체를 이용하고 있다.

① 미생물을 이용한 독성시험의 경우(시험관내시험) : 시험관(in vitro)시험

에서는 보통 균주의 성장정도를 나타내는 혼탁도나 산성물질의 생성을 종말점으로 간주하고 있으나 특히 변이원성 정도를 파악하는 시험의 경우는 군집의 수를 종말점으로 활용하고 있다. 이 외에도 생존 세포수, 세포내 단백질 및 군집의 수 등도 시험관내시험에서 물질의 독성을 확인하는 종말점으로 활용되고 있다.

② 동물을 이용한 독성시험의 경우(생체내시험) : 생체내(in vivo)시험에서 가장 쉽게 관찰할 수 있는 종말점으로는 실험동물의 치사율을 들 수가 있으며, 이는 독성평가 단계에서 주로 맨 처음에 실시한다. 그 외에도 실험목적에 따라 여러 가지 지표(특정효소의 활성저해, 수면시간, 종양의 발현정도, 독성발현 때까지 걸리는 시간)가 독성학 분야의 종말점으로 주목을 받고 있다.

독성물질의 독성은 시험 생체의 크기와 밀접한 관련이 있기 때문에 노출 독성물질의 양을 결정할 경우, 투여하는 양은 절대량보다는 다양한 인자 등을 고려한 상대적 용량개념으로 정의해야 한다. 따라서 시험관내시험에서는 매질 mL당 무게 단위(mg, μg) 또는 몰단위(mM, μM, nM)를, 동물실험에서는 체중 kg당 노출량 혹은 체표면적 m^2당 노출량으로 표시하는 무게단위나 몰단위를 사용하고 있다.

6.2 생태독성학

(1) 독성학과 생태계와의 관계

1) 생태학의 개념

생태학(ecology)이란 그리스어에서 집 혹은 가정을 의미하는 oikos와 학문을 의미하는 logos에서 유래되었으며 1865년에 Reither와 Haeckel이 처음으로 사용한 것으로서, 이것은 환경중에서의 생물과 생물환경에 관한 학문을 의미한다. 생물은 인간과 같이 정교한 집이 없으며 따라서 생물의 집은 환경이라고 할 수 있다. 그런데 생물의 집이 되는 환경은 이 집에 거주할 수 있게 해주는 모든 기능적인 과정을 포함한다. 웹스터 사전의 정의에 의하면 생태학은 "생물과 그 환경관계의 모든 것"이라고 되어 있다.

생태학은 생명을 가진 한 개체가 환경속에서 어떻게 생명을 유지하는가, 그리고 개체들이 모인 개체군 및 군집이 어떻게 생명을 유지하고 발달과 진화를 하는가에 대해서 연구하는 학문이다. 또한 생태학은 생물과 이를 둘러싼 환경을 함께 연구하는 것이며, 환경속에서 같은 종(種)의 생물간의 관계, 한 종과 다른 종과의 관계, 그리고 생물과 환경과의 관계를 연구하는 학문이라고 볼 수 있다. 또한 지극히 상식적인 수준에서 볼 때 생태학이란 생태계(ecosystem)를 연구하는 학문이라 볼 수 있다. 생태계란 어떤 지역의 모든 생물이 무기적 환경과 유기적으로 상호작용하며, 시스템 속에서 에너지의 흐름에 따른 뚜렷한 영양단계 즉 생물의 다양성 및 물질의 순환을 만들어 내고 있는 하나의 시스템을 말한다, 생태계는 생물적 구성부분과 비생물적 구성부분으로 구성되어 있다.

2) 생태계(Ecosystem)의 구성

생태계는 비생물적 구성요소인 비생물 생태계와 생물적 구성요소로 구성된

생물생태계로 되어 있다.

비생물 생태계의 구성요소에는 다음과 같은 것들이 있다.

① 순환되는 무기물 : 탄소, 산소, 질소, 인, 이산화탄소, 물 등

② 생물생태계와 비생물생태계를 연결시키는 유기화합물 : 탄수화물, 단백질, 지방, 부식질 등

③ 기후조건 및 기타 물리적 인자 : 공기, 물, 기후, 온도, 바람, 눈, 비 등

생물생태계의 구성요소에는 다음과 같은 것들이 있다.

① 생산자 : 엽록체를 가진 녹색식물로서 광합성에 의해 무기물질로부터 유기물질을 합성할 수 있는 생물

② 소비자 : 생산자를 먹이로 하는 상위 영양단계에 있는 생물들로 초식동물인 1차 소비자, 육식동물인 2차 소비자 그리고 인간이나 맹금류 또는 맹수와 같이 최상위 영양단계에 있는 3차 소비자로 분류함

③ 분해자 : 주로 세균이나 곰팡이와 같은 미생물들로 생산자나 소비자의 죽은 사체와 소비자의 배설물등 유기물을 분해하거나 흡수하여 먹이와 에너지를 얻으며, 이들의 활동으로 생산자가 이용할 수 있는 각종 영양분이 생성됨

3) 생태계의 기능적 구성요소

생태계는 기능적인 면에서 다음과 같은 구성요소로 되어 있다

① 에너지 회로 : 에너지 회로는 초식회로(grazing circuit)와 유기물 잔재회로(organic detritus)로 구분된다. 초식회로는 살아있는 식물 전체 또는 일부분을 직접 소비하는 것이며 유기물 잔재회로는 죽어있는 동식물을 소비하는 회로를 말한다.

② 먹이연쇄(food chain) : 먹이연쇄는 식물 → 초식동물 → 육식동물(예: 토끼풀 → 토끼 → 늑대) 등으로 이어지는 먹고 먹히는 관계를 말한다. 이

먹이연쇄는 선상으로 이어지는 것도 있으나 보통은 잡식성 때문에 복잡한 그물망상을 이루게 되는데, 이를 먹이망(food web) 이라고 한다.

③ 시간, 공간적 다양성 패턴 : 생태계는 시간적 및 공간적으로 다양한 패턴을 나타낸다. 즉, 지역적 특성과 계절의 변화에 따라 생태계의 구성과 변화가 매우 다양하게 나타난다.

④ 영양염의 순환 : 생태계에서는 영양염이 끊임없이 순환하고 있다. 생물의 필수원소(C, H, O, N, P)나 유기화합물(탄수화물, 단백질, 지방)은 생체의 내부와 외부에서 다같이 나타나고, 생물과 사물(死物)간에서 끊임없이 이동하고 있다.

⑤ 발달과 진화 : 생태계는 발달하고 진화한다. 시간에 따른 생태계의 정향적인 변화를 천이(succession)라 하는데, 생태계는 보다 안정되고 균형잡힌 상태로 변화해 간다.

⑥ 제어(control, cybernetics) : 생태계는 그 자신의 시스템을 제어하는 능력을 가지고 있다. 생태계 내부에서는 끊임없이 동식물이 태어나고 죽고, 먹고 먹히는 변화가 일어나지만, 전체적으로 보면 대단히 안정된 특징을 가지고 있다. 이것은 생태계 자체의 제어능력 때문이다. 즉, 보상작용과 재생능력 및 복원능력이 있다.

생태계의 예로는 늪, 호수, 삼림, 갯벌 등을 들 수 있으며 대형생태계로는 해양생태계, 사막생태계, 지구생태계 등이 있고, 소형생태계로는 연구실에서 미생물을 기르는 배지(media), 사람의 입(mouth)과 창자 등을 들 수 있다. 어쨌든 주요한 구성요소가 존재하며, 이들이 서로 작용하여 어떤 기능적인 안정 상태를 만들어 준다면 이는 생태계라고 할 수 있다.

4) 독성물질과 생태학

생물권이란 살아있는 유기체를 포함하는 지구의 영역이다. 지구가 크다고는 하지만 대부분은 몇 미터의 지각층과 대기권, 수권들로 구성되어 있으며 생물체를 발견할 수 있는 영역은 지구의 얇은 표면뿐이다. 생태계는 동물, 식물들이 서로 간에 또는 비생물계와 생호 작용해가며 스스로 조절되어지는 집단이다.

생태계는 진공에 존재하는 것이 아니며 우리의 모든 활동, 과정, 상호작용은 생태계에 형향을 준다. 즉, 돌을 연못에 던졌을 때 잔물결이 일어나면서 연못을 흔들어 놓는 것과도 같다. 생태계에서 생물 혹은 무생물의 인자들이 흔들리면 번갈아 다음에는 서로 작용하는 집단에 수가 늘거나 감소하도록 영향을 줄 것이다. 이런 것들은 각각 긍정적인 피드백(positive feedback) 또는 부정적 피드백 (negative feedback)으로 불린다.

시간은 생태계에서 일어나는 모든 것에 중요한 기본적 변수이고, 생태계에서 생물과 무생물 상호작용 변화에 대한 시간의 의존 비율(time-dependent rates)들은 고려해야할 중요한 문제이다. 즉, 얼마나 빨리 잔물결들이 퍼질 것인가? 시간 개념은 우리가 의문을 가지고, 제안하는 해결에 관한 과정에 영향을 미친다. 수백만 년에 걸쳐 형성된 생태계에 우리가 가져오는 변화들은 너무 빠른 속도로 압도적으로 일어나고 있다. 결코 놀라운 일은 아니지만, 우리는 장기적 계획을 세워서 우리 생태계의 안정성을 지키는데 앞서야 할 것이다.

'환경독성학'이 중요한 학문으로 발전되는 사실은 우리가 우리 생태계의 자정능력을 초과하고 있다는 것이다. 우리가 환경에 미치는 많은 영향을 평가하기 위하여 종(種)으로 우리 생존에 환경독성학과 관련된 것들로서, ① 독성물질들의 원인들, ② 독성물질들을 운반하는 환경적인 순환, ③ 이들 독성물질이 인체로 들어오고 궁극적으로 영향을 미치는 방법, ④ 사회가 정의하는 안전의 정도와 독성물질에 폭로시에 어떤 위험들을 허용할 수 있는가? 등에 대하여 고찰하고 토론하여야 할 것이다.

(2) 환경독성학과 인간과의 관계

인간은 생태계에서 중요한 영향력을 갖는다. 인류역사 초기에는 인구가 적고 생태계에 대한 요구도 크지 않았으므로 사람들은 동물, 식물들의 무리들과 잘 공존할 수 있었다. 그러나 인구가 빠른 속도로 증가(산업, 교통의 발달과 경제성장 등을 포함)하면서, 한때 생태계와 무리가 없던 상호관계에서 음식, 물, 주거 공간 등의 자원에 대한 요구가 공급량을 초과하게 되었다.

이러한 자원들을 소비할 때 마지막으로 남는 것은 엄청난 양의 폐기물이다. 폐기물을 처분하는 일반적 해결방법은 수십 년에 걸쳐 희석을 반복하는 것이었다. 넓은 바다, 광대한 육지와 무한한 대기는 마치 적은 양의 독성 폐기물들이 희석될 수 있는 큰 양동이와 같아서 실제로 처분되는 폐기물은 양동이에 떨어지는 독성물질 한 방울과 같다. 더욱이 양동이는 매우 광대하기 때문에 독성 폐기물은 사람 건강에 해로운 영향이나 결과를 주지 않았다. 그러나 우리 모두가 한 개의 양동이 속에서 먹고 숨쉬고 잘 때, 결과적으로 어느 순간에는 한 방울씩 떨어지는 독성물질들의 집합적 효과에 폭로될 것이라는 것을 잊고 있었다.

일반적으로 폐기물은 생물학적, 화학적, 물리학적 특성과 양, 농도가 클 때 생물체에 사망과 치사의 위험을 주기 때문에 해롭다.

우리나라는 2003년에 각종 산업장과 농업, 광산 및 도시 하수 오물로부터 하루에 총 295,000톤 이상의 폐기물이 발생되었다. 평균 한 사람이 매일 1.05kg 이상의 국내 고형폐기물을 제공하고 있는 것이다. 대부분의 폐기물은 현행 폐기물관리법상 소각, 매립, 재활용 등의 방법으로 적정하게 처리되고는 있으나, 과연 소각과 매립에 의한 발생물질과 잔유물까지도 100% 모두가 환경적으로 안전하게 처리되고 있는지는 생각해봐야 할 사항이다.

현재 5백만 개 이상의 자연 혹은 인공화학물질과 80,000개 이상의 합성화학물질들이 각종 산업장, 농업, 가정용품 및 그 외 다양한 용도로 사용되고 있으며, 이로 인해 배출되는 유해폐기물에 대한 폭로 가능성이 관심이 되고 있다.

폐기물들이 안전하지 않은 방법으로 폐기될 경우에 독성물질은 물론 유해폐기물에 폭로될 수 있으므로 개인의 건강 위해도에 심각한 문제를 줄 수 있다. 특히 일정한 폐기물과 질병 간에 원인·결과 관계가 정립되는 경우는 건강에 영향을 주는 것이 확실하다.

광범위하고 과학적인 역학 자료에 근거하여 세계보건기구(WHO)는 ‘모든 암의 90 ~ 95%는 환경적으로 관련되어 있다’고 예측하였다. 우리가 어지럽혀 놓은 환경은 이제 역습으로 우리들의 사망률과 치사율을 높이는데 기여하고 있다.

직업상, 사고, 고의적인 폭로의 결과로 독성물질과 접촉하고 있지만 우리가 조절할수 없는 폭로나 접촉들이 있을 수 있다. ‘우리의 의지로 달릴 수는 있으나 숨을 수는 없다’는 말은 확실히 우리 생존의 기본이 되는 대기, 물, 지각에 관한 한은 사실이다. 지금 우리는 전혀 의식하지 못한 채로 수백, 수천 킬로 떨어진 먼 곳으로부터 독성물질에 오염되어 온 공기를 들이쉬고, 물을 마시며, 음식을 먹고 있는 것이다.

환경독성학의 많은 연구자료들은 생태계에서 식물과 동물종(species)을 해하고 위협하는 많은 물질의 근원을 없애고 제한하는 데에 큰 역할을 할 것이다. 또한 평가독성, 규제독성, 이론독성들과 같은 다양한 분야의 연구는 지구 생물종의(species) 미래를 위해 큰 도움을 줄 것이다. 이와 같은 사실들을 이해한다면 환경독성학이 사람들과 얼마나 밀접하게 관련되었는지 이해할 수 있을 것이다.

6.3 화학물질의 독성 시험법

(1) 독성시험의 목적

화학물질의 일반적인 위해성 평가를 위해서 독성시험이 필요하다. 독성평가는 어떤 물질이 독(poison)으로서의 잠재성을 발현할 수 있는 조건과 작용의 특성을 판단하고자 하는 것이다. 반면 위해성 평가(risk assessment)는 주어진 노출 조건하에서 유해한 결과가 나타날 가능성을 정량적으로 평가하는 것이다. 독성시험은 크게 시험생물을 사용하는 생체내 시험과 시험관을 이용한 시험관 시험법들이 있다. 시험관 시험법들은 유전적 독성이나 세포변이 독성에 관한 것들이 대부분이다.

독성시험의 목적은 사람에 대한 위험 잠재성을 알아보기 위한 것이지만 실제로는 시험동물을 대상으로 실행된다. 시험동물의 독성물질, 노출조건, 등에 대한 것이 평가하고자하는 사람에 근접할수록 이상적이다. 독성시험에 동물을 사용할 경우 몇가지 논란의 여지가 있다. 우선 시험동물에서 독성물질의 안정성을 구하는 것은 상대적으로 용이하다. 그러나 궁극적으로 사람의 안전도를 확립하는 것이 목적이므로 사람에게 적용시에는 엄격하게 해석해야 한다.

독성시험은 화학물질이 생체에 미치는 영향을 평가하여 안전치 혹은 안전한계농도를 설정하는데 필요한 과정이지만 다음과 같은 한계점으로 인하여 많은 논쟁의 소지를 가지고 있다.

- 사용동물의 유전적 계통의 정확성
- 시험동물의 처치방법에 따른 차이
- 시험동물의 자료를 사람으로의 외삽시의 한계성
- 고농도 독성에서 저농도의 독성 가능성 추정에 대한 불확실성
- 동물실험의 비용증대와 과정의 복잡성

그러니 이러한 한계점에도 불구하고 화학물질에 대한 위해성 평가, 환경복원에 필요한 기초자료의 확보, 생태계 건전성을 위한 자료 확보 등의 필요성이 증대됨에따라 기존의 시험법을 개선하거나 새로운 시험법이 개발되고 있는 실정이다.

(2) 독성시험 평가방법

화학물질에 대한 독성시험법은 크게 생체내 시험과 시험관내 시험으로 나눌수 있다. 생체내 시험은 다시 급성독성, 아만성독성, 만성독성 시험으로 나눌 수 있고, 시험관내 시험법은 유전독성과 세포변이 독성으로 나눌 수 있다.

1) 급성독성시험

새로운 화학물질에 대해 제일 먼저 수행해야 할 시험은 급성독성시험이다. 급성독성이란 대상물질을 실험동물에 경구 또는 그 물질에 실제로 폭로되고 있는 경로로 1회 또는 24시간 이내에 수회 투여한 후 나타나는 독성을 말한다.

급성독성시험은 흰쥐(시궁쥐, rat)나 생쥐(mouse)를 사용하며, 검체투여 후 14일 동안을 관찰기간으로 하고 치사여부, LD_{50}치(50% lethal dose)로 표현하며 이는 대상물질을 실험동물에 투여하였을 때 실험동물의 50%가 죽는 투여량 또는 농도를 통계적 방법으로 계산한 것을 말한다.

급성 독성시험으로 알 수 있는 정보로는 대상물질의 독성강도(toxic potential)와 사용시의 위험정도, 화학물질의 위험성과 이용성(risk-benefit equation)에 대한 정보, 동물의 사망과정에 대한 관찰과 죽은 동물의 부검(剖檢)을 통한 독성기전(mechanism)에 대한 정보, 아급성 독성시험을 위한 정보, 최소 치사량(minimum lethal dose)과 최대 무작용(maximum no-effect dose)에 관한 정보, 정맥투여대 경구투여의 독성 비교에 의한 흡수정도에 대한 정보 등이다.

급성 독성시험은 보통 한계시험(限界試驗, limit test)과 예비시험(range finding test)을 실시한 후, 그 결과를 기초로 하여 실험계획을 수립한다. 한계시험은 경구투여의 경우 화학물질 10ml/kg body weight 또는 5g/kg body weight의 용량으로 실시되며, 이 용량에서도 특이한 독성증상을 보이지 않는 경우에는 급성독성은 없는 물질로 판정한다. 실험동물로는 rats나 mouse를 사용하고 투여는 경구, 흡입(간혹 복강, 정맥, 근육, 피하)의 경로를 사용한다. 실험동물의 수는 1개군에 10마리씩 암수 각 5개군으로 하여 검체를 일정한 공비로 5개 용량으로 구분하여 투여한다. 이 때 관찰기간은 2주로 한다. 실험결과에 포함될 자료들로는 LD_{50}치, 임상증상의 매일 관찰기록, 3회 이상 체중 관찰기록, 관찰기간 종료후 육안적 해부소견, 폐사동물에 대한 병리조직 검사소견 등이다.

2) 아급성 독성시험

단기 독성시험이라고도 하며 실험동물의 평균수명의 일부 기간에 대상물질을 반복적으로 투여함으로서 나타나는 독성을 알아보기 위한 시험이다. 아급성(亞急性) 독성시험에서 반복투여 후 나타나는 독성에 대한 정보는 만성 독성시험의 투여용량을 결정하는데 이용된다. 반복투여시험(repeated-dose studies)의 목적으로는 독성결과의 성격(nature)을 파악하며, 표적장기를 파악하고, 용량반응관계가 있는지의 여부를 확인하고, 종(species)에 따른 차이는 없는지, 성별에 따라서 차이는 없는지, 축적효과가 있는지, 저항성의 정도와 다른 알려진 영향과의 관계는 어떠한지 등에 대한 정보를 얻는데 있다. 실험기간은 14일, 28일, 90일로 하며 실험동물은 rat, mouse, dog 중 2종으로 한다.

실험동물수는 1개 군에 rats는 보통 10 ~ 20마리, dogs는 4 ~ 6마리로 암수를 각각 구분하여 시험하게 되며 실험군은 보통 대조군(control group) 포함 4개 군으로 나누는데, 저용량군(low dose group)은 사람에서의 폭로용량보다 조금 많은 용량으로 정하고, 중간용량군(intermediate dose group)은 약간의 독작용이 발현되는 용량으로 하며, 고용량군(high dose group)은 사망하지는 않으면서 독성작용을 발현하는 용량으로 하여 실시한다. 검체투여는 사료나 음수(飮水)에 혼합하여 투여하거나 경구투여침을 이용하여 강제 경구투여하고, 최종 시험결과에 포함되어야 하는 자료로는 매일 실험동물의 임상관찰 결과, 매주 실험동물의 체중, 사료 및 물섭취량, 실험기간 중 1회와 부검시 1회 도합 2회의 혈액검사(혈액학적 검사 및 임상화학검사) 결과, 총 2회의 요검사 결과, 관찰기간중 사망한 동물에 대한 병리소견, 1회의 안구검사 결과, 장기중량검사 결과, 병리조직학적 관찰소견, 그리고 내성용량 및 무해용량 등이다.

3) 만성 독성시험

만성(慢性) 독성시험은 장기 독성시험(long term toxicity test)이라고도 하며 실험동물에 장기간에 걸쳐 시험물질을 투여한 후 나타나는 독성을 조사하는 시험이다.

시험방법은 검체의 투여기간이 장기간인 것을 제외하고 아급성 독성시험과 비슷하다. 시험기간은 실제로 검체가 사람에 노출되는 기간에 따라 차이를 둘 수 있는데, 며칠 정도 단기간 사용되는 물질들은 대략 6개월 정도의 투여시험으로도 충분하지만 식품첨가물(食品添加物)이나 농약 등과 같이 일생동안 섭취될 수 있는 물질들은 1년 이상까지의 폭로시험이 요구된다. 만성 독성시험은 발암성 시험과 병행하여 수행되기도 한다.

장기간 투여시험(long term studies)을 실시하는 목적은 화학물질을 오랜 기간동안 투여하다 보면 시험동물에게서 다른 독성반응을 보일 수 있을 뿐 아니라, 성장기간이 늘어남에 따라 일어나게 되는 조직 감수성 변화와 대사 생리기능 변화, 그리고 자발적인 질병 등 생체기능의 변화가 독성반응의 정도와 성격을 바꿀 수도 있기 때문이다. 전에는 독성물질에 대한 유해성 평가시 급성노출(급성독성)만을 중요하게 생각하였으나, 현재는 과학기술의 발달로 저농도에서의 반복노출(만성독성)을 평가하는 기법들이 새롭게 개발됨으로써 만성중독에 대한 관심이 높아지고 있다. 만성적인 독성영향을 소홀히 다루어 왔던 이유로는 유해물질의 종류가 너무 많아서 관심이 분산되었고, 저농도 독성물질의 노출에 기인한 중독증상의 발현은 조기에 발견하기 어려울 뿐만이 아니라 비특이적(non-specific)이기 때문에 유해물질을 현장에서 채취하고 분석하는데 있어 기술적인 어려움이 많았다는데 그 원인을 찾을 수 있다.

사용되는 시험동물은 설치류로서 보통 흰쥐(rat)를 사용하고 비설치류로는 개(dog)를 사용한다. 시험대상군은 보통 rat 암수 각 30마리를 한 그룹으로 사용하며 실험군은 대조군을 포함하여 4개 그룹으로 한다. 고용량은 비교적 짧은 기간에 적당한 중증의 독성을 나타낼 수 있는 용량으로 정하며 보통 아급성 시험에서의 고용량과 중간용량의 중간치로 정한다. 저용량은 사람에게 폭로되는 용량의 3 ~ 4배 용량으로 정하고 중간용량은 고용량과 저용량의 산술적 중간용량으로 한다. 고용량은 때로 최대 내성용량(MTD, maximum tolerated dose)으로 대치하기도 하는데 이때는 MTD, 1/2 MTD, 1/4 MTD, control group의 4개 그룹으로 구분하여 시험을 실시한다. MTD는 보통 90일의 아급성 시험에서 체중을 10% 정도 감소시키는 용량으로 정한다. 시험결과에 포함시킬 자료들은 아급성 독성시험 자료와 유사하다.

만성 독성시험시 화학물질의 투여는 보통 사료나 음수와 혼합하여 투여되는데, 이때 화학물질의 안정성(安定性)에 대한 보조시험이 필요하다. 만성 독성시험을 종료한 후에는 그 시점으로부터 회복시험을 실시하기도 하는데(보통 6개월 시험일 경우 6 ~ 8주 회복시험실시) 이 시험을 통해 독성의 가역성(reversibility)을 검사할 수 있다. 그러기 위해서는 여분의 실험동물이 필요하며 시험 중간에 부검을 실시하는 실험동물도 있어야 하기 때문에 충분한 실험동물이 준비될 필요가 있다.

만성 독성시험은 사람에게 투여하는 임상시험(臨床試驗, clinical studies)과 병행되어 실시되기도 하는데 중간 독성시험 결과가 임상시험 기간을 연장할 것인가 하는 문제를 결정하는데 중요한 척도로 사용된다. 153회에 걸친 만성 독성시험 결과 rats시험의 91%, 개를 이용한 시험의 98%가 6개월 이내에 중요한 소견이 인정되었다는 연구보고가 있다.

4) 발암성 시험(carcinogenicity test)

화학물질의 발암성(發癌性)을 평가하기 위한 연구방법으로는 인간에 대한 역학적 연구, 동물을 이용한 발암성 시험, 각종 단기 발암성 시험, 이미 알려진 발암물질과의 구조적 유사성 분석 등의 방법들이 있다. 동물을 이용한 발암성 시험은 실험물질을 일단의 동물군에게 투여한 후 암의 발생여부를 관찰하는 것이다. 연구방법은 표준화되었는데 만성시험과 병용해서 실시하기도 한다.

발암성 시험에 사용되는 실험동물은 암수 모두를 포함하여 2종 이상의 동물을 사용해야 하는데 일반적으로 생쥐(mouse), 흰쥐(rat)를 사용한다. 그룹당 실험동물은 암수 각각 최소한 50마리 이상으로 하며(보통 합 150마리/그룹) 대조그룹(control group)은 이것의 2배를 사용한다. 폭로기간은 실험동물의 거의 전 생애인 18 ~ 30으로 95% 이상 적중하였고, 24개월의 시험에서는 100% 적중하였다는 보고가 있다. 투여용량은 보통 3가지 용량으로 실시한다. 고용량(high dose)은 생명기간을 감소시키지는 않으나 최소한의 명백한 독성을 나타내는 양으로 하는데, 다른 표현으로는 최대 내성용량(MTD, maximum tolerated dose) 이라 하며, 체중10% 이상의 감소를 보이지 않는 용량으로 사람이 매일 먹는 양의 50 ~ 100배를 초과하지 않는 용량으로 한다. 저용량(low dose)은 사람에 대한 최대 폭로량의 2 ~ 3배 정도의 용량으로하며, 중간용량(intermediate dose)은 두 양의 산술적 중간용량으로 실시한다.

시험도중 사망하는 동물들은 즉시 부검하고 반드시 죽음의 원인을 밝혀 놓아야 하며 도중에 죽은 동물의 모든 조직은 병리조직학적 검색을 실시하여야 한다. 표적장기가 검출될 때에는 중간용량과 저용량 그룹에서의 실험동물의 표적장기도 반드시 병리조직 검사를 실시하여야 한다. 모든 육안적 종양(腫瘍, tumor)이나 손상부위는 검사되어져야 하며 종양생성의 결정을 내릴 수 있기 위해서는 종양발생이 투여용량에 따라 비례관계(dose-related)에 있는지, 종양발생이 투여기간과 비례하는지, 고용량 그룹에서의 종양발생이 저용량 그룹에서 보다 먼저 일어나는지 등의 결과를 확인하여야 한다.

최근까지 실시된 발암성 시험 1,000여건 중 50% 이상의 발암성 양성의 결과를 나타냈으며 암이 생성되는 주요 장기로는 간, 폐, 유선, 조혈장기 순으로 나타났다. 최근 들어 발암성 시험에 드는 엄청난 비용과 시간 때문에 단기 및 중기 발암성 시험이 개발 중에 있다.

6.4 환경호르몬

(1) 환경호르몬의 유래

2차 세계대전후 다양한 종류의 화학물질들이 환경내로 유입되기 시작했다. 어떤 것들은 농약이나 화학비료처럼 의도적으로 사용되었고, 또 어떤 것들은 산업생산물이나 부산물로서 사고로 유출되거나 관리되지 않은 장소에 처분되기도 있다. 당시에는 화학물질에 대한 의존도거 커질수록 나라의 발전에 긍정적 신호로 여겨졌다.

1962년 Rachel Carson의 '침묵의 봄'이라는 저서에서 화학물질이 우리에게 큰 재앙을 가져다 줄 것을 예언 했다. 그리고 미국, 유럽, 일본 등에서는 인간 및 동물의 생체 내에 수컷의 정자 수를 감소시키거나 수컷이 암컷화 되는 과정 등, 다음 세대의 성장 억제 등을 초래하는 인위적인 생성물질을 발견하게 되었다. 이러한 물질을 학술용어로는 '내분비계 교란물질(endocrine disruptors)'이라고 부른다. 내분비 교란물질이란 생명체의 정상적인 호르몬기능에 영향을 주는 합성화학물질이나 천연화학물질을 총칭하며 이들은 약물성 내분비계 교란물질, 자연성 내분비계 교란물질, 환경성 내분비계 교란물질 등 3개 그룹으로 분류된다. 내분비계 교란물질은 1997년 5월 일본학자들이 NHK 방송에 출연하여 "환경 중에 배출된 화학물질이 생물체 내에 유입되어 마치 호르몬처럼 작용한다"고 하여 환경호르몬(environmental hormone)이라는 신조어를 만들어 냈다.

내분비교란물질은 1996년 3월 '도둑맞은 미래(Our Stolen Future)'라는 책이 발간되면서 전세계적으로 주목을 받게 되었으며, 1991년 세계자연보호기금이 야생동물의 생태를 조사한 결과를 보도하면서 그 피해가 본격적으로 보고되기 시작하였다.

현재 내분비계 장애물질에는 광범위한 합성화학물질, 의약품 및 일부 천연물질들을 포함하는 것으로 알려져 있다. 이러한 물질들은 생체 내의 섬세한 호르몬계에 영향을 주기 때문에 극미량으로도 생식기능에 이상을 가져올 수 있으며, 급·만성 독성과는 달리 다음 세대에 영향이 나타날 수 있다는 특성 때문에 인류에게 경각심을 일으키고 있다.

환경호르몬의 설명에 앞서서 일반적인 호르몬에 대해 살펴보면 다음과 같다.

호르몬(hormone)이란 생물의 특정된 기관이나 조직의 세포에서 분비되는 유기물로 체액 속으로 들어가 생체내의 각부로 퍼져 미량으로 사용해도 효과가 나타나서 각부를 돕는 구실을 하는 물질을 말한다. 호르몬은 배출관 없이 혈액 속으로 분비되는 내분비의 과정 중에서 여러 가지 기관을 조절하고 물질대사의 상태를 변화시키며, 성장이나 발육에 영향을 끼친다.

호르몬이 분비되는 기관인 내분비계는 생체의 항상성, 생식, 발생, 행동 등에 관여하는 각종 호르몬을 생산, 방출하는 기관이다. 내분비계는 크게 선(gland), 호르몬(hormones), 표적세포(target cell) 등 3가지 부분으로 나뉘어지는데, 호르몬은 내분비선으로부터 생산, 방출되어 혈액을 통해 유출된 후 먼 곳에 있는 표적세포(target cell)에 도달하여 생화학적인 효과를 나타내게 된다.

이러한 호르몬의 반응은 외부 자극에 대한 반응과 같이 수 초 이내에 이루어지기도 하며, 성장 및 발육, 암수분화 등과 같이 장시간에 걸쳐 이루어지기도 한다. 모든 척추동물(어류에서 포유류까지)은 같은 내분비계를 가지고 있으며, 이들은 각기 유사한 호르몬을 분비하고 있다.

내분비계의 활동은 신경계와의 협력을 통해 이루어지며, 내분비계의 기능으로는 체내의 항상성 유지(영양, 대사, 분비활동, 수분과 염의 균형유지), 외부 자극에 대한반응, 성장, 발육, 생식에 대한 조절, 체내 에너지 생산, 이용, 저장 등을 들 수 있다.

역사적으로 내분비 교란물질 가운데 처음 알려진 것은 호르몬 제제 약품이다. 그 가운데 가장 잘 알려진 것이 thalidomide와 DES(diethylstilbesterol)이다. 그 구조식을 그림 6.1에 나타내었다. Thalidomide는 유럽과 호주에서 진정제와 항구토제로 임신 중 널리 처방된 약품이다. 그러나 이 약품을 복용한 임산부들에게서 미숙아가 많이 태어나자 시장에서 판매가 금지되었다. 그리고 DES는 강력한 합성 여성 호르몬인데 임상 실험에서 약효와 안전성이 채 확인되지 않은 상태에서 1948년부터 1972년까지 유산 방지목적으로 임산부에게 널리 투여됐다. 그러나 이 약을 복용한 산모에게서 유산 방지 효과가 나타나지도 않았을 뿐만 아니라 태어난 여아가 사춘기 나이가 되면 그 나이에 매우 희귀한 질암이 다수 발생하고 남아에게서도 성기 기형이 다수 발생한다는 것이 밝혀졌다.

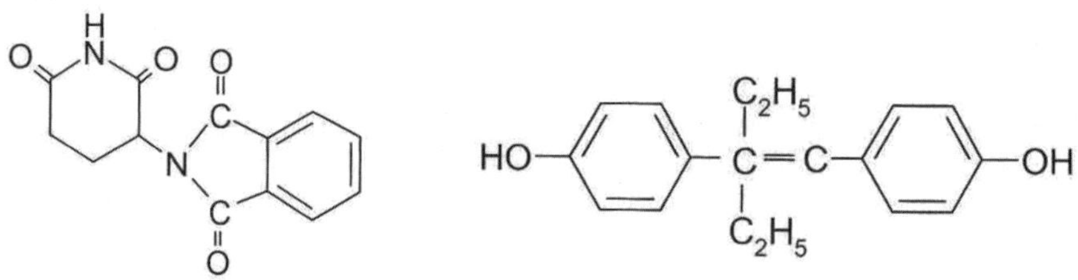

(Thalidomide) (DES)

그림 6-1. Thalidomide와 DES의 구조식

내분비 교란물질로서 자연계에 존재하는 것을 식물성 에스트로겐(phytoestrogens)이라 하는데 콩·사과·버찌·딸기류·밀·강낭콩 등에 함유되어 있다. 이 물질들은 화학적 구조가 에스트로겐과 비슷하지만 호르몬으로서의 역가는 매우 미

미한 것으로 알려져 있다. 그러나 콩으로 만든 두유 속에 함유된 식물 에스트로겐의 농도는 갓난아이들의 혈중 에스트로겐 농도보다 1~2만배 높으므로 두유를 먹고 자라는 갓난아이들에게 생물학적 변화가 있을 수 있다는 우려가 최근 미국에서 제기되기도 했다. 그러나 식물 에스트로겐이 함유된 식품을 많이 섭취하면 유방암이 예방된다는 보고도 있다.

또 다른 내분비 교란물질로는 환경오염 물질이 있다. 내분비 교란물질이면서 동시에 환경오염 물질이기 때문에 엄밀하게 환경성 내분비 교란물질(environmental endocrine disruptors, EED)이라고 지칭한다. 오늘날 환경 문제를 말하면서 내분비 교란물질이라고 하면 거의 예외 없이 환경성 내분비 교란물질을 지칭하는 것이다. 이런 물질로는 다이옥신, PCB, DDT, 기타농약, 합성 화학물질 등이 알려져 있으며 화학적 구조가 생명체의 호르몬과 비슷해 생명체에 흡수될 경우 정상적인 호르몬 기능을 혼란시킴으로써 성기기형, 생식기능저하, 행동변화, 암 발생 등을 유발할 수 있다는 의혹을 받게 된 것이다.

환경성 내분비 교란물질에의 폭로는 1차적으로 음식, 특히 이런 물질이 낮은 농도로 함유된 육류, 유제품, 물고기를 통해 이루어진다. 이런 물질은 오염된 지역의 물고기, 쇠고기, 돼지고기, 닭고기 등 지방질에 농축되어 있기 쉽다.

보다 근본적인 원천은 폐기물 소각장, 화학 공장, 그리고 음식물의 잔류 농약 등이다. 산업 시설에 의해 배출된 화학물질이 먼저 대기, 수질, 토양 등의 환경을 오염시키고 다음으로 오염 물질이 물고기·축산물 등 생물체에 축적된 다음 최종적으로 사람이 소비하는 음식물을 통해 인체 내로 들어오는 것이다. 폐기물 소각장과 기타 연소과정의 대기 배출물은 다이옥신과 PCB의 주요 원천이다. 또한 오염된 식수나 음식을 포장하기 위해서 사용되는 플라스틱 포장재로부터 내분비 교란물질에 노출되기도 한다.

(2) 환경호르몬의 특징

환경호르몬은 생체는 물론 그 자손의 건강에도 변화를 가져올 수 있는 외인성 물질이며, 특히 성호르몬의 기능에 영향을 많이 주기 때문에 생체의 건강뿐만 아니라 생식능력을 감소시켜 생물군의 개체 수까지도 줄일 수 있어 생태계의 존속을 위협하는 물질이다.

환경호르몬은 기존의 독성화학물질들보다 훨씬 저농도에서도 생체에 영향을 미칠 수 있으며, 먹이사슬을 통해 농축되기 때문에 더욱 위험하다. 이들은 대부분 지방친화성이 있어 생체내의 지방에 축적된다. 대표적인 반응 메커니즘으로는 이들이 세포의 호르몬 수용체(hormone receptor)와 결합하여 호르몬과 같은 작용을 하거나 정상적인 호르몬이 수용체에 결합하는 것을 막는 것 등이 널리 알려져 있다.

이러한 환경호르몬은 생체호르몬과는 달리 쉽게 분해되지 않고 안정하며, 환경 및 생체 내에 오랫동안 잔류하고 인체 등 생물체의 지방 및 조직에 농축되는 성질이 있다. 축적되는 성질 때문에 임신, 수유과정을 통해 자손에게 분배되며, 먹이사슬의 마지막 단계에 있는 인간에게 음식물을 통해 섭취되기 때문에 문제가 된다.

환경호르몬은 생태계 및 인간의 생식기능저하, 기형, 성장장해, 암 등을 유발하는 물질로 추정되고 있으며 생태계 및 인간의 호르몬계에 영향을 미쳐 전 세계적으로 생물종에 위협이 될 수 있다는 경각심을 일으켜 오존층파괴 지구온난화 문제와 함께 세계 3대 환경문제로 등장하였다.

(3) 환경호르몬의 작용 메커니즘

내분비계 장애물질인 환경호르몬이 생명체의 자연호르몬 역할을 간섭하는 메커니즘은 다음과 같이 네 가지의 가설에 따른다.

1) 모방작용(Mimics action)

자연호르몬을 모방하여 자연호르몬과 같은 세포반응을 유발한다. 이 세포반응의 강도는 대개의 경우 자연호르몬 보다 약하지만 강하게도 나타난다. 예로서, 대부분의 식물 에스트로겐과 환경성 내분비계 장애물질은 에스트로겐 호르몬 보다 훨씬 약한 세포반응을 유발한다. 그러나 약물로 사용되는 DES는 자연 에스트로겐보다 훨씬 강력한 세포반응을 유발하기도 한다.

2) 봉쇄작용(Blocking action)

단독으로는 세포반응을 유발하지는 않으며, 자연호르몬과 결합할 수용체를 봉쇄함으로서 자연호르몬의 기능을 할수 없도록 한다. 예로서, 미국 플로리다주의 아포프카 호수에서 서식하는 수컷악어가 DDT 살충제에 노출됨으로서 남성호르몬인 테스토스테론의 작용이 봉쇄되어 음경이 위축되어 번식이 감소된 경우이다.

3) 방아쇠작용(Trigger action)

단백질 수용체와 결합하여 비정상적인 연쇄 세포작용에 방아쇠를 당기는 작용을 한다. 비정상적인 연쇄 세포작용으로 인하여 예정되어 있지 않은 세포분열이 일어나면서 암의 발생, 비정상적인 생명체내 물질대사 등이 일어난다. 예로서 다이옥신은 마치 호르몬처럼 단백질 수용체와 결합하여 암을 발생시키는 일련의 세포반응 과정에 방아쇠를 당기는 작용을 한다.

4) 간접영향

수용체와 결합하지 않고 간접적으로 자연호르몬의 합성, 저장, 배출, 분비, 이동, 배설 등을 증가시키거나 감소시켜서 정상적인 내분비 기능을 방해하는 경우이다. 예로서 납(Pb)은 정상호르몬이나 갑상선호르몬의 기능을 방해함으로서 신체발육과 지능발달을 저해한다.

(4) 환경호르몬으로 추정되는 물질들

현재까지 구조적으로 기능적으로 무관한 많은 종류의 화학물질들이 내분비계 교란물질로 밝혀지고 있다. 이러한 화학물질들은 그들이 모방하거나 교란하는 호르몬과 구조적으로 비슷하지 않으며, 어떤 구조적 유사성을 가지지 않은 경우가 대부분이다. 그림 6.2에 천연 에스트로겐과 몇 종류의 내분비계 물질을 비교하였다.

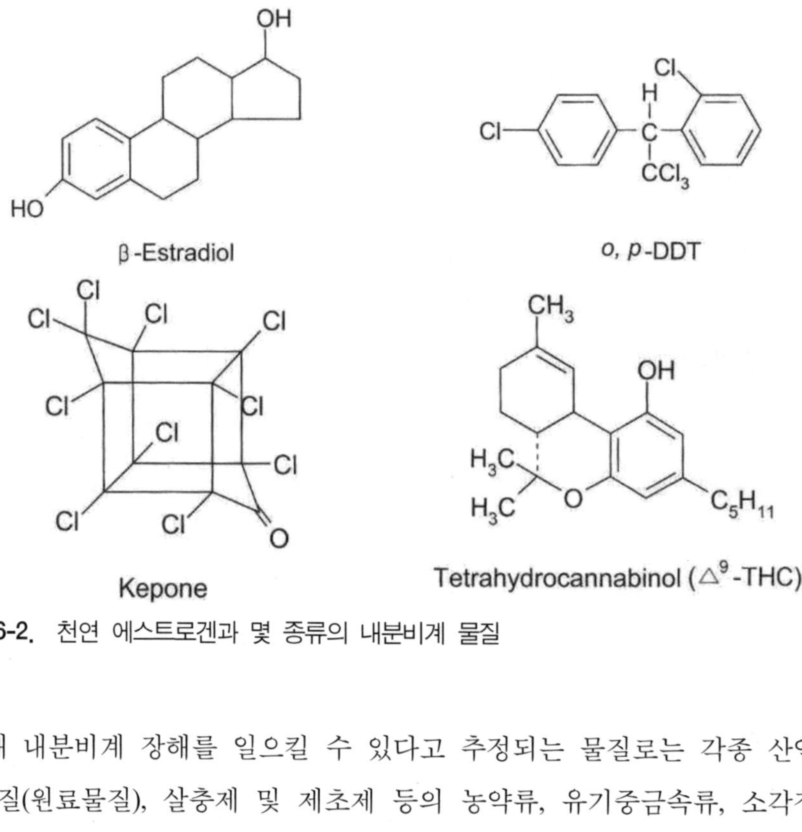

그림 6-2. 천연 에스트로겐과 몇 종류의 내분비계 물질

현재 내분비계 장해를 일으킬 수 있다고 추정되는 물질로는 각종 산업용 화학물질(원료물질), 살충제 및 제초제 등의 농약류, 유기중금속류, 소각장의 다이옥신류, 식물에 존재하는 식물성 에스트로겐(phytoestrogen) 등의 호르몬 유사물질, DES(diethyl stilbestrol)와 같은 의약품으로 사용되는 합성 에스트로겐류 및 기타 식품첨가물 등을 들 수 있다.

현재 세계생태보전기금(WWF, World Wildlife Fund) 목록에는 67종의 화학물질이 등재되어 있으며, 일본 후생성에서는 산업용 화학물질, 의약품, 식품첨가물 등 142종의 물질을 내분비계 장애물질로 분류하고 있다.

표 6.6 세계생태계보전기금에서 분류한 내분비계 장애물질 목록

내분비계 장애물질로 알려진 물질	내분비계 장애물질로 의심되는 물질
Persistent organohalogens(유기 할로겐화 물질) : dioxin/furan, PCB, octachlorostylene, hexachlorobenzene pentachlorophenol, PBB	2,4-dichlorophenol diethylhexyl adiphate benzophenone N-butylbenzene
Pesticides(농약) : DDT, 2,4,5-T, 2,4-D, aldicarb, amirtol, atrazine, lindane benomyl, carbaryl, chlodane, dicofol, dieldrin, kepone, endosulfan, heptachlor, kelthane, malathione, maneb, methomyl, methoxychlor, nitrofen, methiram, zineb	
Phthalates(프탈레이트 가소제) : diethylhexyl phthalate(DEHP), dihexyl phthalate(DHP), buthyl benzyl phthalate(BBP), dipropyl phthalate(DprP)	
기타 : tributyl tin oxide, penta nonyl phenol, bisphenol A, styrene dimer, benzo[a] pyrene, heavy metal	

내분비계 장애와 관련해 연구결과 및 그 사례가 보고된 대표적 물질로는 식품이나 음료수 캔의 코팅물질 등에 사용되는 비스페놀 A와 과거 농약이나 변압기 절연유로 사용되었으나 현재 사용이 금지된 DDT와 PCB, 소각장에서 주로 발생되는 다이옥신류, 합성세제 원료인 알킬페놀, 플라스틱 가소제로 이용되는 프탈레이트에스터 및 그밖에 스티로폴의 성분인 스타이렌 단량체(monomer) 등이 내분비계 장애물질로 의심을 받고 있다.

(5) 환경호르몬의 피해 사례

1) 야생 동물에 미치는 영향

야생 동물에 관한 연구는 내분비 교란물질이 동물의 생식과 발달에 심각한 장해를 일으킨다는 사실을 밝히는데 도움이 됐다. 알려진 내분비 교란물질에 고농도로 노출됐을 때 동물 생태계에 나타난 현상을 일부 소개하면 다음과 같다.

- 동성 짝짓기를 하고 알을 포기하는 청어갈매기(Herring gulls)
- 둥지로 귀소하지 않고 새끼를 버리는 독수리
- 수달의 급격한 감소
- 암컷처럼 행동하는 수탉
- 밍크 새끼의 높은 사망률
- 사산되는 양
- 큰 백곰(great white-bear) 집단의 감소
- 대서양 해안에서 죽은 700마리의 병모양코 돌고래(bottlenose dolphins)
- 시베리아 바이칼 호수의 죽은 물개 떼
- 지중해에서 죽은 1,000마리의 얼룩 돌고래(stripped dolphins)
- 바이러스나 세균 감염으로 죽었지만 PCB와 DDT의 조직내 농도가 높았던 항구 물개들

2) 인체에 미치는 영향

내분비계 장애물질이 인간을 포함한 생태계에 미치는 영향은 다음과 같다.

- 호르몬 분비의 불균형
- 생식기능 저하 및 생식기관의 기형
- 생장저해
- 각종 암의 유발

• 면역기능의 저해

인체에 미치는 영향에 관한 증거도 상당히 축적돼 있다. 대만에서 PCB에 오염된 식용유를 섭취한 산모에게서 태어난 아이들 가운데 성장 지연, 주의력 결핍증, 사춘기의 성기 왜소증 등이 관찰됐다. 또한 DES를 섭취한 산모에게서 태어난 여아에게 희귀한 질암이 발생하고 남아에게서 성기 기형이 발생했다. 어려서 자랄 때 미국 오대호의 물고기를 많이 먹은 산모들에게서 태어난 아이들 가운데 출생시 뇌의 크기가 작고 운동 신경 장해 등 계속되는 발달 장해를 경험하는 경우가 상대적으로 많다.

네덜란드에서 환경이 오염된 지역의 산모에게서 태어난 아이들은 상대적으로 행동과 학습의 장해가 많고 면역 기능이 저하되어 있었으며, 캐나다 북극 지방의 이누이트족 엄마에게 태어난 아이들은 면역 기능에 장해가 더 많아 중이염을 많이 앓는다.

영국 의학잡지(British Medical Journal)의 1992년 논문에 의하면 1940년에는 1ml당 1억 1300개이던 덴마크 남성의 정자수가 1990년에는 6600만개로 줄었다고 한다. 3년 후 뉴잉글랜드 의학잡지(New England Journal of Medicine)에 실린 논문에서도 파리의 정자 은행에 보관된 프랑스 남성의 정액을 분석한 결과 1973년 1ml당 8900만개이던 정자수가 1992년에는 6천만개로 감소했고, 정자수뿐만 아니라 정자의 운동성도 감소하였음이 확인되었다.

일본에서도 1998년 도쿄 근교에 사는 20대 남성의 평균 정자수가 1ml당 4600만개로서 40대 전후 남성의 8400만개와 비교할 때 거의 절반 수준에 머물고 있다는 조사 결과가 나왔다 연구자들은 내분비 교란물질의 하나인 환경 에스트로겐이 원인일 수 있다고 암시했다.

환경 에스트로겐 가운데 하나인 DDT와 PCB에 노출된 여성은 유방암에 걸릴 확률이 높다는 연구 결과가 1992년과 1993년에 미국 마운트사이나이 병원의 월프(Wolff)박사에 의해 처음 보고 됐다. 이처럼 현대 인류의 질병 추세에 관한 연구에서 달리 설명되지 않는 현상들, 즉 정자수의 감소추세, 유방암·전

립선암·고환암의 증가 추세, 불임과 기형아의 증가, 주의력 결핍 및 학습 장애 어린이의 증가 등이 환경오염 물질의 내분비 교란 메커니즘에 의해 설명될 수 있는지 연구가 활발하다.

표 6.7 내분비계 장애로 의심되는 야생동물에 대한 주요 보고 사례

생 물		장 소	영 향	추정되는 원인물질
패류	고등	일본해안	수컷화, 개체수 감소	유기 주석화합물
어류	무지개 송어	영국하천	암컷 개체수 감소	노닐 페놀
	잉어	영국하천	자웅동체화	노닐 페놀
	연어	미국 오대호	갑상선 비대화	
파충류	악어	미국 플로리다	음경왜소화	DDT
조류	갈매기	미국 오대호	암컷 갑상선 종양	DDT, PCB
	미국 가마우지	미국 미시간호	알 부화율 저조	DDT, PCB
포유류	바다표범	네들란드	개체수 감소, 면역기능 저하	PCB
	흰돌고래	캐나다	개체수 감소, 면역기능 저하	PCB
	아메리카 표범	미국	정자수 감소	
	면양	호주	기형발생	

자료 : 1998. 6. 국립환경연구원, 환경위해성 연구과

(6) 환경호르몬에 대한 대처 방안

1) 음식물 및 용기에 대한 대책

① 육류보다 곡류, 채소, 과일이 풍부한 식단을 이용한다.

② 플라스틱 및 랩의 사용을 억제한다.

③ 과일과 야채는 껍질을 벗겨서 먹는다.

④ 1회용 식품용기의 사용을 자제한다.

2) 생활주변의 관리대책

① 금연을 한다.

② 파리, 모기 등 해충구제를 위한 살충제의 사용을 자제하고 방충망, 모기장을 이용한다.

③ 정원이나 텃밭에 농약사용을 자제한다.

④ 폐건전지, 파손된 형광등을 적절히 처리한다.

⑤ 강력한 세제의 사용을 자제한다.

3) 소비자로서의 대책

① 치아 치료시 아말감의 사용을 자제한다.

② 내분비계 장애물질 함유 세제 사용을 자제한다.

③ PVC가 함유된 어린이용 장난감의 구매를 자제한다.

참고문헌

지구환경학 입문

참고문헌

강용태, 1995, 낙동강 회생을 위한 하수고도처리 시스템의 개발, 수처리기술 3

국립환경과학원, 2004, 수질오염총량관리기술지침, 국립환경과학원.

김덕찬, 류명진, 1998, 환경화학, 동화기술.

김은정, 1996, 호수의 조류와 수생동물체내에서의 남조류 독성분포에 관한 연구, 강원대학교 석사학위논문.

김좌관, 2000, 수질오염개론, 동화기술.

김정현, 수질관리, 동화기술, 1991.

김창원, 윤태일, 환경미생물학, 동화기술, 1990.

박갑성, 박성희, 임성달, 1989, 환경과학개론, 동화기술.

박병윤, 최정, 장상문, 1996, 환경과학, 형설출판사.

박재홍, 오승영, 박배경, 공동수, 류덕희, 정동일. 2006. 수질오염물질관리를 위한 관리대상물질. 한국물환경학회지 22.

박태규, 박경환, 선경호, 1987, 수질오염, 동화기술.

배헌균, 1999, 조류의 응집제거특성, 석사학위논문, 계명대학교

박혜경, 진익렬, 류홍일, 류재근, 滔森悠平, 1996, Microcystis (Cyanobacteria) 분리주에서의 Microcystin 생성에 관한 연구, 한국수질보전학회지, 12.

손부순, 1995, 환경과학개론, 신광출판사.

원종익, 환경오염, 명지사, 1990

정인진, 이종범, 1992, 환경공학개론, 동화기술.

환경부, 2008, 공공수역 유기물질 평가 및 관리 정책방향 연구, 환경부.

환경부, 2006, 물환경관리 기본계획, 환경부.

Bae, H.-K. 2007, Modeling approaches to predict conditions of water quality using physical, chemical, and hydrological data focused on biological contaminations, Ph.D. dissertation, University of California, Irvine, U.S.A

Britannica Visual Dictionary ⓒ QA International 2012

Carmichael, W.W., Saffermann, R.S., 1992, A status report on planktonic cyanobacteria (blue-green algae) and their toxins. EPA/600/R 92/079.

Gerloff, G.C., Fitzgerald, G.P.F., Skoong, F., 1995, The mineral of Microcystis aeruginosa, Am. J. Bot. 39.

Falconer, I.R., Bersford, A.M., Runnegar, M.T.C., 1983, Evidence of liver damage by toxin from a bloom of the blue-green alga, Microcystis aeruginosa, Med. J. Aust. 1.

Luukkainen, R., 1993, Isolation and identification of eight microcystin from thirteen Oscillatoria agardhii strains and structure of a new microcystin. Appl. Environ. Microbiol. 59

Nishiwaki-Matsushima, R., Nishiwaki, S., Ohta, T., Yoshizawa, S., Suganwma, M., Harada, K.-I., Watanabe, M.F., Fujiki, H., 1991, Structure-function relationships of microcystins, liver tumor promotors, interaction with protein phosphatease, Jpn, J. Cancer Res. 82.

Sivonen, K., 1992, Isolation and characterization of a variety of microcystins from seven strains of the cyanobacterial genus Anabaena, Appl. Environ. Microbiol. 58.

Watabe M.F., Harada, K.-I., 1993, Toxic water bloom of blue-green algae, Biological and chemical charactereristics. Jpn. J. Limnol, 54.

Zehnderm A., Gorham, P.R., 1960, Factors influencing the growth of Microcystis aeruginosa, Can. J. Microbiol.

[저자소개]

김해동

- 부산대학교 사범대학 지구과학교육과 졸업
- 일본 동경대학 이학박사(대기과학 전공)
- 현재, 계명대학교 지구환경학과 교수

김정배

- 계명대학교 화학과 졸업
- 계명대학교 대학원 이학박사(환경화학 전공)
- 현재, 계명대학교 지구환경학과 교수

김학윤

- 경북대학교 농학과 졸업
- 일본 쓰쿠바대학 농학박사(응용생물학 전공)
- 현재, 계명대학교 지구환경학과 교수

배헌균

- 계명대학교 공중보건학과 졸업
- 미국 켈리포니아대학 공학박사(수환경 전공)
- 현재, 계명대학교 지구환경학과 교수